食料経済

フードシステムからみた食料問題

FOOD ECONOMICS

第6版

高橋正郎＝監修
清水みゆき＝編著

はしがき

ご存知のように，日本の食料自給率は37％ときわめて低く，その多くを海外に依存しています．そうした中で，2001（平成13）年のBSEや2004年の鳥インフルエンザの発生，2008年の中頃から後半にかけては代替燃料としてのバイオエタノールの需要増にともなう穀物・大豆価格の高騰など，地球規模で駆けめぐる食料不安は，私たちの食卓が，世界の食料・環境問題と直接，結びついていることを実感させられています．

私たちが当然のことのように，また未来永劫に続くと思い込んでいる現在の“豊かな食生活”は，実は，砂の上に築かれた楼閣のように脆いものであることを知らない消費者は大勢います．それは，スーパーやコンビニエンスストア，ファミリーレストランなどで容易に手に入るこの“豊かな食生活”の背景に何が隠されているのかが見えにくいためでしょう．私たちは，そのことを，“食”と“農”の距離が大きく乖離し，その間に国の内外を問わず多くの食品輸入業，製造業，卸・小売業，外食産業等に関わる食品事業者が介在するようになり，消費者には見えない大きなブラックボックスができてしまったことによるものと理解しています．

新型コロナウイルスの感染拡大下にある現在，外食の機会が大幅に減少し，家庭内での食事の機会が確実に増えました．しかし，どんな食事形態であるとしても，消費者という立場で食卓を前にしたとき，その食材がどこで生産され，どういうルートを通り，どこで誰がどのように加工したものであるかを知らない場合が多々あり，それらがこれからも安定的に供給されるのかどうか，知るよしもありません．食にまつわる情報が消費者に見えにくい状態にあるからです．そのような情報の遍在を切り拓いて埋め，“食”にまつわる不安を解消しようとする知的考察が，まさに本書が課題としていることです．

『食糧経済学』，『食料の経済学』，『食料経済』，といった書籍は，意外とたくさん世に出ています．しかし，いままで出版されたそれら類書のほとんどは，農業経済学者の執筆によるもので，どちらかといえば，“川上”の農業問題に重点をおくものでした．それに対して，本書は，執筆者のすべてが日本大学の食品ビジネス学科に所属する（または所属していた）研究者であることから，農業経済学よりも食品経済学の立場から，言い換えれば，“川上”の農業だけでなく，“川中”，“川下”の食品製造業や流通業，外食・中食産業，さらには“食料消費”に至る全過程を通して見ていることに本書の特徴があります．その全体の流れを私たちは“フードシステム”と呼んでいますが，そのフードシステム全体を通じて，私たちが何気なく食べている食料の見えない部分をみていこうというのが本書の狙いです．本書の副題を「フードシステムからみた食料問題」としたことの理由もそこにあります．

大学に入ってまもなくテキストとしてこれを使われる方も多いと思いますので，そのような読者にとくにお伝えしたいことがあります．高校までの詰め込み教育，言い換えれば個々の事実だけを微細に記憶することに重点をおいた教育に対し，大学にきてまず戸惑うのは，事実の記憶よりも，ある事実と他の事実との関係についてその脈絡を考え，そしてそのことを論証するという教育方法との違いについてではないでしょうか．事実を覚えるよりも，それらの事実の背後に潜む“つながり”を解きほぐし，考える力を養うことを大学では求めておりますが，この本も，そのようなつもりで書いております．ぜひとも，読みながら“なぜ”，“どうして”，と考え，疑問をもち，自分の頭で納得するまで熟読してほしいと願っております．

本書は初版を 1991（平成 3）年に，その後，第 5 版（2016 年）まで刊行してきました．幸い読者の方々に恵まれて増刷を重ねてきましたが，目まぐるしく変わる世界情勢，そこに連なる日本の産業，経済，社会全般の変化から，“食”と“農”をめぐる環境も変わりつつあります．そこで旧版のデータを更新するとともに，外食・中食産業を独立させ，関係箇所の改訂を行いました．“食”と“農”の距離が一層拡大している今日，本書で提起している論点は，現代の“食”を考える上でますます重要となっておりますことから，旧版にも増して多くの読者に親しまれることを期待しております．

2022 年 2 月

高橋正郎・清水みゆき

目次

prologue 食料経済で何を学ぶか

— 食卓からさかのぼってそのフードシステムのしくみをたずねる —

1編 “豊かな食卓”を解析すれば

1章 食生活の変遷と特徴

2章 成熟期にきた食の需給

2編 農場から食卓を結ぶ食料・食品産業

3章 農畜水産物の生産

4章 食品企業の役割と食品製造業の展開

5章 食品流通とマーケティング

6章 外食・中食産業の展開

7章 貿易自由化の進展と食料・食品の輸出入

3編 食の安全・安定確保

8章 世界の食料問題

9章 日本の食料政策

10章 食品の安全政策と消費者対応

epilogue 日本の食料問題を考える

— 真の豊かさを求めて —

執筆者（執筆順）

髙橋正郎	元日本大学教授	農学博士	prologue，8章，epilogue
清水みゆき	日本大学教授	博士（農学）	prologue，4章，6章，10章，epilogue
久保田裕美	日本大学准教授	博士（農学）	1章
安村碩之	元日本大学教授	博士（生物資源科学）	1章
大石敦志	日本大学教授	博士（農学）	2章
小野　洋	日本大学教授	博士（農学）	3章
佐藤奨平	日本大学専任講師	博士（生物資源科学）	4章
木島　実	元日本大学教授	博士（農学）	2章，5章
下渡敏治	日本大学名誉教授	農学博士	7章
盛田清秀	元東北大学・日本大学教授	博士（農学）	8章，9章

prologue

食料経済で何を学ぶか

―― 食卓からさかのぼってそのフードシステムのしくみをたずねる ――

1 “豊かな食卓”から思い浮かべるもの

私たち日本人は，いま，好きなときに好きなものを食べることができる．スーパーやコンビニエンスストアにはあまたの食品があふれ，四六時中，われわれを待っていてくれる．

街に出れば，そこかしこに**ファストフード**や**ファミリーレストラン**があって，好みに応じた食事を楽しむことができる．いまや，われわれにとって，“食”とは，飢えをいやす，あるいは必要栄養素を摂取するという意味よりも，グルメやレジャーやファッション感覚を満足させる日常行事になっている．

このように恵まれた食環境，その日々の“豊かな食卓”を，いま，私たちはごく当たり前のように受け止め，なんの疑問も，なんの不安もなく享受している．しかし，その“豊かな食卓”を深く，じっくり眺めてみると，その背後にはいろいろな問題が隠れ，渦巻いていることがみえてくる．物事の表面は，美しく装っていたとしても，その内側に多くの問題を潜め，へたをすると内側からそれが崩れてしまうような例はいままでにも多くあったが，私たちの食生活もそうならないとは限らない．

“現象”としてみえるその表面だけにとらわれず，その内側に潜む“本質”を見出すことが学問であるとすれば，この“食料経済”もまた，そうでなければならない．

この『食料経済』という本で，私たちが学ぼうとすることは，そのように“豊かな食卓”のヴェールを次々にはがしながら，その背後に潜む問題を明らかにしていくことである．

まず，この **prologue** では，それらの問題の輪郭を大まかにとらえ，本書全体で扱う課題を整理し，位置づけておきたい．

2 “ご飯”，“米”，“稲”

わが国の主食である“米”も，ほかの農産物と同様，貿易自由化の波にもまれ，1980年代後半から，断続的に国際会議で矢面に立たされている．1986（昭和61）年に始まった**ガット（GATT：関税および貿易に関する一般協定）ウルグアイラウンド**は，7年におよぶ交渉の末，1993（平成5）年末に最終決着し，日本は“例外なき関税化”の特例措置として，米について，**ミニマム・アクセス（最低輸入量）**を2000（平成12）年度には8%まで引き上げることを受け入れた．

しかし，その義務輸入量の負担の大きさから，1998（平成10）年末には，あれだけ強く反対してきた米の関税化を受け入れ，1999（平成11）年4月からは米も市場開放されたのである．

ところが，それだけでは収まらなかった．2001（平成13）年に入って，ガットの後を受けたWTO（世界貿易機関）では，新たに多角的貿易交渉ドーハラウンドが設定され，再び，そこで農業自由化交渉が行われることになった．2003（平成15）年9月のメキシコでのWTO閣僚会議では，490%という高関税を課しているわが国の“米”が槍玉にあがって，大幅な引下げが迫られた．2006（平成28）年に署名された**TPP（環太平洋パートナーシップ協定）**でも341円/kgは維持されているが，無関税か低関税の主食用米の特別輸入枠の承認が強く要請されなど，日本にとってきわめてきびしい状況にある．

一方，その間に，第二次世界大戦下から続いてきた食糧管理法が1995（平成7）年，廃止となり，新たに食糧法が施行され，その下でさらなる抜本的な改革が必要であるとして，2002（平成14）年末には米政策改革大綱が打ち出され，“米”をめぐる諸制度も大きく変わりつつある．1971（昭和46）年以降，連綿と継続されてきた国の主導による米の**生産調整**（生産過剰にともなう生産制限）についても，2013（平成25）11月，政府は2018年度からこれを廃止するとし，予定通り施行された．

このように，20世紀末から21世紀にかけて，わが国では，“米”をめぐる経済問題が大きく取り上げられ，新しい時代への変化の節目ともなっている．

これらのことは，後にくわしく述べるが，ここでいいたいことは，このような形で論じられている課題も，食料経済の立場からみると，全体のなかのごく一部にすぎないということである．

確かにそこには，商品としての“米”の経済問題がある．しかし，重要なことは，その“米”だけをみていたのではそれが解けない場合が多いということである．というのは，その“米”は，人間とのかかわりにおいて，少なくとも3つの段階で姿を変えて現われ，しかも，その3つのレベルの問題が互いに関連し，からみ合っているからである．

その3つのレベルの問題とは，まず，第1に，先に述べた関税の大幅引下げや米の生産調整の見直しなどに揺れる“米”をめぐる問題がある．農家の庭先から各家庭の台所など最終消費者まで，商品として流通するものがそれであり，いまやその“米”も国際商品になっている．しかし，その“米”が，われわれの口に入る消費の段階になると，姿を変えて，第2のレベルの“ご飯”の問題になる．ここでは，健康医学，栄養学や食味にからむ問題も出てくるが，食生活の変化が何ゆえに“米”の大幅な消費減退を促しているのかなど，“ご飯”にかかわる経済問題も少なからずある．

さらに，第3のレベルには，その“米”がつくられる生産の段階，すなわち“稲”にまつわる経済問題がある．“豊葦原の瑞穂の国”と自他ともに認めているわが国で，なぜその“稲作”に国際競争力がもてないのか．そればかりか，担い手の高齢化から，稲作を中心としたわが国の農業がきわめて脆弱（ぜいじゃく）になっていることなどについての経済問題が，そこではからんでくる．

われわれは，ふだん，なにげなく食べている“ご飯”の裏側に多くの複雑な国際商品としての“米”の問題が潜み，さらにその奥に，これまた，減反政策とその変化に苦悩している“稲”にまつわる経済問題が隠されていることに気づかないでいることが多い．

これらの問題は，いずれも相互に関連しているため，それらをどのようにつなげて全体像をとらえるか，食料経済を考えるうえでこれはきわめて重要な課題となる．

私たちが本書で提示しようとしている“ものの見方”は，それらの3つのレベルの問題が，川の流れに沿って，その名称も，上流では“稲”，中流では“米”，下流では“ご飯”というように変わり，問題の性格も変えながら流れてきているということを理解しながら，その川の流れの全体について，それを通してみようとする見方である．

このように，この“食料経済”で学ぼうとすることの第1は，“ご飯”にまつわる経済問題（食料消費の問題）を考えるだけでなく，その背後にある“米”の問題（商品としての農産物や食品の問題），さらに，その奥にある“稲作”の問題（農水産業にかかわる生産の問題）にも分け入りながら，“豊かな食卓”のルーツをさかのぼり，農産物や食品など食料にまつわる全体像を，“川上”から“川中”，“川下”を通じて把握しようとすることである．

3 ひろがる“食”と“農”の距離

“食”と“農”の歴史は，人類がこの地球上に生まれて以来，延々と続けられてきた個体保存の基礎的な営みである．最初は採取・狩猟・漁労によって自然の営みから食料を得て，やがて自ら自然に働きかけて栽培や飼育を行う“農”を営み，そこに定住し，自己や家族の生命維持に必要な“食”を可能にしてきた．有史以前から続いたこのような営みは，自給自足の経済であり，そこでは基本的に“農”＝“食”という対応があり，両者は表裏一体の関係にあった．人類は，“農”で得られる食料の量に応じて“食”にあずかることのできる人数が決まるといった関係にあった．

そのような自給自足の経済から，分業をもとにした貨幣経済に移行し始めたのは，それほど古い話ではない．とくに，人口の圧倒的部分を占めていた農民を考えてみると，日本の場合でも，それが始まったのはたかだか 150 年ほど前というところであり，本格的にそれに切り替わったのは，表 **0･1** の全食料供給に占める自給（自家生産）割合が示すように，第二次世界大戦後の高度経済成長期以降であったことから，つい 60 年ほど前からのことなのである．この日本も，1960 年，すなわち，2 世代前までは国民の 4 割近くが農家であり，その農家では飲食費の 6 割近くを自給していたのである．

同表の右端の欄に示した全食料供給に占める自給割合とは，農家以外の世帯の食

表 0･1　全食料供給に占める自給（自家生産）割合の推移

年　次	総人口（千人）	農家人口（千人）	農家人口割合（%）	農家飲食費自給率（%）	全食料供給に占める自給割合（%）
1950	83,200	37,670	45.3	71.0	32.1
1960	93,419	34,112	36.5	55.7	20.4
1970	103,720	26,594	25.6	34.9	8.9
1980	117,060	21,366	18.3	20.9	3.8
1990	123,611	17,296	14.0	14.1	2.0

〔注〕1. 全食料供給に占める自給割合 ＝ 農家人口割合 × 農家飲食費自給率
2. 「農家生計費調査」が廃止されているので，その後の継承はできない．
資料：総務省統計局「国勢調査」，農林水産省「農業センサス」，「農家生計費調査」

料自給をゼロとして，その年々の農家人口割合とその農家の飲食費に占める自給割合を乗じて試算したものであるが，70 年前の 1950（昭和 25）年で 32%，でおよそ 3 分の 1，60 年前の高度経済成長が始まる 1960（昭和 35）年でも 20%，全食料の 5 分の 1 が自給（自家生産）されていたことになる．それが，高度経済成長以降，急速に減少し，1990（平成 2）年には，農家人口割合が 14% に減少するだけでなく，農家の食生活でも自給割合が大幅に低下し，国全体でみた食料を自家で生産する割合は，わずか 2% とスルーしてしまうほどの水準に至っているのである．

1960 年代に始まった高度経済成長は，日本の社会経済のさまざまな局面で大きな変化をもたらした．以下の各章でくわしく述べられるが，食料経済にかかわる変化で拾い上げても数限りない．そのなかで，ここでとくに指摘しておきたいことは，かつて「“農”≒“食”」であって，両者の距離がきわめて短く，ほぼ直結していた“食”と“農”との関係が，高度経済成長以降，徐々に離れ，今日では，両者の関係を直接把握することが困難になるほど遠ざかり，そこに多くの中間項が介在するようになったということである．

その“食”と“農”の距離の拡大は，3 つの局面で進行していった．1 つはその物理的（地理的）な距離である．食卓の上をみると，遠くアフリカ沖で取れた魚やタイ産のエビを，オーストラリア産の小麦をまぶして，アメリカ産大豆でつくった食用油で揚げ，そのてんぷらに，緑黄色野菜としてメキシコ産のカボチャの煮物が並んでいるといった具合に，わが国の“食”は，遠い国々の“農”と直接結びつくようになったことである．

第 2 は，時間的距離の拡大で，とりわけコールドチェーンの発達により，貯蔵技術は大きく進歩し，収穫後，かなりの時間を経過したものが食卓に上ることが日常化した．私たちは，季節や“旬”にかかわりなく，好きなものを好きなときに食べる楽しみを手にしたが，その時間的距離を克服するうえで，日本では禁止されている収穫物に直接掛ける**ポストハーベスト**用の農薬の残留が時折，問題になることなども，“食”と“農”の時間的な拡大にともなって派生してくる問題である．

第 3 の局面は，“農”と“食”の間に，食品製造業，食品流通業，外食産業などほかの多くの経済主体が介在するようになり，かつてのように，“農”で生産された農産物が，そのままの姿で各家庭の台所において調理され，消費されるのではなく，各種の加工過程を経た加工食品や調理食品 , 外食といった姿・形を変えたものが多く消費されるという，段階的（社会的）な距離の拡大である．この段階的距離の拡大は，各段階での情報が正確に最終消費段階にまで伝わることに対するリスクを高め，食の安全性に対する不安という問題を抱えている.

このように，現在，**“食”と“農”の距離**は，三重の意味で大きくかけ離れ，私たちが毎日食べている食べ物が，いつ，どこの畑で採れて，どこのだれの手で加工調理され，どのように保管され，運搬されて，いま目の前の食卓にあるのかまったくわからないという状況が，ごく当然のことのようになった.

これら3つの局面での“食”と“農”との距離の拡大に加えて，生産者と消費者との関係が疎遠となり，相互の関係が断絶されているということからくる“生産者と消費者との心理的距離”の拡大も問題であり，これを第4の局面として加える必要がある．消費者の“食への不安感”はそれにもとづいている.

戦前,“三里（12 km）四方でできたものを食べておれば間違いない”という諺（ことわざ）があった．命にかかわる“食”は，自分でつくらなくとも，“つくった人の顔がわかる”範囲でそれを確保することを常としていた．まさに,“農”≒“食”という状況にあったといえる．しかし，今日の“食”と“農”の距離は大きくかけ離れ，“農”≠“食”という状況をつくり出し，日常的な“食”の背後にある多くの事象が，ブラックボックスのなかに閉じ込められてしまったのである.

本書『食料経済』で私たちが学ぼうとしていることは，そのブラックボックスを開けて，遠くかけ離れたその“食”と“農”の間の道のりを跡づけ，そのつながりを確かめながら，何げなく食べている日々の“食”の背後にあるもろもろの問題を白日のもとにさらすことなのである.

4 フードシステムとその基本数値

（1） フードシステムとは

“農”と“食”の距離の拡大は，前述のように，地理的な距離，時間的な距離，それに，多くの業種にまたがる段階的な距離という3つの局面，さらには第4の心理的距離を含めて展開している．このなかでもっとも複雑なものは，第3の“段階的な距離”の拡大である.

日本人も生活が豊かになり，また，女性の社会進出が増えたことなどから，その食生活は大きく様変わりした．その結果，従来のように，農家が生産した農産物が，そのままの姿で各家庭の台所に持ち込まれ，そこで調理されるということが減って，食品製造業や外食産業で加工され，調理されたものを消費することが大幅に増加した.

そのことは，かつて，農家と消費者とが，流通業者を介したとしてもほぼ直結し，

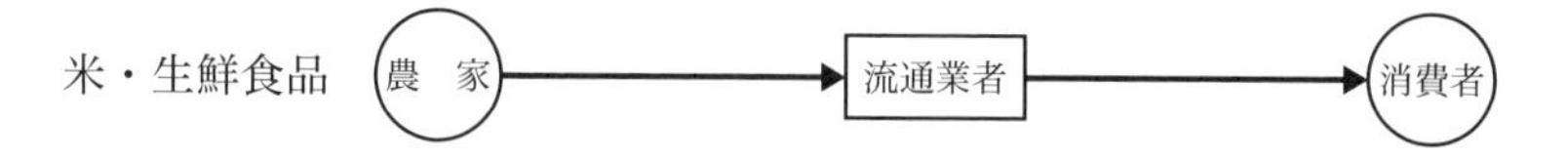

というような単純な食物の流れであったものが，現在では，食品製造業や外食産業などの手を経て消費者の胃袋に納まるということから，

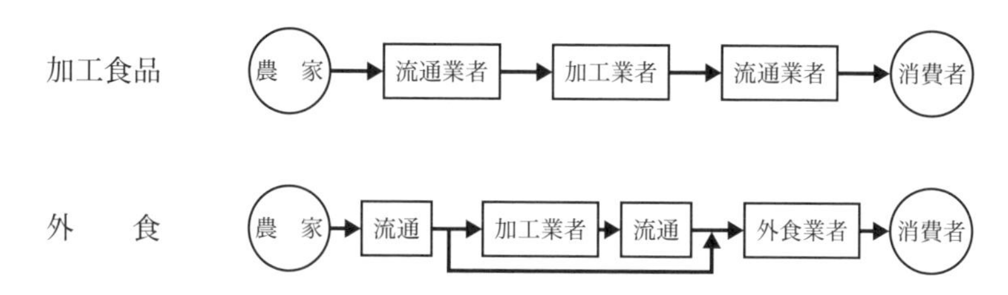

というようなきわめて複雑な流れに転換していった．

要するに，“農”と“食”との間にいろいろな食品産業者が入るようになり，“食料経済”をとらえるには，それら食品産業の動向を含めた全体の流れをトータルに把握しなければならなくなったのである．

私たちは，このような食料・食品のトータルな流れを**フードチェーン**とも**フードシステム**とも呼んでいる．前者はイギリスの学界で，後者はおもにアメリカの学界で使われているが，フードチェーンといえば，生態学でいう食物連鎖という意味と混同されることもあるので，本書では，フードシステムという用語を使いたい．

このフードシステムという言葉を定義づけるとすれば，それは“農漁家が生産もしくは漁獲した農水産物が，食品製造業者によって加工され，その食品が，スーパーなど食品小売業者，**ファミリーレストラン**などの外食業者を経て消費者にわたるという，食料・食品のトータルな流れ”ということになる．

このようなフードシステムは，前述のように，川の流れによくたとえられる．川は上流から中流を経て，下流に流れ，そして最後には海やみずうみ（湖）に流れ落ちる．それをイラスト的に描いたものが図**0･1**である．

まず，上流に，肥沃（ひよく）な平地がある．そこで多数の農家が農業生産に励み，そこで収穫された農産物を川の流れに託す．その農産物は“川中”にある卸売市場で仕分けられ，食品製造業によって加工される．そして，その農産物や加工食品が“川下”のスーパーなど食品小売業で売られ，また，外食産業や中食産業によって調理されて消費者の胃袋に納まる．しかし，その最後に落とし込まれる国民

図0·1　農業−食品の流れ＝フードシステム

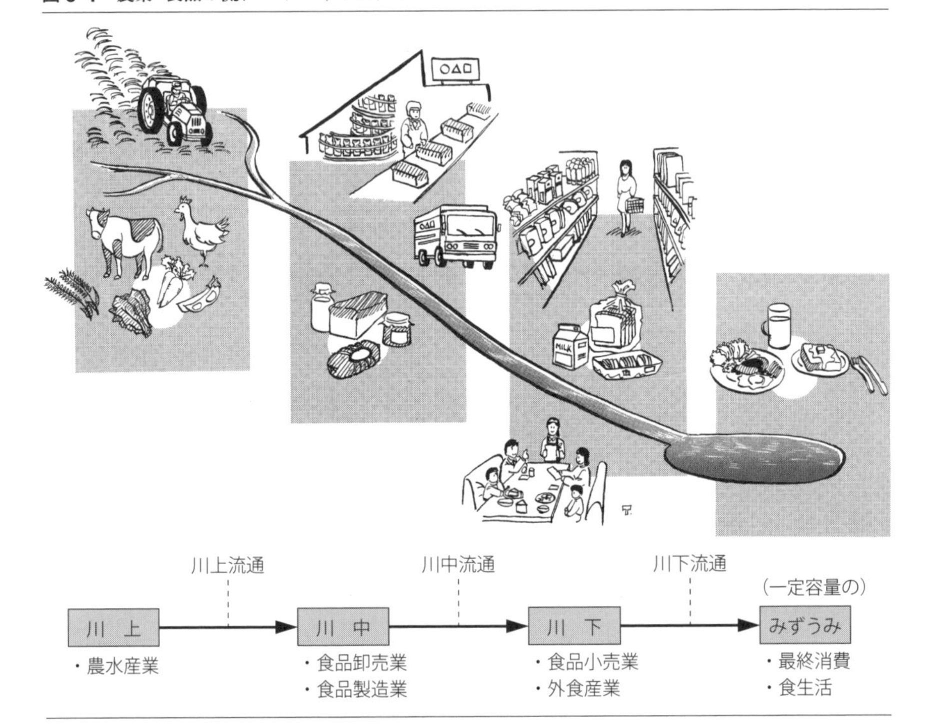

イラスト：渡辺 正

の胃袋には一定の容量があって，海のように上流からいくらでも流せる状況にはないということから，この最後の食料消費は“みずうみ”にたとえられるべきであるとわれわれは考えている．そして，その川の距離をより長く，時に太く，または細くするのは，流れを支える技術・政策・文化などである．

（2）　フードシステムの基本数値からみる“川上”，“川中”，“川下”

“川上”のシェアは７～８分の１

農業・食品製造業・食品流通業・外食産業，それに最終食料消費といった“フードシステム”の構成部門間の関係をみるには，それら産業部門間の関連を数的に把握できる**産業連関表**がきわめて有効である．表**0·2**は，農林水産省が５年おきに公表している「農林漁業及び関連産業を中心とした産業連関表」をもとに，そのフードシステムの部門間の関連とその推移をみたもので，わが国における“フード

表0·2　フードシステムの基本数値（単位 兆円・%・%）

川　上

年次	食用農水産物			国内農産物			国内水産物			輸入農水産物		
	実額	指数	比率	実額	指数	比率	実額	指数	比率	実額	指数	比率
1980	13.8	100	28.7	10.0	100	20.8	2.4	100	5.0	1.4	100	3.0
1990	14.3	104	20.3	10.8	108	15.3	2.4	99	3.4	1.2	80	1.6
2000	11.8	86	14.8	8.9	90	11.2	1.7	70	2.1	1.2	82	1.5
2015	11.3	82	13.5	8.5	85	10.1	1.2	50	1.4	1.6	111	1.9

川中・川下

年次	輸入加工食品			食品産業合計			関連流通業			食品製造業			外食産業		
	実額	指数	比率	実額	指数	比率	実額	指数	比率	実額	指数	比率	実額	指数	比率
1980	2.0	100	4.2	33.4	100	69.6	13.1	100	27.2	11.6	100	24.2	8.7	100	18.1
1990	4.0	206	5.7	53.1	159	75.6	20.4	156	29.0	18.8	162	26.8	13.9	160	19.8
2000	4.8	247	6.0	63.9	192	80.4	26.9	206	33.9	20.7	178	26.0	16.3	187	20.5
2015	7.2	354	8.6	65.4	196	78.0	29.5	226	35.2	19.8	171	23.6	16.1	185	19.2

最終消費

年次	飲食料の最終消費額			生鮮食品等			加工食品			外食（飲食店）		
	実額	指数	比率	実額	指数	比率	実額	指数	比率	実額	指数	比率
1980	47.9	100	100.0	14.2	100	29.7	22.0	100	45.9	11.7	100	24.5
1990	70.2	146	100.0	17.0	120	24.3	34.8	158	49.7	18.3	156	26.0
2000	79.5	166	100.0	15.1	106	19.0	41.5	189	52.2	23.0	196	28.9
2015	83.8	175	100.0	14.1	99	16.8	42.3	192	50.5	27.4	234	32.7

〔**注**〕 1. 食用農水産物には，特産林産物（きのこ類等）を含む.
2. 生鮮食品等には，精穀（精米・精麦等），と畜（各種肉類）および冷凍魚介類を含む.
3. 飲食料の最終消費額は，家計などが食料品を購入した額および飲食店へ支払った額であり，旅館・ホテル，病院等で消費される食材費（材料として購入）を含む.
4. 関連流通業の付加価値踏破，商業マージンと運賃の合計額
5. 2000年以前の国内農業，国内水産業の数値は，農林水産省担当者からの聞き取りによる.

資料：農林水産省「農林漁業及び関連・食品産業を中心とした産業連関表」

システム”の基本数値である．やや繁雑ではあるが，重要なデータであるので，くわしく検討しておきたい．

2015（平成27）年を例に，まず，同表の中の太枠の表を上からみていただきたい．この年にわが国の食料消費に投入された農水産物は，総額で11兆3,000億円であ

る．それは，1980（昭和55）年を100とすると82で，一時増えているが，その後大幅に減少している．表の比率欄に13.5とあるのは，この年の飲食料の最終消費額に占める割合のことで，輸入を含めた農水産物のシェアは，13.5と全体のおよそ7〜8分の1にすぎず，残りの7分の6から8分の7が，その農水産物に付加される加工・流通・外食などの付加価値等ということになる．

そのことは，農水産物が最終消費にいたる縦の矢印の途中で，左右から2つの矢印によって示される食品産業の付加価値等や輸入加工食品が付加されることで読みとれる．主要な付加は，右側の国内の“川中”，“川下”からの付加価値等で，その額は総額65兆4,000億円にも及び，最終消費支出の78.0%をも占め，予想以上にその割合が高いことに驚く．

左側からの付加は輸入加工食品によるもので，その額は7兆2,000億円，最終消費支出に占める割合は8.6%となる．それに上段の農水産物の輸入，1.9%を加えると10.5%となり，それは国内農水産業にほぼ匹敵し，国内農業の割合を超えている．

いま一度，表**0･2**の太枠の4つの表を順にみてみると，2015（平成27）年の場合，輸入を含めた11兆3,000億円の農水産物が国内食品市場に投入され，それに国内の加工・流通・外食などによる付加価値等の65兆4,000億円と，輸入加工食品7兆2,000億円が付加されて，最終的には83兆8,000億円という額が，家計だけでなく飲食店や旅館・ホテル，病院等で消費される食材費を含めたわが国の最終食料消費支出の総額になる．

その最終消費額と最初の食用農水産物投入額を対比すると，2015（平成27）年で7.4倍にもなっている．2000（平成12）年，1990（平成2）年，1980（昭和55）年の倍率が，それぞれ6.7倍，4.9倍，3.5倍であることを考えると，確実に“川中”，“川下”での付加分が増大していることがわかる．過去35年間に，“川上”である農水産物の食料最終消費支出に占めるシェアは，28.7%から13.5%へと減り，輸入加工品を含めて“川中”，“川下”への帰属額（付加価値等）は，73.8%から86.6%へと着実に増加してきているのである．

最終消費に占める加工食品，外食のシェア拡大

表**0･2**の太枠の表に付随した細枠の表は，それぞれ太枠の表の内訳を示したものある．この場合，下からみていくほうが理解しやすい．まずは食料最終消費の内訳をみると，食料費支出を“生鮮食品”，“加工食品”，“飲食店”という大きく3つへの支出に分類した場合，年を追って精穀類を含んだ“生鮮食品”のウエイトが減り〔1980（昭和55）年の29.7%から2015（平成27）年の16.8 %へ〕，その分，“加工

食品”，“飲食店”への支出がそれぞれ増えている．

わが国における食料費支出が，国民所得の増大，女性の社会進出，あるいは食品工業や外食産業の発展などにともなって進展した食生活のグルメ化・簡便化・レジャー化などによって，加工食品や外食のウエイトを増加してきていることは，後にくわしく述べるところである．

2015（平成27）年の段階において，食料費支出の50.5％を“加工食品”に支出し，32.7％を“飲食店”に，合わせると8割以上をこれら加工食品や外食に支出しているという事実は，驚くほかはない．

“川中”，“川下”での付加価値等

2015（平成27）年の国内における“川中”，“川下”での付加価値等の合計額は65兆4,000億円（輸入を含めると72兆6,000億円）で，最終消費支出の78.0％（同86.6％）にもおよぶことは，前述したとおりである．

この“川中”，“川下”の内訳は，表**0･2**の中央の右表で3つに分けて示してある．すなわち，農家から卸売市場や食品製造業にいたる農産物流通と，卸売市場や食品製造業から食品問屋，食品小売業を通って消費者にいたる食品流通を合算した“関連流通業”，それに加工付加価値等の“食品製造業”と飲食店付加価値等の“外食産業”の3つである．

これをそれぞれ比率欄でみると，2015（平成27）年における食料最終支出の35.2％と全体の3分の1強を“関連流通業”が占め，次いで“食品製造業”が23.6％，“外食産業”が19.2％となり，それぞれ国内農水産業がもつシェア（10.1％）を大きくこえている．

しかも，重要なことは，それぞれの表にある指数についてである．それは1980（昭和55）年を100とした伸び率を示したものであるが，これをみると，国内農産物が20％減，国内水産物が50％減であるのに対して，関連流通業は120％増，食品製造業71％増，外食産業85％増で，“川中・川下”産業の発展ぶりがよく読み取れる．

年次をさかのぼるとそのギャップはさらに拡大

先の表**0･2**の農林水産省の資料では1980（昭和55）年までしかさかのぼれないが，同じ**産業連関表**にもとづいた数値が，食品産業センターの資料（『食品産業統計年報』）ではさらに20年，さかのぼることができる．

図**0･2**は，それらのデータをもとに，1960（昭和35）年から2005（平成17）年までの45年間の，最終消費からみた飲食料費の部門別帰属割合の推移をみたもので

図 0·2　最終消費からみた飲食料費の部門別帰属割合の推移

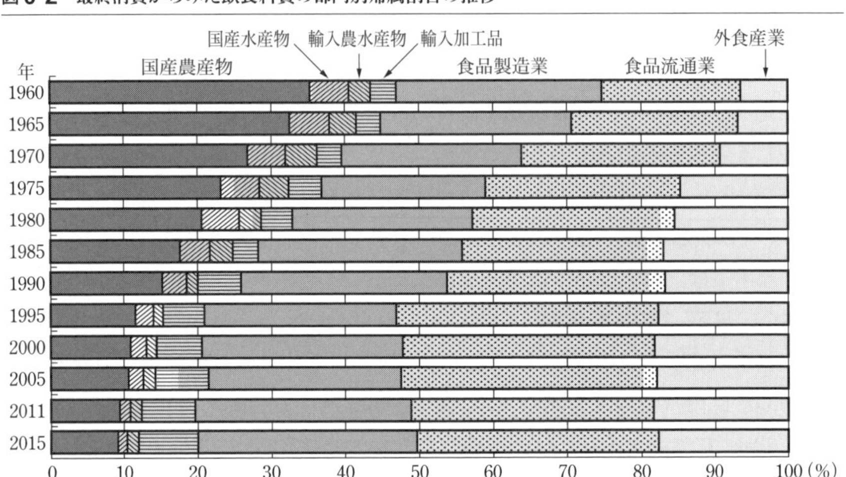

資料：1975 年以前は食品産業センター「食品産業統計年報」（昭和 59 年版），（1980 年以降は表 **0·2** と同じ）．

ある．図の国産農産物から輸入農水産物までが“川上”となるが，その 3 者を合計すると，1960（昭和 35）年では 43.7％と 4 割以上を占めていたものが，1995（平成 7）年には 15.7％と 3 分の 1 近くに激減している．国内農産物だけをとってみると，この間に 35.4％から 11.8％への減少である．その分，“川中”“川下”にかかわる食品製造業，食品流通業，外食産業の割合が増えていることがこの図に端的に示されている．

1995（平成 7）年以降の“川下”の割合が，それなりに落ち着いてきているようであるが，それにしても，それまでのわが国**フードシステム**のドラスチックな変貌はすさまじかったことがこの図から確認できる．1995 年以降，“川上”の割合が落ち着いてきているとはいえ，内部に立ち入ってみると，国産農産物の減少傾向は引き続き，“川中”に含まれる中間加工品を加えた輸入加工品が，近年，急増していることは注目しておかなければならない．

1 世帯 100 万円の食料費支出の行方

総務省の**家計調査年報**によれば，2019（令和元）年の全国平均 1 世帯当たりの年間食料費支出は，96 万 5,536 円である．これに政府や事業所支出分を加えて，たとえば 100 万円の飲食費が各家庭で支出されているとすると，この 100 万円は，先にみたフードシステムのそれぞれの構成主体にどう配分されることになるのであろうか．繰り返しになるが，問題の所在を明らかにするために，各家庭から支出されるその食料費支出 100 万円が，“川上”の農漁業にいくら，“川中”，“川下”の食品製造業や食品流通業，外食産業などの食品産業にいくらゆくことになるかを整理しておこう．

表 **0·2** の比率に照らして供給業種別にみると，その 100 万円は，まず，国内の農業に 10 万円，漁業に 1.4 万円，国内の食品製造業に 24 万円，関連流通業に 35 万円，外食産業に 19 万円，そして輸入品に 10 万円という配分になる*1.

私たちが支出する食料費が，予想以上に“川中”，“川下”産業に多く配分されることに驚くのであるが，それほどに，今日，“食料経済”を考えていこうとする場合，この“川中”，“川下”の分析に力を入れなければならないということになる．その意味から，本書では，可能なかぎり，それら食品産業の分野の分析に多くのページ数を割くとともに，**フードシステム**に関連する政策や技術にも言及したいと考えている．

---

*1 産業連関表に基づくこれらの数値は，商品または生産活動単位（アクティビティベース）により分類されている．したがって，農家が自ら行う農産加工や農家レストランの取組みは，それぞれ食品製造業，外食産業の生産額に含まれる．
なお，本節の産業関連表に関わる数値ならびに記述については，農林水産省大臣官房 統計部 統計企画管理官付の担当者から有益な示唆をいただいた．記して感謝の意を表したい．

1編 “豊かな食卓”を解析すれば

1
食生活の変遷と特徴

1 わが国の食生活小史

私たちの食生活は，第二次世界大戦後大きく変わり，いまや“**飽食**の時代”，“グルメ時代”といわれるようになって久しい．しかし，日本人のすべてが“飢えから解放”されたのは，そんなに古い話ではない．終戦直後の食糧難の時代はともかく，1950（昭和25）年ごろまでは“食糧窮乏期”で，飢えをしのぐことに精いっぱいであった．その後，1955～57（昭和30～32）年にかけてのいわゆる“神武景気”は，“もはや戦後ではない”という言葉を生み出したが，そのころ，ようやく食生活も回復し安定してきたのである．

1960年代に入り，台所や栄養の“改善運動”が活発に推進され，高度経済成長の波に乗って，食事内容も調理方法も激変し，栄養的にも食生活は一気に向上した．その結果，日本人の平均寿命は，1947（昭和22）年の女性53.96歳，男性50.06歳から，1965（昭和40）年には女性72.92歳，男性67.74歳へと大幅に伸び，1983（昭和58）年には世界でもっとも長寿の国となった．その後も伸び続け，2019（令和元）年には女性87.45歳，男性81.41歳と過去最高を記録した．

戦後直後から1960年代までの食生活の変化は，畜産物を中心とした動物性食品を多く摂取する欧米化の方向であったが，それは1970年代に入っても一貫して続き，ついには栄養過多となり，それがもとで肥満や成人病（生活習慣病）で悩まされる人も見られるようになった．いわゆる“飽食の時代”を迎えたのである．

1980年代に入ると，成人病予防のための栄養バランスのあり方，すなわち“日本型食生活”が人々の大きな関心事となり，健康の面から食生活を見直そうとする動きが高まってきた．

1990年代に入り，日本にとっての聖域といわれた“米”に関する制度改革の圧力が国内外から強まり，半世紀以上続いた“食糧管理法”は1994（平成6）年に“食糧法”に変わり，国際的にもミニマムアクセス米の受入れを余儀なくされた．一方，人々の食生活においては食の簡便化志向が強まり，外食に続いて**中食**（なかしょく）利用が急増していく．

2000年代に入り，牛海綿状脳症（BSE）問題に端を発して，食の安全性が問われる事件が次々に発生し，消費者の食に対する不信感が強まった．その対応策として，食品のトレーサビリティ，食の安全・安心システムに消費者の関心が集中した．また，2008（平成20）年のリーマンショックによる景気悪化を背景に，家計の節約意識が高まり，食品産業ではプライベートブランド商品の開発や販売，外食産業では低価格競争が拡大するなど，食生活の低価格志向が強まった．

2010年代には，2011（平成23）年の東日本大震災での東京電力福島第一原子力発電所事故による食品の放射能汚染問題，焼肉店の生肉食中毒による死亡事件など，消費者の食の安全に対する懸念がより深刻なものとなった．また，2013（平成25）年に，「和食：日本人の伝統的な食文化」がユネスコ無形文化遺産に登録され，一汁三菜を基本とする食事スタイルや地域に根差した多様な食材を活かした食事など，和食が再び脚光を浴びた．そして，環境問題をはじめ持続可能な開発が課題となる中で，2015年国連サミットで，2030年までに持続可能でよりよい世界を目指す国際目標として**SDGs**（Sustainable Development Goals）が示され，「貧困をなくそう」「飢餓をゼロに」「つくる責任つかう責任」をはじめとし，日本でもさまざま取組みが推進されるようになる．

以上，みてきたように，私たちの食生活は，第二次世界大戦後70余年というわずかな期間に“飢えからの解放”に始まり，食の回復・向上期を一気に駆けめぐり，**飽食**，“食の見直し”，“国際化と簡便化”，“安全・安心志向”そして“持続可能な食”の時代へとめまぐるしく移行していった．人間の基本的生活要素である“衣・食・住”のなかでも“食”生活は，一般にもっとも保守的な性格をもつものといわれてきたが，戦後の日本の食生活変化の過程をみる限り，そのような保守的な性格とは異なり，むしろ急激な変化を遂げ，きわめて革新的であったといえよう．まさに，今日の食生活は，終戦直後の食糧難の時代はもとより，戦前の食生活に比較しても格段に“豊か”なものとなったのである．

それだけに，食生活にまつわる問題も多く，現実の食生活は“豊か”であるどころか，危機的状況にあるという指摘さえある．たとえば，農産物の輸入自由化や国境障壁の撤廃によって海外からの食料輸入の間口を広め，その結果，食料の自給率は引き下げられ，わが国の長期的な食料供給基盤を不安定なものにしている．また，食品産業が供給する加工食品の増加やチェーンレストランの拡大によって，食べ物の味が画一化され，それぞれの地域や家庭の味を喪失させ，家庭内の調理技術水準までも低下させているといわれている．さらには，孤食や欠食といった食生活の乱れも問題となっている．

このように，今日の豊かに見える食生活の内実は多くの問題を抱え，しかもその深刻さはますます強まってきている．

2 第二次世界大戦後の食生活の変化

(1) エンゲル係数の変化
——家計費からみた食生活

エンゲル係数とは

人間は，何をおいても，まず生きていくために必要な食料を食べなくてはならない．そのため，家計のなかで一番に優先して支出されるのが食料費支出である．しかし，人間の食料に対する要求には限界があり，所得がどれほど増加しても，それが一定の限度に達すると食料費支出の増加テンポは弱まってくる．

19 世紀のドイツの統計学者エンゲル（Ernst Engel：1821 〜 1896）は，家計調査のデータを分析し，「所得が高くなるにつれ，消費支出に占める食料費支出の割合（**エンゲル係数**）は低くなる」という法則性を発見した．この法則は「エンゲルの法則」と呼ばれ，生活水準の目安の一つとされる．現在においても，経済的な豊かさの統計指標として広く用いられている．

図 **1·1** は，総務省「家計調査」からエンゲル係数の長期推移を示したものである．政府がこの統計を取り始めた 1963 年から 2005 年までのわずか 40 年間ほどの間に，日本のエンゲル係数は 38.7％から 22.9％へと 15.8 ポイント低下している．とりわけ，高度経済成長により国民所得が急増した 1960 年代後半から 1980 年代におけるエンゲル係数の低下傾向は顕著で，戦後，急速に国民生活が豊かになっていく様子がエンゲル係数にも表れており，エンゲルの法則は当てはまることが確認できる．

その後 10 年間，エンゲル係数は，1995（平成 7）年の 23.7％から 2005（平成 17）年の 22.9％へとほぼ横ばいに推移していたが，2005 年以降，エンゲル係数は上昇傾向に転じ，2014 年以降は，上昇幅が特に大きくなっている（図 **1·2**）．エンゲル

図 1·1　エンゲル係数の長期推移（1963 年～ 2020 年）

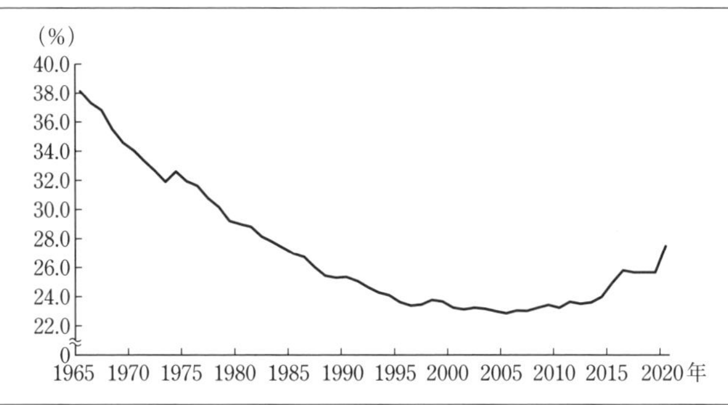

資料：総務省「家計調査」(2 人以上の世帯) より作成.

図 1·2　最近のエンゲル係数の推移（2000 年～ 2020 年）

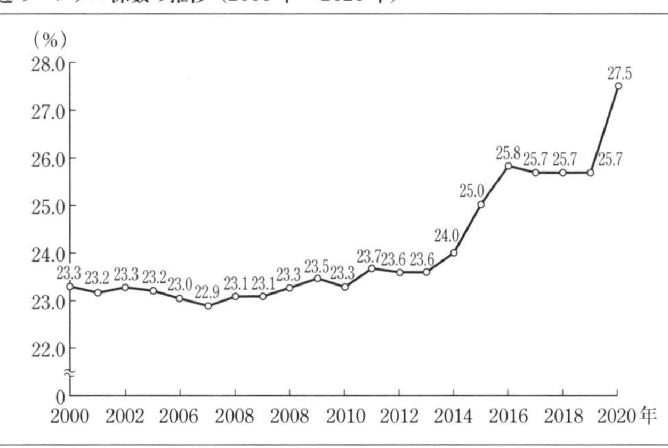

資料：総務省「家計調査」(2 人以上の世帯) より作成.

の法則の原則にあるように，この変化は日本の国民の生活水準が低下したことを示しているのであろうか．以下，変化の要因と背景をみていく．

近年のエンゲル係数の変化要因は，まず，高齢化世帯の割合の上昇が指摘できる．世帯主の年代階級別によるエンゲル係数の推移を見ると，2019 年では，世帯主が 70 歳以上のエンゲル係数は 28.9％，60 歳代が 26.8％となっており，高齢世帯の方が若年世帯と比べてエンゲル係数が高くなっていることがわかる（図 **1·3**）．このことは，2010 年から 2019 年にかけての約 10 年間においても，同様の傾向が確認できる．日本は，1950（昭和 25）年は総人口に占める 65 歳以上人口の割合（高

図 1·3 世帯主の年齢階級別エンゲル係数の推移（2 人以上の世帯）

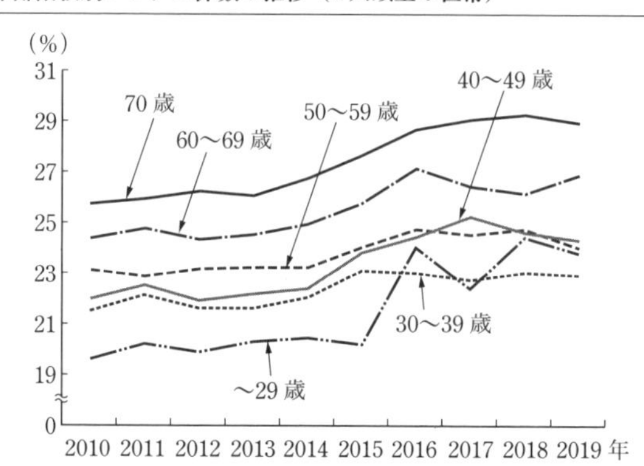

資料：総務省「家計調査」より作成．

齢化率）は 5%に満たなかったが，1994（平成 6）年には 14%を超え，その後も急激な上昇を続け，2020（令和 2 年）年には 28.8%に達している．

そのほかには，世帯構成の変化やライフスタイルの変化が指摘できる．この変化は，家計購入数量（消費量）や食料購入数量（消費量）の変化を生じさせることから，長期的に見るとエンゲル係数の変化の要因となる．

また，総務省統計局の試算によると，2015 年と 2016 年の 1.8 ポイントの上昇のうち，0.9 ポイント（上昇幅の半分）が物価変動の影響によるものであることが確認されている．以上のことから，近年のエンゲル係数の上昇は，日本の生活水準の低下のみでなく，複合的な要因によるものといえる．

（2） 米中心の食生活から多様な食材を摂取する食生活へ
—— 内容構成の変化からみた食生活

主要食料別供給熱量の推移

図 **1·4** は，農林水産省「食料需給表」から，主要食料別の 1 人 1 日当たりの供給熱量の変化を示したものである．これによると，主食である米による供給熱量は，戦前〔1934 ～ 1938（昭和 9 ～ 13）年〕には 1,246 kcal で，総供給熱量（2,020 kcal）の 61.7%を占めていたが，その割合は，1950 ～ 60 年代には 40%台に，1970 年代に 30%台に，さらに 1980 年代には 20%台へと低下し，2019（令和元）年にはわずか 21.4%になっている．小麦が供給熱量に占める割合は，戦前には 3.8%であったが，戦後 1951（昭和 26）年には，12.4%と 3 倍に拡大，その後 2005（平成

図1·4　1人1日当たりの主要食材別供給熱量の推移

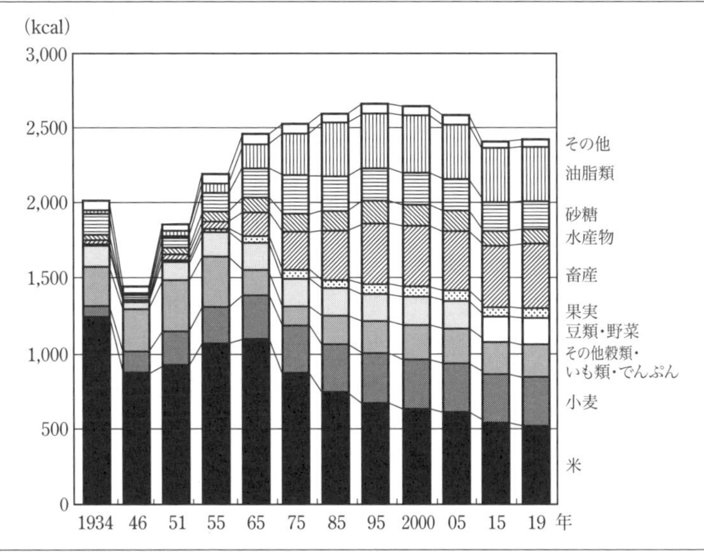

〔注〕 1934～1938年平均は「改訂日本食品成分表」，1946年は「日本食品成分表」.
資料：1934～1938年平均については「農林省：食料需要に関する基礎統計」，1951年以降は農林水産省「食料需給表」より作成.

17）年まで11～12%台を推移し，2019（令和元）年には13.4%となっている．その他穀類・いも類・でんぷんからは，戦前は12.5%の熱量を確保していたが，戦後直後の1946（昭和21）年には19.5%，1951（昭和26）年には18.3%，1955（昭和30）年には15.4%と増加している．戦後直後から復興期における日本人の熱量供給源として，米以外の穀物やいも類などが重要な役割を担っていたことがわかる．

一方，戦前に1.4%でしかなかった畜産物からの熱量割合は，戦後直後の一時的低下の後，1955（昭和30）年に2.4%，1975（昭和50）年に10.2%と加速度的に割合を高め，2019（令和元）年には17.8%とさらに高い割合になっている．また，従来，動物性熱量源の中心であった水産物は，戦前と比べて，その割合を高めたものの，1960（昭和35）年には畜産物に追い越され，その後も伸びずに1980（昭和55）年代以降は5%台にとどまるも，2019（令和元）年には3.9%と減少し，魚食離れが懸念される．砂糖類も，戦後直後の食糧難が克服され，食生活が向上するにつれ，1960年代まではその割合を高めてきたが，以降は低下傾向にある．

かわって，供給熱量源の割合をもっとも高めているのが油脂類である．戦前（1.1%）から戦後直後（0.2%）にかけては，わずかな割合でしかなかった油脂類は，1955（昭和30）年に3.0％，1975（昭和50）年に10.9％へと伸ばし，2000（平成12）年には14.5％に達した．2019（令和元）年では15.0％となっており，油脂類からのエネルギー摂取量が大幅に増加したことがわかる．

このように，従来，米を中心とした穀物など（いも類，でんぷんを含む）によって熱量の約80％近くをまかなっていたものが，米やその他穀物・いも類・でんぷんの消費の大幅な減少によって，その割合を45％まで低下させた．それに代わってとくに畜産物と油脂類が2.5％から30％へと飛躍的にそのウエイトを高め，それ以外の野菜，果実，水産物，砂糖類も，維持ないし少しずつ割合を高めている．つまり，従来は，米を中心とした主食に重心をおいた熱量摂取であったものが，とくに1950（昭和25）年ころから，肉類，牛乳・乳製品などの畜産物や油脂類の摂取が急速に伸び，さらにそれにさまざまな副食品が加わり，多様で豊富な食材内容に変化してきたといえる．

以上，主要食材別供給熱量の変化をまとめると，次のようなことが指摘できる．

第1に，主食の中心である米の割合が大幅に減少し，小麦を利用した粉食（パン，めん類）が次第に割合を高め，それに従ってほかの副食品の割合が増加していること．第2に，副食食材のなかでも動物性食品の増加が顕著で，とくに肉類，乳類（牛乳・乳製品）などの畜産物を中心とした副食に傾斜していること．第3に，これに対し，植物性の副食食材の伸びは比較的低調で，なかでも豆類や野菜の伸び率はきわめて低いこと（野菜の内容をほかの資料でみると，在来型の野菜が減少し，西洋的な野菜が増加している）．第4に，こうした副食食材の変化とともに，それらを調理するための油脂類や各種調味料が大幅に増加したこと．第五に，食卓を彩る果実類や飲料などの嗜好的食品が増加していることなどである．

（3） 食卓を飾る加工食品，急増する外食
―― 食の簡便化と外部化

図1･5は，総務省「家計調査」から単身者を除いた家庭で消費する食料消費支出の内訳割合の変化を示したものである．これによると，主食となる穀類の割合は1951（昭和26）年には36.9％であったのに対し，その後は大幅に減少し，2020（令和2）年には8.4％と1951年の実に4分の1にまで低下した．生鮮食品の占める割合は，1951年から1970（昭和45）年まで増加するが，1990（平成2）年以降は減少傾向に転じている．逆に，増加しているのは加工食品と外食である．1951年には2.6％でしかなかった外食は，1980年には13.8％となり，2015（平成27）年には，

図1·5　食料消費支出構成の変化

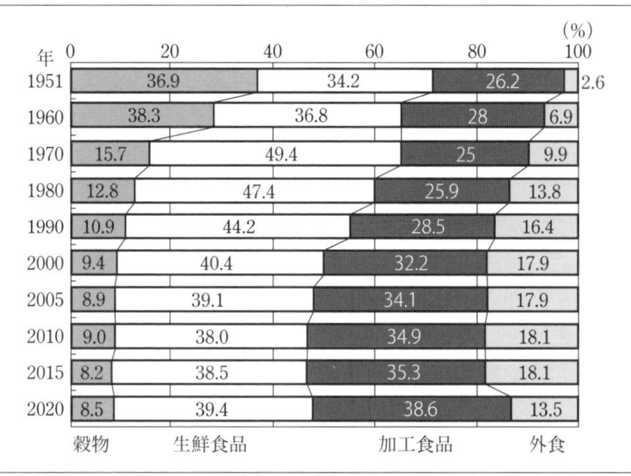

〔注〕穀類は，米・パン・麺類・ほかの穀類．生鮮食品は，生鮮魚介・生鮮肉・卵・生鮮野菜・生鮮果実．外食は学校給食含む．加工食品は，食料費から穀類・生鮮食品・外食を差し引いたもの．
資料：総務省統計局「家計調査」（農林漁家世帯を除く2人以上の世帯：全国）より作成．

18.1％まで増加した（2020年はコロナウイルス感染拡大の影響で低下）．戦後の食料消費支出の内訳から，主食の占める割合が低下し，加工食品や外食が食生活に深く浸透していることがわかる．なお，外食産業については，**6**章でくわしく述べることとする．

冷凍食品に代表される加工食品の伸び

最近の加工食品をみると，その内容がきわめて多様化し，しかも加工度の高いものが急増していることがうかがえる．たとえば，インスタント食品，調理済み冷凍食品，レトルト食品などの高次加工食品や，惣菜，テイクアウト食品などがその代表的なもので，まさに，家庭で入念な調理をすることなく食事ができる状況になっている．

ここでは，高次加工食品の例として**冷凍食品**を取り上げ，その国内生産量の推移をみてみよう．冷凍食品技術は，1965（昭和40）年，当時の科学技術庁による**コールドチェーン勧告**（正式名称：食生活の体系的改善に資する食料流通体系の近代化に関する勧告）を契機として，その研究開発が大きく進展し，冷凍食品の生産は急ピッチで増加した．図**1·6**でみるように，冷凍食品の生産量は，1965（昭和40）年に2万6,468トンであったが，1970（昭和45）年には14万1,305トンに，そして1990（平成2）年には100万トンを超え，2005（平成17）年には153万9,009トンま

図1·6 冷凍食品の生産量の推移

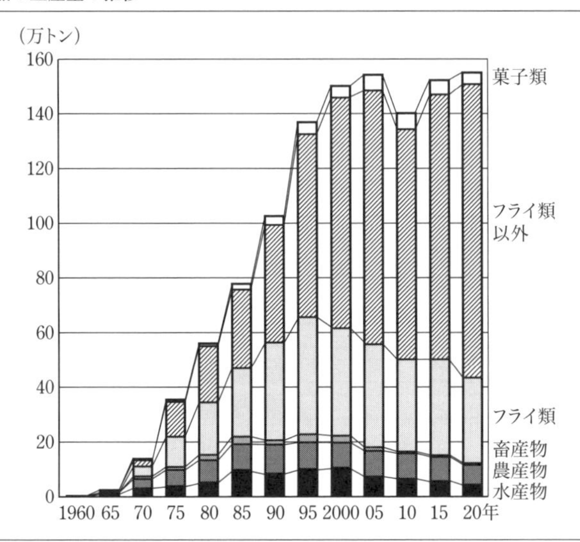

資料：日本冷凍食品協会「冷凍食品に関連する諸統計」より作成.

で増加している．その後，2007年から2008年にかけて輸入した冷凍餃子から殺虫剤が検出された事件などの影響により，2010（平成22）年は139万9,703トンと一時的に消費者の冷凍食品の買い控えが起き，国内の冷凍食品生産量にも影響が及ぶが，その後は再び回復し，2020（令和2）年は155万1,213トンとなっている．

このように急増している冷凍食品の内訳をみると，初期段階では，水産物を中心にした素材型食品が大半を占めていたものが，以後，次第に調理冷凍食品の生産が伸び，その割合を急速に高めてきていることが特徴的である．冷凍食品の生産が定着した1970（昭和45）年から2020（令和2）年の50年間の内訳別生産量の推移をみると，素材型冷凍食品は，畜産物が0.7倍，水産物が1.5倍，農産物が1.9倍，調理冷凍食品はフライ類が11.7倍，フライ類以外が実に40.5倍という大幅な伸びを示している．

今日，冷凍食品の種類は豊富になり，家庭でわずかな手を加えるだけですぐ食べられるものも品数多くそろっている．加工食品にはさまざまな機能があるが，現在，開発・生産されている高次加工食品の多くは，調理労働・調理技術に対する代替機能，ならびに販売促進機能がより重視され，保存・貯蔵機能という本来的機能が従になっているように思われる．このように最近では食品企業によって，より多くの調理労働が食品企業によって担われるようになり，その分，家庭で調理をする手間が省ける等，新たな価値を提供している．ここで述べたような加工食品の急速な伸びは，後述する外食の急増とともに，“食の外部化”，“調理の外部化”ととらえることができる．

（4） 急速に進んだ動物性食品への依存
―― 栄養面からみた食生活

こうした食生活の変化について，まず，供給熱量の動きからみてみよう．再び前掲の図**1･4**を参照する．戦後直後の1946（昭和21）年の国民1人1日当たりの供給熱量は1,448 kcalであり，多くの国民が栄養失調で苦しみ，生命を維持することさえ満足にできる状態ではなかった．こうした状況から抜け出し，戦前水準に回復したのは，それからほぼ10年後の1955（昭和30）年であって，戦後初めて2,000 kcalを突破して2,193 kcalとなった．

その後，供給熱量は増え続け，1965（昭和40）年には2,459 kcalに，1970（昭和45）年には2,530 kcalに達した．それ以降，1970年代，1980年代を通じて，これまでのような大幅な伸びはみられなくなったものの，それでも漸次増加し，1986（昭和61）年には2,600 kcalの大台に乗せ，1996（平成8）年には2,670 kcalになった．それ以降は減少傾向に転じ，2019（令和元）年には2,426 kcalになったものの，戦後（1951年）から現在までの68年間に，供給熱量は30.6％（569 kcal）もの増加をみたのである．特殊な食糧事情下にあった戦後直後の時期を除いて，戦前の水準と比較しても，それは406kcalの増加であり，実に大きな変化であったといえる．

植物性タンパク質と動物性タンパク質の供給割合の増加

次に，図**1･7**において，国民1人1日当たり供給タンパク質量の推移をみると，戦前の59.7 g，戦後直後〔1946（昭和21）年〕の35.8 gに対して，2019（令和元）年には79.6 gと大幅な増加をみている．なかでも動物性タンパク質の割合は，1950年代前半までは10％台でしかなかったものが，1950年代半ばに20％，1960（昭和35）年に30％，1970（昭和45）年に40％台へと次第に高まり，1985（昭和60）年には50％を超え，2019（令和元）年には56.3％になっている．つまり，タンパク質の摂取量が増加しているなかで，植物性タンパク質から動物性タンパク質へと大きく変化していることがわかる．

さらに，動物性タンパク質の内訳をみると，従来は動物性タンパク質の主要な供給源は水産物であったが，2019（令和元）年には，動物性タンパク質の69.7％が畜

図 1·7 タンパク質の食品群別構成の推移

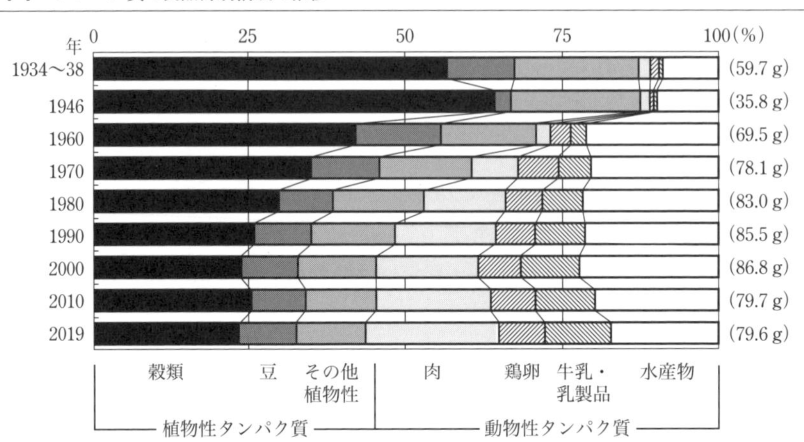

〔注〕基礎数値は国民1人1日当たりの供給タンパク質．右側（ ）の数字は，国民1人1日当たりの供給タンパク質の合計数量（g）．

資料：1934～1938年平均および1946年については，農林省大臣官房調査課編「食料需要に関する基礎統計」1976年より．1960年以降は，農林水産省「食料需給表」より作成．

産物（肉類・鶏卵・牛乳乳製品）によって供給されており，動物性タンパク質の供給源は，年々，畜産物への依存度が高まっている．

諸外国との比較にみるPFC供給熱量比率

農林水産省「食料需給表」から，日本および諸外国における**PFC供給熱量比率**〔タンパク質（P：protein），脂質（F：fat），炭水化物（C：carbohydrate）〕と供給タンパク質における動物性タンパク質の割合をみていく（表**1·1**）．

まず，総供給熱量をみると，諸外国では3,176 kcal～3,614 kcalであるのに対して，日本は2,340 kcalであった．また，PFC供給熱量比率では，諸外国では炭水化物比率が40％代であるのに対して，日本は54％と高く，逆に脂質比率は，諸外国が39％～42％であるのに対して日本は32％となっていた．つまり，日本は諸外国と比べて国民1人1日当たりの食料総供給熱量（kcal）が少なく，供給熱量に占める脂質の割合も低い状況がみてとれる．

日本の1975年から1985年（昭和50年代）頃の食生活を“日本型食生活”と呼び，このご飯を主食としながら，主菜・副菜に加え，適度に牛乳・乳製品や果物が加わったバランスのとれた食事は，優れた食生活として，海外からもたびたび着目される．しかしながら，日本国内のPFC供給熱量比率の変化をくわしくみると，

表1·1 国民1人1日当たり供給熱量およびPFC供給熱量比率の比較（%）

	熱量			タンパク質		PCF供給熱量比率（%）		
	合計(kcal)	比率（%）		合計(g)	うち動物性比率（%）	タンパク質(P)	脂質(F)	糖質(炭水化物)(C)
		動物性	植物性					
日本(1965)	2,458.7	—	—	75.0	35	12.2	16.2	71.6
(1985)	2,596.5	—	—	82.1	50	12.7	26.1	61.2
(2005)	2,572.8	—	—	84.0	55	13.1	28.9	58.0
(2019)	2,340.0	22	78	79.6	56	13.6	31.9	54.5
アメリカ	3,614.0	28	72	111.8	66	12.4	42.4	45.3
カナダ	3,452.0	26	74	102.1	55	11.8	42.5	45.6
ドイツ	3,295.0	33	67	101.9	62	12.4	40.6	47.0
フランス	3,339.0	33	67	104.0	59	12.5	40.3	47.2
イタリア	3,381.0	25	75	103.8	54	12.3	39.6	48.1
イギリス	3,176.0	30	70	101.0	57	12.7	39.0	48.2

〔注〕1. 酒類等は含まない．
2. 日本以外の国のデータは2018年．
3. 日本の供給熱量は「日本食品標準成分表2020年版（八訂）」を参照しているが，2019年以降，単位熱量の算定方法が大幅に改訂されているため，それ以前と比較する場合は留意されたい．
4. 「日本食品標準成分表2020年版（八訂）」は，糖質（炭水化物）の成分値は組成成分の積み上げによることとなったが，ここでは簡易的に，熱量からタンパク質(g)×4 kcal/g＋脂質(g)×9 kcal/gを差し引いたものを糖質（炭水化物）の成分値として比率を求めたものである．

資料：農林水産省「令和2年度食料需給表」を基に作成．海外のデータは，FAO" Food Balance Sheets"を基に農林水産省で試算したもの．

1965（昭和40）年は16.2％であったのに対して，2019（令和元）年は31.9％と大幅増となっており，脂質割合の高い食生活に近づいていることがわかる．

またタンパク質のうち動物性タンパク質比率をみてみると，1965（昭和40）年は35％であったが，2019年には56％と欧米諸国並みの比率に上昇したことがわかる．この趨勢（すうせい）から予測すると，日本もこれまで以上に動物性タンパク質への依存度が高まり，欧米諸国のような高脂肪の食生活になることが懸念される．

高脂肪の食生活は，肥満や成人病など人間の日々の暮らしにおいてさまざまな健康上の問題を引き起こす要因となる．また，健康面だけでなく，家畜飼育による環境問題やアニマルウェルフェアの問題，また，持続可能な社会への関心の高まりなどから，ベジタリアンや畜産物ではない代替肉への関心が高まっている．たとえば，2013年に**国連食糧農業機関（FAO）**が，哺乳類，鳥類，魚類等の動物を食料とするのに比べて昆虫食が環境面や経済面でも優れているというレポート「Edible insects：Future prospects for food and feed security」を公表している．また，食品メーカーではさまざまな代替肉の食品が開発され，大手ファストフードチェーンでは，牛肉の代わりに大豆ミートの代替肉を使用したメニューも販売されている．家畜などの動物性タンパク質に依存しない新たなタンパク質源の需要が，今後いっそう拡大するのか注目される．

3　食生活変化の背景および現代食生活の特徴と問題点

日本の食生活は，戦後の大きな変化を経て，現代の形がつくられたのだが，そこにはさまざまな問題も指摘されるようになってきている．本節では，食生活の変化をもたらしたその背景と，指摘されているいくつかの食生活の問題点について，くわしくみていきたい．

(1)　日本型食生活の崩壊の始まり
――　食生活の乱れと食事バランスガイド

若年・壮年層を中心に脂質の過剰摂取，高齢者は摂取不足

表1･2は，厚生労働省「国民健康・栄養調査」から年齢階級別の**脂質エネルギー摂取比率**をみたものである．厚生労働省の「日本人の食事摂取基準（2020年版）」では，「脂肪エネルギー比率（総脂質からの摂取エネルギーが総摂取エネルギーに占める割合）」の目標量を1歳以上の男性・女性で20％以上30％未満と示している．この目標値の範囲内（表の▒▒部分）である人の割合は，20歳代で男性48.0％，女性42.9％となっている．他方で，目標値を上回る過剰摂取の割合は，20歳代では男性44.8％，女性48.4％，30～40歳代では男性41～42％，女性51～52％となっている．目標値に達していない人も30歳代以上男性の14～16％，50歳代以上女性の12～15％となっている．かつては食事バランスの良さが欧米諸国から注目された“日本型食生活”も若者だけでなく，壮年層さらには高齢者層でも崩れてきていることに注視する必要がある．

20代の男女の2割が朝食を欠食

1日朝・昼・夕3食の一部を摂らない“欠食”の増加，不規則な食事時間，1人で食べる“孤食”，家族がそれぞれ別のものを食べる“個食”，いつも決まったものばかりを食べる“固食”，パンや麺類など粉製品を中心に食べる“粉食”，味の濃いものばかりを好む“濃食”，食べる量が少なくバランスが崩れた“小食”など，食

表 1·2　年齢階級別脂質エネルギー比率

	脂質エネルギー比率	20歳代	30歳代	40歳代	50歳代	60歳代	70歳代以上
男性	15%未満	1.1	2.4	4.0	3.4	4.0	7.6
	15～20%未満	6.0	11.9	10.3	9.7	12.4	14.3
	20～25%未満	15.8	19.5	17.9	19.7	24.7	25.0
	25～30%未満	32.2	23.8	26.5	30.0	26.1	25.7
	30～35%未満	26.2	21.4	21.9	20.3	18.7	17.4
	35%以上	18.6	21.0	19.4	16.9	14.1	10.1
	目標値の範囲内	48.0	43.3	44.4	49.7	50.8	50.7
	目標値を上回る過剰摂取	44.8	42.4	41.3	37.2	32.8	27.5
	目標値に達していない	7.1	14.3	14.3	13.1	16.4	21.9
女性	15%未満	2.2	0.4	2.3	2.6	4.0	5.0
	15～20%未満	6.6	5.6	4.1	9.4	11.6	12.6
	20～25%未満	14.3	16.0	17.1	14.8	14.9	21.1
	25～30%未満	28.6	26.8	24.3	24.9	25.6	24.9
	30～35%未満	15.4	26.4	28.1	20.7	21.3	19.6
	35%以上	33.0	24.8	24.0	27.5	22.6	16.7
	目標値の範囲内	42.9	42.8	41.4	39.7	40.5	46.0
	目標値を上回る過剰摂取	48.4	51.2	52.1	48.2	43.9	36.3
	目標値に達していない	8.8	6.0	6.4	12.0	15.6	17.6

〔注〕 ▒ は脂質エネルギー比率の目標値．厚生労働省「日本人の食事摂取基準（2020年版）」は，脂質エネルギー比率（総脂質からの摂取エネルギーが総摂取エネルギーに占める割合）を，「脂肪エネルギー比率」の目標量を，「脂肪エネルギー比率」の目標量を，1歳以上の男性・女性で20%以上30%未満としている．
資料：厚生労働省「国民健康・栄養調査」より作成．

生活の乱れが指摘されている．

「国民健康・栄養調査」は，毎年，朝・昼・夕の食事別に欠食状況も調査している．図**1·8**は，2013（平成25）年と2019（令和元）年における男女別・年齢別にみた朝食の欠食率を示したものである．朝食を食べない人の割合は，2013年と比較すると若者層で若干の改善が見られるものの，2019年の男性40・50歳代，女性30・40歳代については欠食率が上昇しており，働き盛りの年代において，朝食欠食率が進行していることがわかる．

さらに，図表には示していないが，10歳代をみると，男子中学生（8.2%），男子高校生（11.1%），女子中学生（3.9%），女子高校生（5.1%）となっている．10

図1·8　朝食の欠食率（男女・年齢階級別：2013年と2019年の比較）

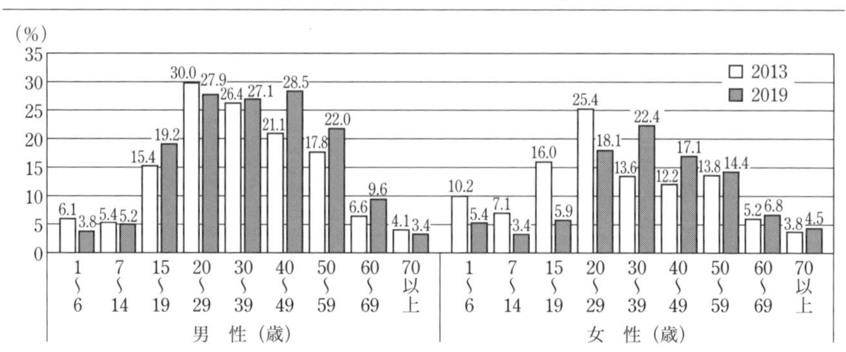

〔注〕 欠食は”菓子・果物などのみ”,”錠剤などのみ”,”何も食べない”の合計値.
資料：厚生労働省「令和元年国民健康・栄養調査」より作成.

歳代はもちろん20歳代も，身体や人格が形成される段階であり，30歳代は社会での活動が激しい時期である．このような時期の欠食など食生活の乱れは，1日全体の生活リズムや栄養バランスを乱すとともに，食生活に関する理解の低下をもたらすなど，心身の健康に悪影響を及ぼすことが考えられる．

健康な食生活に向けた指針“食事バランスガイド”

こうした状況をふまえて，“国民の毎日の食行動を見直し，国民の健康の増進，生活の質の向上および食料の安定供給を図るため”に2000（平成12）年3月に，文部省（現文部科学省），厚生省（現厚生労働省）および農林水産省は，連携して**食生活指針**を策定した．この“食生活指針”を具体的な行動に結びつけるものとして，2005（平成17）年6月に，厚生労働省と農林水産省が共同で**食事バランスガイド**を決定し，1日分の望ましい食事の組み合わせや，おおよその量をイラストで示し，食生活の実践を呼びかけている（図**1·9**）．

また，人間の身体に必要な栄養素のうち，エネルギー（カロリー）源となるタンパク質，脂質，炭水化物（アルコールを含む）を「エネルギー産生栄養素」というが，これらエネルギーを産生する栄養素とそれらの構成成分が総エネルギー摂取量に占めるべき割合（%エネルギー）の構成比率を示す指標に「エネルギー産生栄養バランス」*1がある．

“食育基本法”の施行

政府は，「国民が生涯にわたって健全な心身を培い，豊かな人間性をはぐくむ」ことを目的とした**食育基本法**を2005（平成17）年6月に制定し，国家政策として

図 1·9 食事バランスガイド

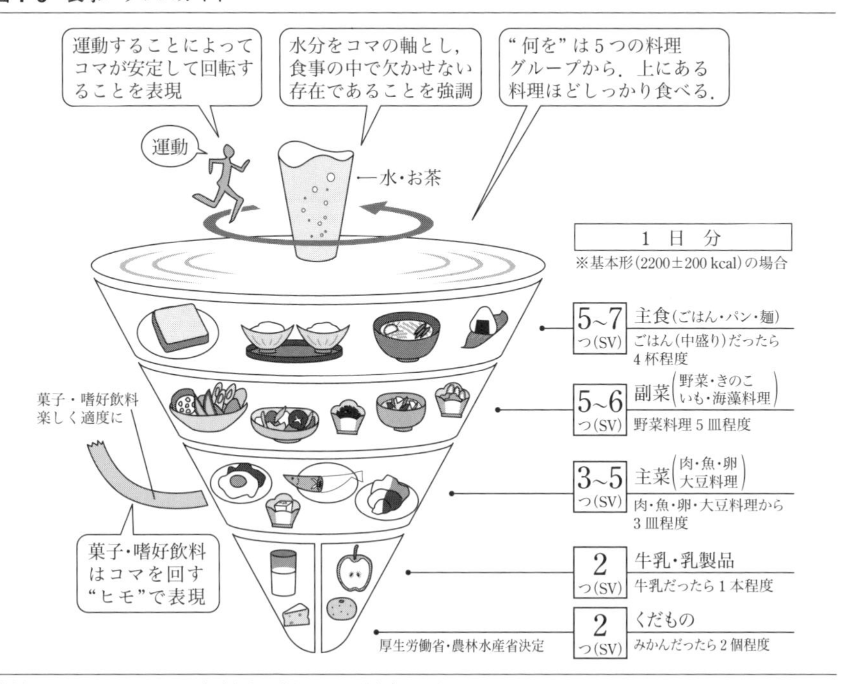

〔注〕 SVとはサービング（食事の提供量の単位）の略．
資料：農林水産省ホームページより．

「食育」を推進することとなった．その背景には，「食」を大切にする心の欠如，栄養バランスの偏った食事や不規則な食事の増加，肥満や生活習慣病（高血圧，がん，糖尿病など）の増加，過度の痩身志向，「食」の安全上の問題の発生，「食」原料の海外への依存，伝統ある食文化の喪失といった現代の食生活が抱えるさまざまな問題があり，これらが解決すべき喫緊の課題として社会に認識されてきたことがあげられる．

食育基本法では，「子どもたちが豊かな人間性をはぐくみ，生きる力を身につけ

---

*1 以前は「PFCバランス」や「三大栄養素」という用語が使われていたが，現在は「日本人の食事摂取基準（2015年改訂）」より，①「炭水化物」に「アルコール」が含まれるようになったこと，②「脂質」の目標量の項目にあるように，考慮すべきは脂質の質（とくに飽和脂肪酸）であり，その摂取量にも着目する必要があることから主な栄養素は3つではなく，タンパク質，脂質，飽和脂肪酸，炭水化物，アルコールの5つとなること，③また，それが国際的な専門用語ではないことなどにより，代わりに「エネルギー産生栄養バランス」という表記が用いられるようになっている．

ていくためには，何よりも『食』が重要である」とし，「食育を，生きる上での基本であって，知育，徳育および体育の基礎となるべきものと位置づけるとともに，さまざまな経験を通じて『食』に関する知識と『食』を選択する力を習得し，健全な食生活を実践することができる人間を育てる食育を推進することが求められている」としている．食育基本法制定後，同法に基づく食育推進基本計画が策定され，都道府県，市町村，関係機関・団体等のほか，食品関連事業者自身にも「食育」推進が求められるようになった．

このほかにも，生産者と消費者とが“顔の見える関係”をつくり上げ，地域で生産した産物を地域内で消費しようとする“地産地消”活動，それに加えて，簡便なファストフードに偏重した食生活を改めて，その地域の気候風土に育まれた食材・食文化・食習慣・郷土料理などを取り込んだ“食”を構築していこうとする“スローフード”への取組みなど，かつてからの取組みも食育への関心が高まりと共に全国各地でさらに広がっている．

（2） 食料自給率の低下と“多国籍食生活”の一般化

3 章，**9** 章ならびに **epilogue** でくわしく述べるように，日本の**食料自給率**は年々低下し，カロリーベースの食料総合自給率は，1965（昭和 40）年には 73％であったが，1980 年代後半に 50％を割り，2010（平成 28）年には 39％に，2020（令和 2）年は 37％となり，「食料･農業･農村基本計画」で 2030 年度の目標値を 45％とするも，ここ 10 年，ほぼ横ばいとなっている．また，主食用穀物自給率では 1965（昭和 40）年には 80％であったが，1975（昭和 50）年は 69％に，2004（平成 22）年は 59％となり逓減，そのまま横ばいで推移し，2019（令和元）年は 61％となっている．さらに，飼料用を含めた穀物全体の自給率をみると，1965（昭和 40）年には 62％であったが，現在では 28％まで落ち込んでいる．このように，国民の生命を支えている食物からの熱量（カロリー）は，その 6 割以上が海外からの輸入であり，日本の食生活は，海外食料に多くを依存してはじめて成り立っているのが実情である．

こうしたなかで，献立や食生活様式も大きく変化してきた．たとえば，本来，日本の食事にはなじみのうすかった小麦は，2019（令和元）年現在，アメリカを中心とした海外から，年間約 470 万トンが輸入されているが，その小麦輸入の先駆けは，1954（昭和 29）年，アメリカから，MSA 援助協定にもとづいて 61 万トンの小麦が輸入されたことであり，時を同じくして制定された“学校給食法”によって，その援助輸入小麦を用いたパン食による**学校給食**が開始された．それは，米を主食とし，パン食に慣れていなかった日本人の食事内容を変えるうえで，きわめて大きな影響力をもつものであった．

1960年代後半から顕著になった米過剰という事情を考慮して，1976（昭和51）年から学校給食へ米飯給食を導入するための事業も推進され，1976年の全国の米飯給食実施校比率は36.2％であったものが1980（昭和55）年には83.2％，1985年には97.2％となり，その後も導入は進み，2014（平成26）年には100％となっている．このように，米飯学校給食は，急速に導入が進んだことがわかる．しかし，週当たり平均実施回数は，2019（平成30）年で3.5回と，依然としてパン食給食もあり，とくに人口の多い大都市では，米飯給食回数が少なく，パン食中心の献立となっている．こうしたパン食による学校給食を経験した国民は，総人口のほぼ7割に達し，現在，家庭での食事においてもパン食が一般化している．

こうした海外食料への依存，パン食の一般化は，副食の変化ももたらし，日本の和食を中心とする伝統的食文化を衰退させている．日本料理に加えて，西洋料理や中華料理，さらには，その混合料理が日常食となり，それらに関連して，はし（箸）の使い方が混乱したり，立食いが一般化したりするなど，食事マナーも課題となっている．まさに“多国籍食生活”が大勢を占めるようになったといえよう．

（3） 家族共食の減少
―― 単身世帯の増加，女性の社会進出

食生活は一般に世帯を単位として営まれるが，現代ではかつてのような三世代家族は減少し，代わりに夫婦のみの世帯や単独世帯が増加し，食卓を大勢で囲むという家庭が少なくなっている．また，これまで家庭内の家事や調理の多くを担ってきた女性の社会進出が進み，共働きの家庭が増えてきている．

厚生労働省「国民生活基礎調査」によると，「夫婦のみの世帯」は1980（昭和55）年は13.1％であったのが，2019（令和元）年には24.4％に，「単独世帯」は18.1％（1980年）から28.8％（2019年）へとそれぞれ増加している．一方，「夫婦と未婚の子のみの世帯」は43.1％（1975年）から28.4％（2019年）に減少，「三世代」も16.2％（1980年）から5.1％（2019年）に減少しており，家族の小規模化が進んでいることがわかる（図**1·10**）．

総務省「労働力調査」によると，共働き世帯は，1980（昭和55）年以降年々増加し，1997（平成9）年以降は共働き世帯数が男性雇用者と無業の妻から成る世帯数を上回るようになる．そして，共働き世帯の増加傾向はさらに続き，2018（平成

図 1･10　世帯数の構成割合の変化

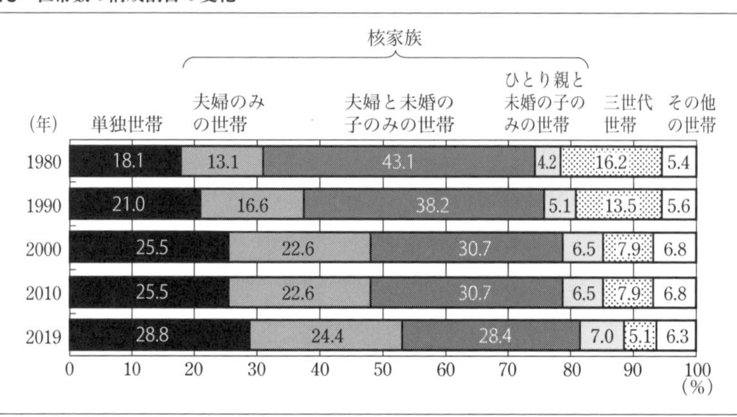

〔**注**〕 核家族は，“夫婦のみの世帯”，“夫婦と未婚の子のみの世帯”，“ひとり親と未婚の子のみの世帯”の合計．
資料：厚生労働省「グラフでみる世帯の状況」，「国民生活基礎調査」より作成．

30）年には，雇用者の共働き世帯が 1,245 万世帯，男性雇用者と無業の妻から成る世帯が 582 万世帯となっている（図 **1･11**）．

女性雇用者（非農林業）の推移をみると，1965（昭和 40）年に 851 万人が，2014（平成 26）年には 2,436 万人とほぼ 3 倍になり，総雇用者数に占める女性雇用者の割合も 31.4％から 42.8％へと，その割合が高まってきている（図 **1･12**）．なかでも，近年著しい動きを示しているのが，パート・アルバイト雇用者で，1965（昭和 40）年の 82 万人から，2020（令和 2）年には約 14 倍の 1,125 万人に増加した．そして，女性雇用者中に占めるパート・アルバイト雇用者の割合も上記期間に 9.6％から 41.6％へと急速に高まってきている．

ここまでみたように，「単独世帯」の増加や女性雇用者の増加，非正規雇用割合の増加など，社会情勢の変化は，調理や食事を家の外に依存する**食の外部化**や，食事はできるだけ手軽に済ませようとする**食の簡便化**志向の高まりなど，家庭での食生活を変化させる大きな要因のひとつとなっている．

また，今日の就業形態では，勤労者の長時間労働が社会問題化しており，たとえば，時間的に不規則な仕事が増えたり，早朝出勤や深夜帰宅が余儀なくされたりするなど，昼夜を問わない勤務も日常化している．また，時間に拘束されない大学生・フリーアルバイター，学習塾・習い事に通う子どもたちの増大などにみられるように，家族の生活リズムが個々ばらばらになっている．このように，ワークライ

図 1・11　雇用者の共働き等世帯数の推移

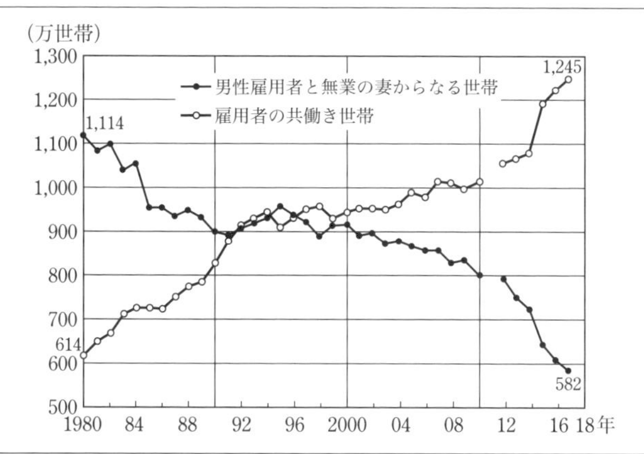

〔注〕 1. 「男性雇用者と無業の妻からなる世帯」とは，2017年までは夫が非農林業雇用者で，妻が非就業者（非労働力人口および完全失業者）の世帯．2018年以降は，就業状態の分類区分の変更にともない，夫が非農林業雇用者で，妻が非就業者（非労働力人口および失業者）の世帯．
2. 「雇用者の共働き世帯」とは，夫婦ともに非農林業雇用者の世帯．
3. 2010年および2011年は東日本大震災の影響により全国集計結果が存在しない．
4. 「労働力調査特別調査」と「労働力調査（詳細集計）」とでは，調査方法，調査月などが異なることから，時系列比較には注意を要する．

資料：1980〜2001年は総務省「労働力調査特別調査」，2002年以降は総務省「労働力調査（詳細集計）（年平均）」より作成．

図 1・12　女性雇用者数および短時間雇用者数の推移

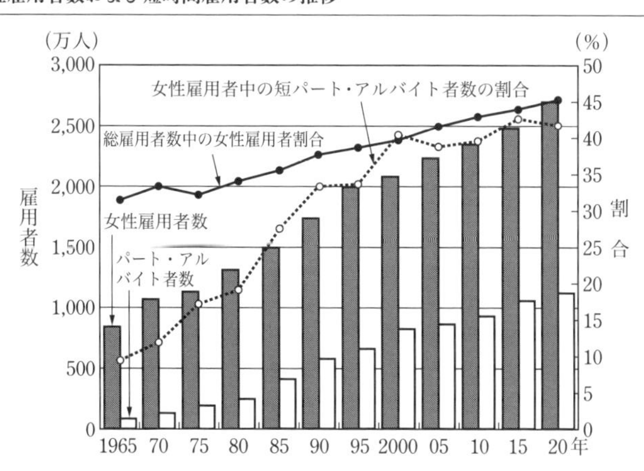

資料：総務省「労働力調査」より作成．

フバランス（仕事と生活の調和）を欠いた状況や，家族の生活時間がまちまちである状況では，家族がそろって食事をし，一家団らんの時間を過ごそうとしても困難である．このような家庭での**共食**の減少や**孤食**（または“個食”）の増加は，加工食品や外食への依存をより高める要因にもなっている．

4 食の外部化と簡便化

（1） 調理手段の変化と調理の外部化

一方，食品を供給する側の食品産業は，高次加工食品から惣菜まで多種類の簡便化された食品を供給している．スーパーマーケットは，それら豊富な食品をそろえて献立決定の場となり，コンビニエンスストアは24時間営業で，昼夜を問わず食品を販売している．また，通信販売業，食材配達業，外食産業，ケータリング業などの産業は，忙しく不規則な生活者の日常の食生活を支えている．このような各種食品産業は急速に発展し，いつでも，どこでも，誰でも食べられる態勢を整えている．

家庭内においても，こうした食品供給態勢に応じて，台所にある調理手段も大きく変わってきている．調理エネルギーが薪や炭から石油，ガス，電気へと変化したことや，ご飯を電気炊飯器で炊くことができるようになったことは，すでに古い出来事になっているが，当時としては大きな“食生活革命”であった．

図**1·13**は，内閣府「消費動向調査」から，調理関係耐久消費財の普及状況を示したものである．ガス瞬間湯沸し器は，1957（昭和32）年に初めて登場して以来，1970年代に急速に普及し，普及率は1981（昭和56）年に77.3％とピークを迎えている．それ以降，低下傾向にあるが，代わって温水器が普及し始め，これらは，一般家庭の台所での食器洗いなどに欠かすことのできない機器となっている．

電気冷蔵庫は，1960年代に“三種の神器”の一つとして急速に普及し，家庭の電化ブームの中心的存在となったが，今日では，冷凍庫を併設した大型冷凍冷蔵庫が主流になり，2004（平成16）年のその普及率は98.4％となっている．単身世帯を除く2人以上の世帯では，一家に2台という世帯も出てきている．1964（昭和39）年に登場した電子レンジも1970年代以降急速に普及しており，2004（平成16）年には96.5％の普及率となっている．また，調理台やコンロ，収納，流し台などが一体化されたシステムキッチンが登場し，台所の機能性と収納性を向上させた．統計を取り始めた1992（平成4）年には24.4％であったが，その後，急速に普及し，

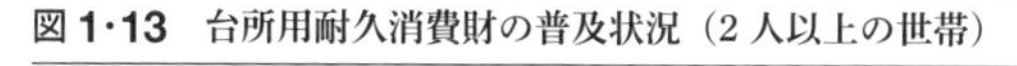

図 1･13　台所用耐久消費財の普及状況（2 人以上の世帯）

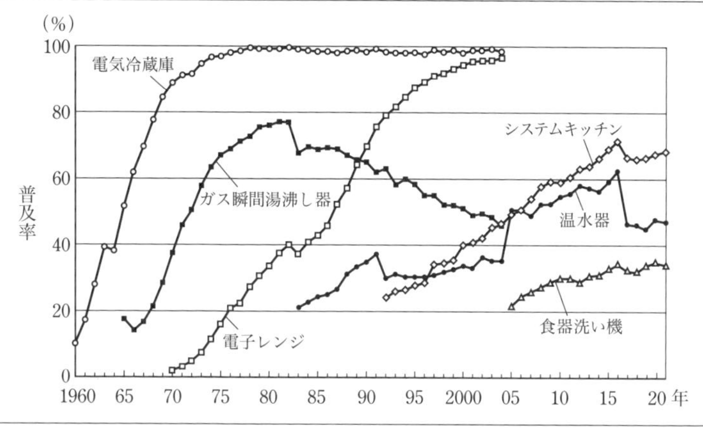

〔注〕ガス瞬間湯沸し器，電気冷蔵庫，電子レンジは 2004 年で調査終了．
資料：内閣府「消費動向調査」より作成．

2021（令和 3）年には 68.5％に及んでいる．その他，食器洗い機が一般家庭に普及し始め，2005（平成 17）年では 21.6％であったが，2021（令和 3）年では 34.4％となっている．

前述した電子レンジと冷凍冷蔵庫の登場は，腐敗性のある食料品でもまとめて買うことを可能にし，惣菜・調理食品・チルド食品・冷凍食品などの生産や消費を促した．図 **1･6** でみたような冷凍調理食品の急速な生産量拡大により，それら食品の家庭消費を一般化させていった．それらの加工食品によって，多様な食材・献立・料理が身近に利用できるようになり，人々は TPO（時・場所・目的）に応じて，また好みによって，幅広い多様な食べ物を自由に選択できるようになった．

（2） 外食比率と食の外部化比率

図 **1･14** は，その外食と調理食品への支出の，食料費全体に占める割合の変化をみたものである．外食と調理食品を合わせたものを**食の外部化**といい，それの食料費全体に占める割合を“食の外部化比率”，外食の食料費全体に占める割合を**外食比率**と呼んでいる．図の実線で示したものが“食の外部化比率“であり，点線で示したものが“外食比率”ということになる．これら“食の外部化比率”や“外食比率”は，毎年増加傾向にあり，1970（昭和 45）年に 13.4％にすぎなかった食の外部化比率が，2015（平成 27）年には 30.1％に，また，9.9％であった外食比率は，

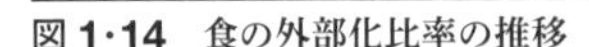

図 1・14 食の外部化比率の推移

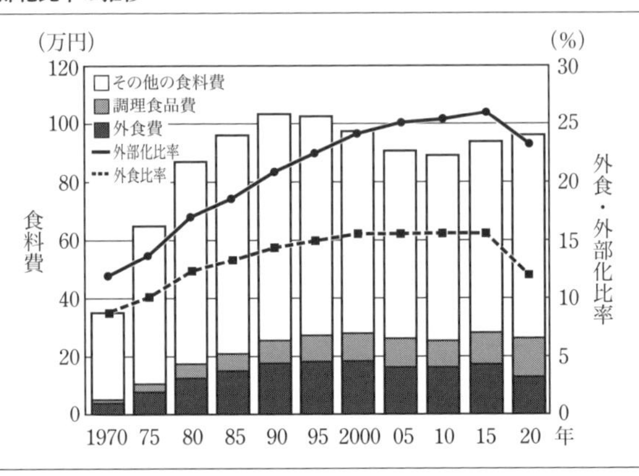

〔注〕 外部化率は，外食と調理食品の合計の食料費に対する割合．食料費は，1世帯当たり年間の品目別支出金額（2人以上世帯）．
資料：総務省「家計調査年報」より作成．

18.1%と増加している．なお，2020年に両比率とも低下しているのは新型コロナウイルス（COVIT-19）感染拡大の影響によるものである．

（3） 単身世帯における食の外部化

再び，家計調査から，単身世帯における食生活の特徴をみていく．図**1・15**より，2019（令和元）年の食料費支出に占める外食の割合（外食率）をみると，2人以上世帯（20.8%）と比べて，単身世帯の割合は，男女それぞれ，42.2%，32.0%と高くなっていることわかる．年齢階級別で外食率をみると，単身男性世帯のうち34歳以下では54.8%，同じく単身女性世帯では46.6%と，若い世代の単身世帯において食事の半分以上もしくは半分近くを外食でまかなっている．

外食に調理食品を加えた食の外部化率をみてみると，2人以上世帯が34.5%であるのに対し，単身男性世帯は60.6%，単身女性世帯では47.9%となっている．単身世帯のとりわけ34歳以下の若い世帯において，食の外部化が非常に高まっていることがわかる．

（4） 食の外部化を促進する背景

「外食」や「中食」の定義は**6**章で確認するが，以下では，食の外部化の背景について概観する．

図 1·15 単身世帯のうち勤労者世帯の品目別食料消費支出割合（2019 年）

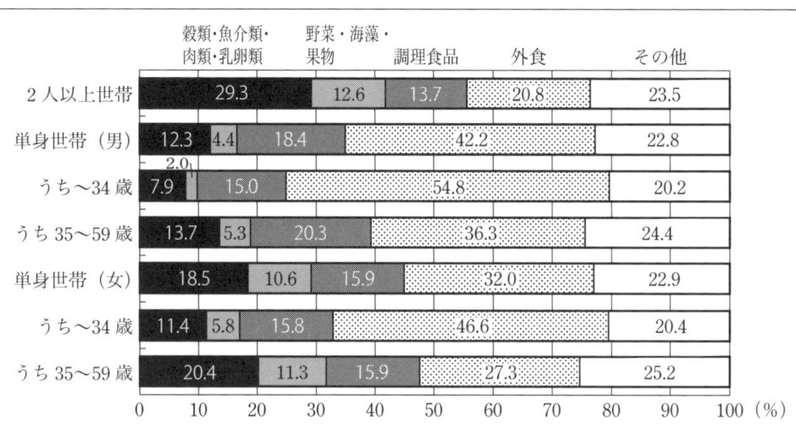

資料：総務省「家計調査」（2 人以上の世帯のうち勤労者世帯および単身世帯のうち勤労者世帯）より作成.

1 人当たりの国民所得の増加

経済が発展して 1 人当たりの可処分所得が増加すれば，当然，消費支出の内容が変化する．所得の増加にともない消費が増えるものもあれば，逆に，減るものあ

図 1·16 収入階級別の食の外部化（2 人以上世帯のうち勤労者世帯の 1 世帯当たり 1 か月間の収入と支出：2019 年）

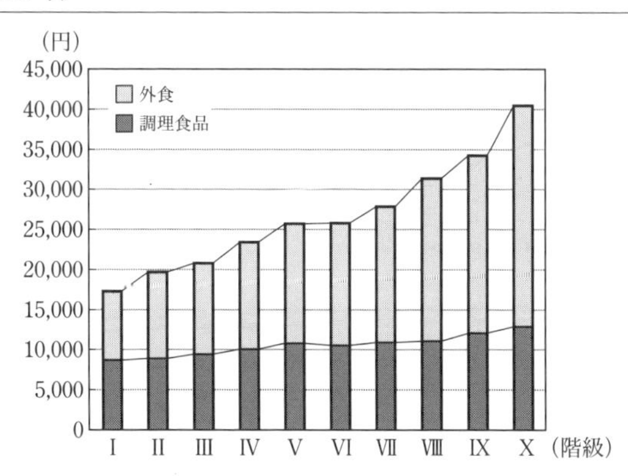

〔注〕所得の十分位階級は，世帯（または世帯員）を所得の低いほうから高いほうに並べて，それぞれの世帯数（または人数）が等しくなるように十等分したもの.
資料：総務省「家計調査」（2 人以上世帯のうち勤労者世帯）より作成.

る．そこで，外食と中食について，「家計調査」にもとづき，家庭の年間収入とそれら支出金額との関係をみてみる．

図 **1･16** は，2 人以上世帯のうち，勤労者世帯の 1 世帯当たり 1 か月間の支出額について，年間収入の十分位階級別に「外食」と「調理食品」の支出額をみたものである．2019（令和元）年では，「調理食品」の収入階層別の差は第 1・十分位（年収 376 万円未満の世帯：Ⅰ）では 8,836 円から，第 10・十分位（年収 1,149 万円以上の世帯：Ⅹ）は 13,014 円と 1.5 倍となっている．

「外食」では，第 1・十分位と第 10・十分位の差は 8,525 円（Ⅰ）から 27,514 円（Ⅹ）と 3 倍以上の違いがみられ，所得と外食費支出との間には強い相関があることがわかる．つまり，調理食品への支出は所得の高低にかかわらず一定の支出があるが，外食は所得が高いほど外食の支出額が多くなる傾向がある．

女性の社会進出と調理時間の減少

図 **1･17** は，年齢階級別労働力率についての変化をみたものである．女性の労働力率は，一般に学校卒業後の年代で上昇し，その後，結婚や出産期においていったん低下し，その後，子育てが落ち着いた時期に再び上昇するというM字カーブを描くといわれてきた．

1990（平成 2）年は 30 ～ 34 歳の 51.7％を底とする M 字カーブを描いていたが，2019（令和元）年では 30 ～ 34 歳が 77.5％と上昇し，M 字型の底の値は過去約 30

図 1･17　年齢階級別労働力率の推移

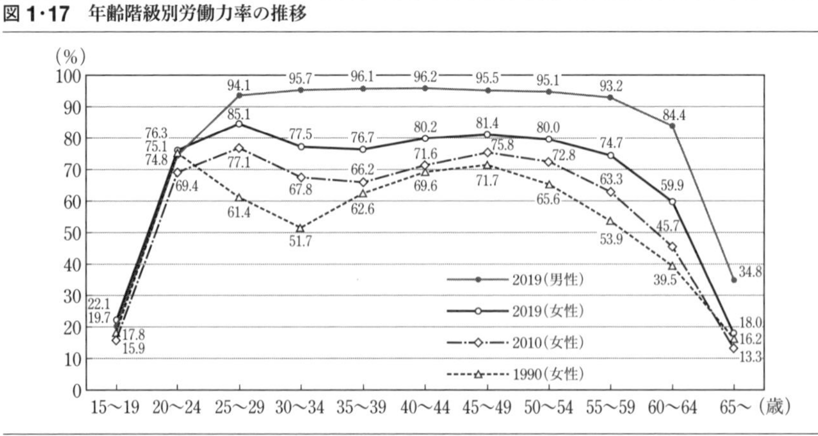

〔注〕 労働力率：「労働力人口(就業者＋完全失業者)」/「15 歳以上人口」× 100
資料：厚生労働省「働く女性の実情」(元データ：総務省「労働力調査」) より作成．

年で25.8ポイントの上昇がみられた．2019年は，すべての年齢階級で労働力率が上昇しており，女性の社会進出によりグラフ全体の形はM字型から男性の労働力推移でみられる台形に近づきつつあるといえる．図**1·11**でみたように，共働き世帯が7割近い現代社会において時短・簡便化の流れは変わらず，食の外部化需要はいっそう拡大していくと考えられる．

表**1·3**で家事関連時間の変化をみると，過去20年間で共働き世帯の妻では，仕事等が横ばい，家事が減少する一方，育児は過去20年間に週全体で37分増加している．夫が有業で妻が無業の世帯の妻においても，家事は27分短くなり，育児は54分増加している．

表1·3　家事時間の推移（夫婦と子どもの世帯の夫・妻）（週全体：時間，分）

		共働き世帯					夫が有業で妻が無業の世帯				
		平成8年	平成13年	平成18年	平成23年	平成28年	平成8年	平成13年	平成18年	平成23年	平成28年
夫	仕事等	8.14	8.02	8.22	8.30	8.31	8.12	8.11	8.19	8.22	8.16
	家事関連	0.20	0.26	0.33	0.39	0.46	0.27	0.35	0.42	0.46	0.50
	うち家事	0.07	0.09	0.11	0.12	0.15	0.05	0.07	0.08	0.09	0.10
	育児	0.03	0.05	0.08	0.12	0.16	0.08	0.13	0.17	0.19	0.21
妻	仕事等	4.55	4.38	4.43	4.34	4.44	0.03	0.04	0.02	0.04	0.06
	家事関連	4.33	4.37	4.45	4.53	4.45	7.30	7.34	7.34	7.43	7.56
	うち家事	3.35	3.31	3.28	3.27	3.16	5.02	4.49	4.42	4.43	4.35
	育児	0.19	0.25	0.36	0.45	0.56	1.30	1.48	1.57	2.01	2.24

資料：総務省「社会生活基礎調査」より作成．

男女別をみると，共働き世帯の夫が家事に使った時間は，1996（平成8）年の7分から2016（平成28）年の15分と増加傾向ではあるが，依然，家庭内における家事分担は妻が担っていることがわかる．このことから，女性の社会進出は食の外部化の一要因であるものの，実際には，有業・無業にかかわらず社会全体で家事の時短傾向が確認できる．

5 “食”の国際比較 ― 日本食文化の特徴 ―

(1) 国によって大きく異なる“食”

1人当たりGDPと食生活内容の相関

2章，8章で述べるように，食料消費は国民所得の多少によって変化する．所得の増加に対応して摂取カロリーも増加し，また，比較的安価なでんぷん質食品に代わりに，タンパク質食品の割合が増え，さらに，そのタンパク質食品の内容が植物性食品から動物性食品へ次第に移行する傾向がある．

図1･18は，**国連食糧農業機関（FAO）**および世界銀行（WB）のデータにより，その状況を国際比較しながらあきらかにしたものである．横軸に1人当たりの国内総生産（GDP）を縦軸に，(a)図は供給熱量中の炭水化物割合を，(b)図は総タンパク質中の動物性タンパク質割合をとり，世界の主要国をプロットしたものである．横軸の左から右にかけて，所得の低い国から所得の高い国へと順に並んでいるが，(a)図の炭水化物割合では右下がりの曲線が，(b)図の動物性タンパク質割合では右上がりの曲線が傾向線として描かれることである．1人当たりのGDPが上昇するほど炭水化物割合は低下し，動物性タンパク質割合は上昇するという法則が確認できる．

さらに，こうした世界的な傾向に対して日本だけがやや異なる動きをしていることも確認できる．日本は，1970（昭和45）年から2014（平成26）年まで点線で結んである〔2010（平成22）年までは5年間隔〕が，それは，炭水化物の割合は世界的傾向よりもはるかに高いところに位置し，動物性タンパク質の割合では低いところを走っている．つまり，日本の1人当たりGDPがほかの先進国並みになったとしても，それらの国々とは違った消費構造を形成してきているといえる．

米を主食とする同じ東アジアの地域で見た場合，炭水化物割合が高く，動物性タンパク質割合が低いといった日本の傾向は，2015（平成22）年の韓国とは共通するが，中国本土，台湾，香港とは異なっており，必ずしも東アジアの固有な食パターンとはいえないかもしれない．しかし，そのこと自体が“日本型食生活”を特徴づけるものではないかと考えられる．

図1·18　1人当たりGDPと供給栄養割合（国際比較）

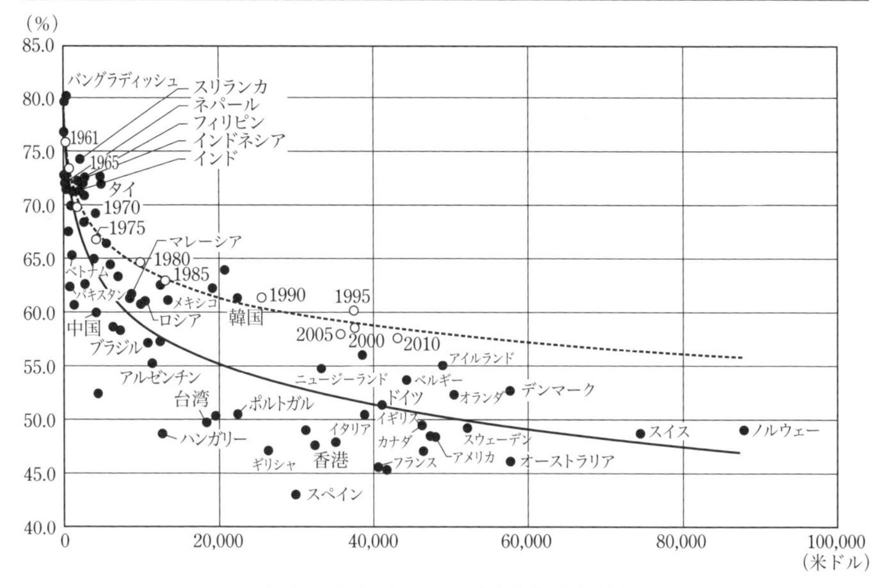

（a）1人当たりGDPと炭水化物（C）割合

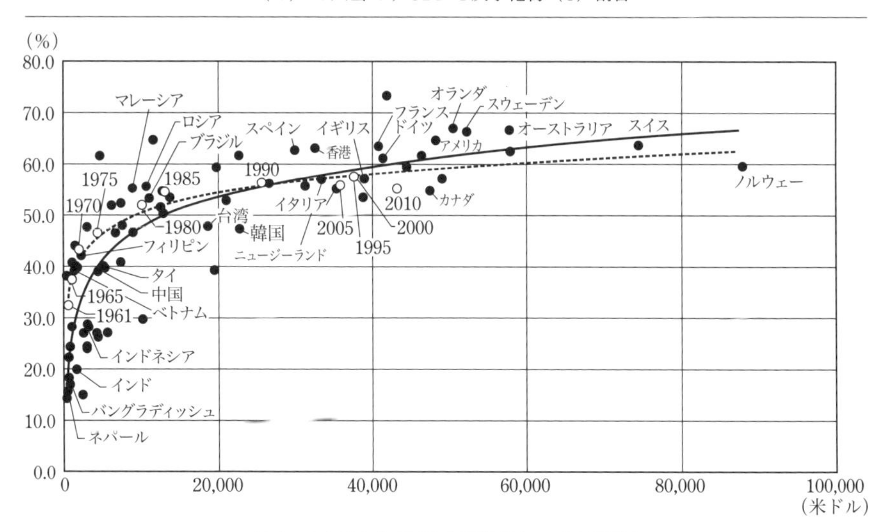

（b）1人当たりGDPと動物性タンパク質割合

〔注〕○印は日本（5年きざみ）.
資料：栄養比率についてはFAO「Food Balance Sheet」(2010) より作成. 1人当たりGDPは総務省統計局「世界の統計」.

（2） 未来へ繋ぐ「和食」文化

ユネスコ無形文化遺産への登録

“食”の国際化が進むなかでも，前述のように，いまなお国際的な地域差は歴然として存在している．日本は，南北に長い地形であり，きれいでおいしい水が豊富にあること，複数の海流で囲まれた島国であること，さらには四季が明確にあることなど，多様で豊かな自然環境に恵まれ，それらから生まれる食材や調理方法，保存技術，こしらえ方など古来より形成されてきた“食”の文化がある．さらには，生活と“食”には密着した関係があり，五穀豊穣の感謝や健康長寿への願いなど，季節行事や人生の節目の通過儀礼の際などには神人共食が古くより行われており，そこに日本独自の“食“の文化が形成されてきた．

しかし，近年では核家族化の進展やライフスタイルの変化，人やモノや情報のグローバル化などにより，食に対する価値観や食料消費行動は変化してきている．例をあげると，正月に代表されるような家族親戚が一同に会して祝う伝統行事やそれにともなう行事食の文化伝承が薄れつつあり，ハレ（特別な日）の食事に赤飯ではなくケーキが食卓にのぼるようになったり，またハロウィンやクリスマスといったもともと海外の風習であった行事も日本の生活文化にすっかり定着している．

このような伝統ある食文化の喪失といった現代の食生活が抱える問題に鑑み，政府は「和食」を料理の一区分としてではなく，「自然を尊ぶ」という日本人の精神に基づいた文化であるとして，「和食：日本人の伝統的な食生活」をユネスコ無形文化遺産に登録申請し，2013（平成25）年12月に登録された．

「和食」4つの特徴

生活文化である和食文化は，じつは明確な定義はなく，「和食」からイメージする内容は，人によってさまざまに解釈されている．国は，先のユネスコ無形文化遺産の登録申請にあたっては，**和食**を次の4つの特徴に整理している．

第一に「多様で新鮮な食材とその持ち合いの尊重」である．日本には明確な四季と地理的多様性があるため，新鮮で多様な山海の食材を利用することができる．それら食材の持ち味を引き出した工夫がなされた調理技術や調理道具が発達している．

第二に「健康的な食生活を支える栄養バランス」である．米，味噌汁，魚や野菜・山菜といったおかずなどにより構成されえた食事スタイルは一汁三菜と呼ばれ，栄養バランスがよいとされている．また，動物性油脂を多用せず，だしの「旨み」や発酵食品の活用など，長寿や肥満防止に寄与した食事スタイルを保持している．

第三に「自然の美しさや季節の移ろいの表現」である．日本では料理に葉や花などをあしらい，美しく盛り付ける表現法が発達してきた．また季節にあった食器を使用したり，部屋の雰囲気をしつらえたりするなど，季節感を楽しむ文化がある．

第四に「正月などの年中行事との密接な関わり」である．日本の食文化は，正月を始めとする年中行事と密接に関わってきた．行事毎に供される行事食は，家族や地域の人と共に自然の恵みを分け合い，また食事の時間を共にすることで，家族や地域の絆を深めている．

食文化は，先人より世代を超えて受け継がれてきたものである．しかし今日の日本では，パン食が一般化したり，おせちを食べない人が増えたり，郷土料理を作れる人が少なくなったりと，食が多様化する一方，技術や慣習など失われていくものもあり，和食文化伝承の観点からみると多くの課題を抱えている．「和食」の世界遺産登録により，日本の食文化はこれまで以上に国内外の注目を集めている．日本人が古来より受け継いできた日本の精神や気候風土に根ざした「和食文化」を守り，そして未来へ繋いでいかなければならない．

地域に根ざした“食”の尊重を

現代の経済社会をみていく場合，全国平準化，国際化という流れを無視することはできない．“食”についても，流通革新の国際化，さらには情報化といった情勢のなかで食料供給システムがめまぐるしく変動し，国内的にも国際的にも食生活が画一化されつつある．

アジアモンスーン地域という気候・風土の下で，長い歴史のなかで育まれた農業生産様式・生活様式・食習慣・食文化・経済社会状況などは，日本の食料消費や食生活のあり方を左右するきわめて基本的な条件となっている．さらに，国内におけるそれぞれの地域特有の諸条件とその地域の食が密接な関係であることは，狭い日本列島といえども，たとえば西日本と東日本，太平洋側と日本海側，あるいはもっとローカルな地域間においても当てはまることである．

このような日本固有の，ならびに各地域特有の諸条件を無視すると，自然と共生し，食を通じて受け継がれてきた日本の豊かな地域文化の喪失や，気候・風土に適した食料供給が脆弱化する懸念があり，国民の食生活を，将来に向けて不安定なものにしてしまうということを忘れてはならない．“食”の基本は，その国，その地域に根ざしたものなのである．

2

成熟期にきた食の需給

1　食料の需給システム

（1）　食料の需要に影響する諸要因

日ごろ，私たちはスーパーマーケットなどの量販店で，牛乳や卵，カップ麺などの食品が目玉商品として特売価格で販売されているのをよく見かける．また，主婦に人気のある100円ショップの商品価格や，季節によって値段が異なる海外旅行の格安料金など，品質やサービスが同じであるのに，市場（小売店などの販売チャネル）によって，価格が異なることをしばしば目にする．こうした価格の違いは，それぞれの商品が取引される市場で，どのようなメカニズムによって決まるのであろうか．

通常，商品の価格は，**需要**（demand）側の消費者と**供給**（supply）側の生産者が，それぞれの機能を果たすその需要と供給とが出会う**市場**（market）で決定される．

私たちが毎日のように購入している食品の価格は，とくに野菜や鮮魚のような生鮮食品では，その需要（買手）側と供給（売手）側とが，卸売市場で，直接，価格を競いあって，一番の高値をつけた買手に売渡すという**せり**（競り）などを通じて，**卸売価格**が決まり取引され，また小売段階では生鮮食品や加工食品が，売手と買手が1対1で売渡す**相対**（あいたい）で取引される．小売販売の場合，売手があらかじめ価格を決めて，店頭に並べるのがふつうである．しかし，そこでも，**市場メカニズム**がはたらき，買手，すなわち需要の動向に見合った価格でなければ，意図した量を売り尽くすことはできない．売手が個々に価格をつけたとしても，やはり，そこには，その商品の需要と供給との関係，つまり価格の変動による需給調整が反映しているのである．

私たちはスーパーマーケットなどに買物に出かける場合，財布の中身をみながら，買う予定の食品が，想定内の価格であれば購入するが，思っていたよりも高ければ，その購入量を減らしたり，それを買わずに，予算に見合ったほかの食品を買ったりする．このように毎日の生活から，食品の需給システムに影響する重要な要因として，まず，価格というものがあることは経験的に理解できる．

ところで，食品の需要に影響を及ぼす要因には，価格以外にどのようなものがあろうか．経済学では，**食料の需要要因**として，① 価格，② 所得，③ 人口，④ **嗜好**（しこう）の 4 つをあげている．食品の価格が上がれば需要は減少し，人口が増えれば食料需要は増加する．また，所得が向上したり，嗜好が変化したりすると，需要の増える食品と，逆に減る食品とが出てくるという具合に考えると，これらのことも理解できるであろう．

（2） 食料需要の価格弾力性・所得弾力性

食料需要に影響する前記の 4 つの要因のうち，④ の嗜好以外の 3 要因は，それぞれ数量化することができることから，それらの 3 要因（価格・所得・人口）が，どれだけ上がれば（増えれば）食料の需要にどれだけの影響を与えるか，量的に計測できるはずである．その計測の結果，統計的に有意な比例もしくは反比例の関係があきらかとなれば，価格・所得・人口の増減と食料需要量との間には一定の法則性があると考えられる．

3 つの要因のうち，人口と食料需要量との関係については，年齢構成の変化を考えなければ，単純な比例関係にあるので，とくに説明を要しないが，価格や所得と食料需要量との関係についてはやや複雑である．経済学ではこれらの関係を**需要の価格弾力性**と**需要の所得弾力性**という分析手法を用いることで計測し，予測することもできる．

需要の価格弾力性（需要の価格弾性値）

食料需要に影響する要因として，食料品の価格がある．その価格の変化と需要量の変化との関係を計測する方法として，需要の価格弾力性というものがある．それは，次の式で算出され，その値は，**需要の価格弾性値**ともよばれる．

$$\text{需要の価格弾性値} = \frac{\varDelta Q/Q}{\varDelta P/P} = \frac{\text{需要の増減率}}{\text{価格の増減率}}$$

Q＝需要量，P＝価格，$\varDelta Q$＝需要の増減量，$\varDelta P$＝価格の増減額

すなわち，ある食品の価格が 1 割高くなったとき，その食品の需要量が 1 割減る

とすれば，その食品の需要の価格弾性値は −1，また2割も減るとすれば −2 と示し，逆に価格が1割安くなっても需要量が3%しか増なかったとすれば，それは −0.3 と示す．

そして**価格弾性値の絶対値**（通常マイナス）が1よりも大きいとき，その商品は価格に対して弾力的であるといい，1よりも小さい商品は非弾力的であるという．

要するに，価格の変化に大きく反応する商品，すなわち**奢侈**（しゃし）**品**の場合は弾力的であり，それに対して価格の変化に反応することが少ない商品，すなわち価格が高くても安くても一定量は必要であるという**必需品**の場合は，非弾力的ということになる．

需要の所得弾力性（需要の所得弾性値）

前項と同じように,**需要の所得弾力性**とは所得と需要との関係を把握する指標で,次の計算式により品目ごとに算出される．なお，この値は**所得弾性値**ともいう．

$$需要の所得弾性値 = \frac{\Delta Q / Q}{\Delta I / I} = \frac{需要の増減率}{所得の増減率}$$

$Q=$ 需要量，$I=$ 所得額，$\Delta Q=$ 需要の増減量，$\Delta I=$ 所得の増減量

たとえば，所得が1割増えたとき，ある商品の需要が1割増えるとすると，その商品の所得弾性値は1となり，ほかのある商品の需要が5%減ったとすれば，その商品の所得弾性値は −0.5 となる．

所得弾性値が正の値であれば，所得の増加にともなって，その商品の需要も増加することから，その商品は**上級財**あるいは**正常財**と呼ばれる．逆に負の値であれば，所得が増えるとその商品の需要が減ることから，**下級財**あるいは**劣等財**と呼ばれる．また，奢侈品は，所得の伸び以上のテンポでその需要が伸びるため，所得弾性値が1よりも大きくなり，必需品は，所得が伸びたとしても，その需要はたいして変化しないということから，所得弾性値が1未満となる．

（3） 価格弾力性・所得弾力性の計測と図解

表**2･1**は，2000（平成12）〜 2019（令和元）年を計測期間として，所得と価格が,食料の需要量にどのような影響を与えるかを計測した結果である．この分析に用いた重回帰式では，両辺とも対数をとっており，計測されるパラメータが**所得弾性値**と**価格弾性値**となる．一般的には，所得が増えれば需要量が増えるため，所得弾性値はプラスの値に，価格が高くなれば需要量は減少するため，価格弾性値はマイナスの値になる．

表 2·1 食料の価格弾力性と所得弾力性（2000 年 ～ 2019 年）

品　名	価格弾力性	所得弾力性	決定係数
米	− 0.331（− 2.11）	0.551（　0.81）	0.931
パン	− 0.948（− 9.28）**	0.015（　0.03）	0.933
麺類	− 0.593（− 4.35）**	− 0.685（− 4.80）**	0.645
魚介類	− 0.722（− 5.89）**	0.233（　1.31）	0.985
肉類	− 0.105（− 0.44）	0.000（　0.00）	0.936
牛乳	0.888（　2.64）*	0.671（　5.26）**	0.957
チーズ	− 0.196（− 0.51）	0.327（　0.61）	0.931
卵	− 0.353（　2.07）	0.191（　1.06）	0.185
生鮮野菜	− 0.390（− 3.05）**	− 0.433（− 1.09）	0.300
わかめ	− 1.147（− 3.08）**	1.522（　3.68）**	0.894
豆腐	− 0.515（− 3.97）**	0.053（　0.56）	0.957
梅干し	− 0.446（− 3.23）**	1.086（　3.46）**	0.730
果実類	− 0.442（− 3.14）**	0.066（　0.12）	0.923
油脂類	− 0.080（− 0.39）	0.840（　3.23）**	0.540
しょうゆ	− 0.695（− 3.52）**	− 0.681（− 1.21）	0.979
みそ	− 0.841（− 4.71）**	− 0.187（− 0.38）	0.970
緑茶	− 0.637（− 2.98）**	0.446（　3.02）**	0.957
コーヒー	− 0.366（− 5.74）**	0.284（　2.16）*	0.984
ビール	− 1.954（− 1.58）	1.008（　0.86）	0.956

〔注〕（　）内は t 値，* は 5% 有意水準，** は 1% 有意水準，決定係数は自由度調整済決定係数．
計測モデルは

$$\log Q_t = a + b \log P_t + c \log I_t + dT$$

ただし，Q_t は t 期の 1 人当たり当該品目購入量，P_t は当該品目の実質価格，I_t は 1 人当たりの可処分所得，T は時間変数，a，b，c，d は各パラメータである．また，（　）内は各パラメータの t − 値，決定係数は自由度調整済み決定係数である．

資料：農林水産省「食料需給表」，総務省統計局「家計調査年報」，内閣府「国民経済計算」

この表から，まず**価格弾性値**をみると，牛乳とわかめを除いた多くの品目で絶対値が 1 よりも小さく，食品は価格の変化に対してその需要が左右されない非弾力的な商品であるということがわかる．これは，このモデルの計測データが集計データであり，日々の価格変化に対して，たとえ日々の需要量が変化したとしても，年次データになるとその変化が相殺されることも影響している．しかし，そのなかでも，食品によって，その価格弾性値にかなりの差がみてとれる．米や肉類，チーズ，卵，油脂類，ビールは有意水準でないことから価格の変化にその需要がまったく影響されず，また，生鮮野菜（− 0.390）やコーヒー（− 0.366）のように比較的影響が少ない食品がある一方，パン（− 0.948）やみそ（− 0.841），魚介類

(−0.722)，しょうゆ（−0.695)，緑茶（−0.637）のように，価格の変化に対して需要が比較的弾力的に反応する食品もある.

続いて**所得弾性値**をみると，わかめ（1.522）と梅干（1.086）を除いた多くの品目で1よりも小さくなっている．昭和後期（昭和30年代〜60年代）には，肉類や乳製品などの品目では所得弾性値が1よりも大きく，**奢侈品**のカテゴリーに入っていたものが，今ではほとんどの食品が所得の変化に対してその需要が左右されない非弾力な商品になっていることがわかる．とくに主要な食品である米やパン，魚介類，肉類，卵，生鮮野菜，豆腐，果実類，しょうゆ，みそなどは有意水準でないことから，所得の変化にそれらの需要が影響されず，統計的に有意であった緑茶（0.446）やコーヒー（0.284)，牛乳（0.671）の飲料も所得の影響は小さいといえる．また麺類（−0.685）は有意なマイナスの値を示しており，麺の需要は，所得の上昇にともなって，減少する傾向にあり，所得の変化との関係だけをみれば，需要が減少する**下級財**に分類され，近年の米の消費の減少に加え．穀類の消費が減少している一端がうかがえる.

今日のわが国の食料需要は，**1**章でみたように，調理食品の増加が認められる（表**2·1**にその項目はない）が，それ以外の食品についてはむしろ減少傾向がみられるなど，**需要の所得弾性値**が一般的に低く，これから先，1人当たりの所得が向上したとしても，その需要の増加はあまり見込まれないか，あるいは米や麺類のように，逆に減少する食品も少なくないということを表**2·1**は示しており，今日の食生活の特徴を端的に物語る指標であるといえる.

需要曲線と価格弾力性

ところで，価格の高低に対応した需要量は価格が高ければ需要量は少なくなり，逆に価格が低くなれば需要量は多くなることから図**2·1**のような右下がりの曲線が描け，これを**需要曲線**という．図**2·1**に示すようなモデルは，経済学の分析手法としてしばしば利用されるので，簡単に説明しておこう.

図2·1　需要の価格弾力性と需要量の変化

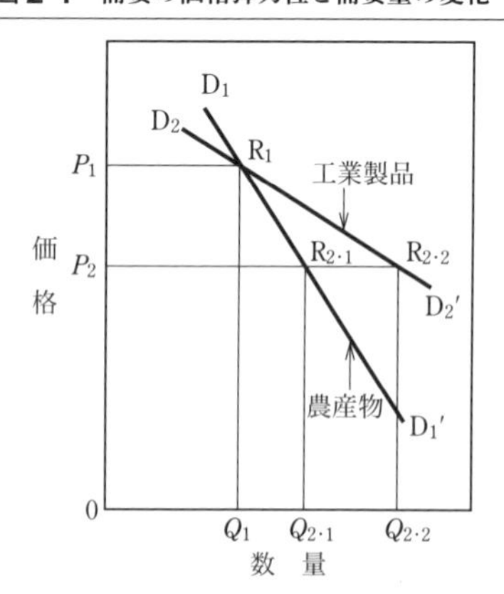

資料：高橋伊一郎「農産物市場論」1985年

これは，異なる2品目（農産物と工業製品）の**需要の価格弾力性**の相違を説明しようとするものである．たとえば，価格が P_1 から P_2 に下がったとき，価格に対して非弾力的な農産物の需要量は，Q_1 から $Q_{2\cdot1}$ までしか増えないが，価格に対して弾力的な工業製品の需要量は，Q_1 から $Q_{2\cdot2}$ まで増えることになる．このように，価格弾力性の大きいものほど需要曲線の傾きはゆるやかであり，逆に，必需品的性格が強く価格弾力性の小さい（非価格弾力的な）ものほどその傾きは急となる．

（4）　食品の価格形成と農産物の価格変動

加工食品をはじめとした商品の価格は，その需要と供給とが出合う市場で決定される．そこで買手と売手は価格に対して正反対の行動をとる．つまり，買手である需要側の消費者は，その食品の価格が上昇したら買い控え，逆に価格が低下したら購入量を増やす．また，売手である供給側の食品メーカーは，価格が安ければ製品の生産を控え，逆に価格が高ければ生産を増加させて，利潤の最大を目的とするような企業行動をとる．

いま，ある加工食品の市場を想定し，図 **2･2** で横軸に数量を，縦軸に価格をとって，もし，ある食品の価格が高く P_1 であったとしたら，その食品の需要量は Q_1 と少ないが，その食品の価格が下がって P_2 になったとするとその需要量は増えて Q_2 となる．このように需要は，右下がりの**需要曲線** DD′ に沿って移動する．他方，食品のメーカーは，ある食品の価格が高く P_1 であったとしたら，その食品の供給量は Q_2 と多くするが，逆に，その食品の価格が下がって P_2 になったとすると，その供給量は減らし Q_1 とする．このように供給は，右上がりの曲線 SS′（**供給曲線**）に沿って移動する．

その場合，市場で決定される価格水準は，この需要曲線と供給曲線の交点（均衡価格）となる．図 **2･2** でいえば，均衡価格は P_0 に決まり，その時の需要量と供給量（均衡量）は Q_0 になる．

もし，**供給量**に比べて**需要量**が多い商品がある場合，価格は高くな

図 2･2　食品の価格形成 ― 需要曲線と供給曲線 ―

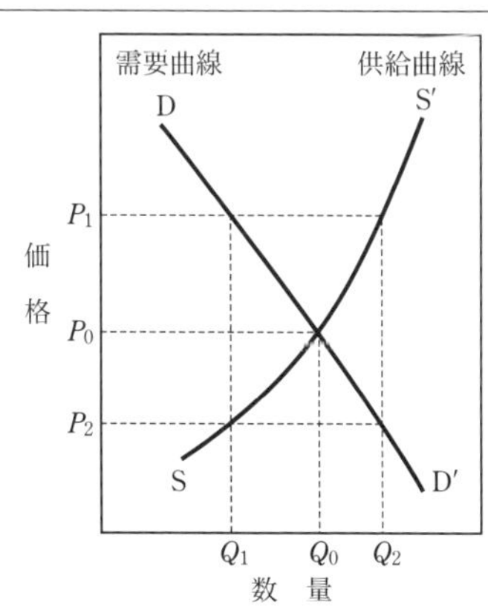

資料：今村幸生編著「現代食料経済論」1988 年（一部修正）

り，逆に需要量に対して供給量が多い商品の場合，その価格は安くなる．一般の農産物と違って加工食品のように供給量が自然条件に左右されることが少なく，貯蔵が可能な食品の場合は，需要量の変化に対応して供給が調整できることから，需給システムが自動的にはたらき，その価格は安定している．

それに対して農産物の場合は，加工食品と比較して，自然条件によってその供給（量）が左右されやすく，しかも，その生産物の貯蔵性が乏しいので，収穫された農産物は，短期間に販売しなければならない．そのため一般に，その価格の変動幅は大きなものとなる．しかも，その農産物の価格変動は，農産物のもつ経済的特性から，その変動幅が大きくなることや周期性をもつという面がある．

農産物の価格変動が大きいことについて，農産物の**需要の価格弾力性**が小さいという理由からも説明される．図**2･3**は，先の図**2･1**を別の角度から見たものであるが，農産物と工業製品とが，ともに供給量がQ_0で価格がP_0であったとする．しかし，なんらかの事情で，ともに供給量がQ_1まで増えたとする．その場合，弾力性の小さい農産物の価格はP_1まで大きく下がるが，弾力性の大きい工業製品は，価格はP_2へとわずかな低下にとどまることになる．逆に，供給量がQ_2まで減った場合，農産物の価格はP_3まで急騰するのに対して，工業製品の価格の上昇はP_4までにすぎないのである．

図 2･3　需要の価格弾力性と価格変動

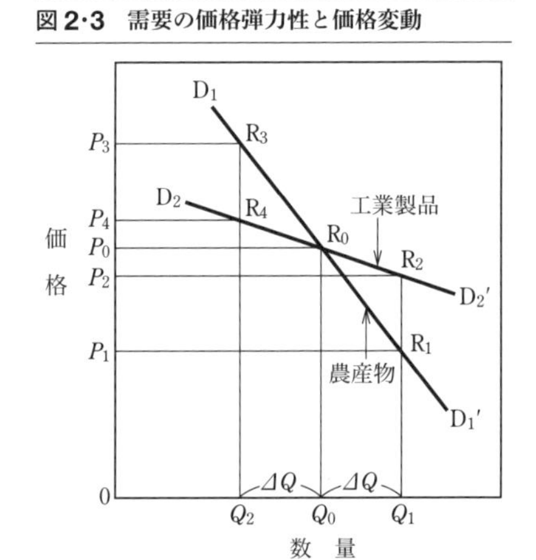

資料：図**2･1**に同じ．

一般に，需要の価格弾力性の小さい農産物の場合，このように**価格変動**は大きくなりやすい．この価格変動は，生産者である農家にとっても問題であるばかりか，消費者にとっても，これが必需品であるだけに，大きな社会問題になる．まして，後の**8**章**5**節で述べる2007（平成19）～2008（平成20）年にみられたように，この農産物の価格変動に投機が加わって高騰するようなことであっては，国民生活に影響するところが大きくなる．

農産物の価格は，ある年に高くなると，翌年もしくは数年後に安くなるという周期的な変動を繰り返すことがよくある．それには，それなりの経済的理由があって，理論的にも解明されている．その**農産物価格の周期変動**を説明する理論としては，**くもの巣定理**というものがある．ここでは深く立ち入ることはできないが，その概要を説明すると，次のようになる．

農産物を生産する場合，生産開始時から収穫時までにかなりの時間経過を必要とする．農家は，一般に，どれだけの量を栽培（飼育）するかを決定するのに，その生産開始時の価格を参考にする．仮に，農家が直面する価格が高ければ大量に作付（飼育）を行うが，それが一定の期間を経て収穫期になると，大量に作付（飼育）された後は，供給量が急増することから，価格が暴落してしまう．そのため農家は，次には作付（飼育）を減らし，それが出荷される時期には供給量が減ることから，価格が逆に騰貴するという循環を繰り返すことになる．このような状況を需要曲線，供給曲線の上に描くと，まるでくもの巣のように収束・拡散することから，このような理論を“くもの巣定理”とよんでいる．なお，国が行う農産物価格政策には，このような価格の周期的変動を防止しようとするものもある．

（5） 食料需給に影響する他の要因

わが国の食料需要は，需要の所得弾力性のところで指摘したように，これから先，所得の増加があったとしても，その増加に対応して食料需要が量的に増える可能性はあまりない．そのことは，わが国の食生活が，すでに**飽食の時代**を迎えており，食料需要は**成熟段階**に入っているからであるが，しかし，ここで検討しなければならないことは，その成熟段階とは，あくまでも，食料についての量的な局面においてであって，質的な面ではないということについてである．

食料需要に影響を与える要因として，価格・所得・人口以外の第4の要因として“嗜好の変化”がここで重要となってくる．

飽食の時代を迎え，今日のように食料需要が成熟した段階では，価格の高低（価格競争）だけで，その食料需給システムを説明することができなくなった．つまり，価格が安いだけでは消費者に満足感を与えることはできず，逆に価格が高くても，**嗜好**（好み）にあった食品を消費者に供給すれば消費者に迎え入れられるというように，食料需要に質的変化が生じてきているのである．

食品を購入する際，このように品質を重視する**消費者の購買行動**は，わが国の場合，諸外国に比べ顕著な特徴であり，とくに食品の安全性に対する消費者の不安はきわめて大きくなっている．さらにまた，経済学で食料需要の規制要因として，3つ目にあげられている人口の増減は，少子高齢化を迎えているわが国の食品市場で，購買層の年齢構成の変化，すなわち高齢者の増加によって，今後の食料需給は大きく影響されていくことになる.

さらには，ますます個性化・多様化している消費者嗜好に関する情報の先取りと商品開発や，そうした**嗜好**の変化に影響を与えるテレビCMを駆使した食品企業の企業行動も，食料需給システムに影響を与える重要な要因であることは，想像にかたくない.

以下，近年の食料需給システムに影響を与えているそれらの要因について述べることとする.

2 食料の供給市場構造

（1） 市場の種類

古典派経済学では，“買手”，“売手”ともに多数存在するという**完全競争市場**を想定して，図**2·2**に示したように，**需要曲線**と**供給曲線**の交点で価格と供給量が決定されるとした．この場合，個々の事業者や消費者が，それぞれ自己の最大利益を求めて行動することで，“神の見えざる手”がはたらき，市場メカニズムが機能して，**適正価格**（P_0）と**適正数量**（Q_0）が決定され，とくに消費者にとっては，消費者余剰が最大となる.

しかし，実際の食品市場をみると，売手の数は数社しかないということもある．ミクロ経済学の応用分野である産業組織論では，このような数社の大手企業が核となって市場を支配する産業分野における市場構造，市場行動，市場成果を分析し，問題を提起している．そこでは，買手の数，売手の数によって，市場をいくつかのタイプに分けて論じている．表**2·2**は，その市場のタイプ分けを示したものである.

まず，売手が1社で買手が多数という市場，例としては，民営化されたとはいえ，タバコ市場では“日本たばこ産業（JT)”が販売権を独占している，このような例を**売手独占市場**という．同様に売手が多数で買手が1社の場合，現在でも，葉タバコを生産する多数の農家が“日本たばこ産業”1社に販売するというような例を**買手独占市場**という.

これに対して，売手が少数で買手が多数の市場を**売手寡占市場**，逆に，売手が

表2·2 売手・買手の数による市場のタイプ

種別		売手 1社	売手 少数	売手 多数
買手	1社	双方独占	—	買手独占
	少数	—	双方寡占	買手寡占
	多数	売手独占	売手寡占	純粋競争

多数で買手が少数の市場を**買手寡占市場**という.

食品の市場を考えた場合，典型的には，野菜などの生鮮食品では，売手である生産農家もきわめて多数，買手である一般消費者もきわめて多数ということから，そこには**完全競争市場**が展開しているということになり，また，多数の中小企業が売手となっている一部の加工食品部門も，売手，買手ともに多数ということで，完全競争市場ということになる.

しかしながら，生産集中度が高い食品部門では，製造品の販売において売手寡占市場が，原料農産物の調達をめぐっては買手寡占市場が形成されることになる.

このような市場の分類で問題となることは，需要と供給で決まる価格形成において，競争原理がはたらいて適正価格となるか，不完全競争の下で，価格が吊り上げ（原料の場合は吊り下げ）られ，消費者や生産者の利益を犠牲にした**独占利潤**が少数企業に帰属することになりはしないか，ということである.

（2） 不完全競争下の独占利潤の形成

売手独占市場では，売手が1社であるから，供給量を自由に決めることができることから．もし，その独占企業が，図**2·2**で供給量をQ_1に決定したとすると，価格はP_1に引き上げられ，独占企業は多大の独占利潤を獲得することになるが，消費者は，本来ならばP_0であるはずの価格の食品を，P_1という高い価格で買わなければならなくなる．消費者の犠牲のうえに，独占利潤が成立するしくみである.

現実の経済社会は，売手独占，買手独占の例はまれであって，売手寡占，買手寡占が多くみられる．わが国の食品市場においても，**4**章でみるように，生産（販売）累積集中度が高い業種も多いことから，食品製造業のなかでも売手寡占の業種は少なくないが，そのような売手寡占の場合でも，少数企業が談合して製品価格を吊り上げ，消費者に犠牲の下で独占価格を獲得する可能性もでてくるし，また，買手寡占の場合は，原料農産物の価格を不当にも引き下げて，原料供給者である農漁家に犠牲を強いる局面も出てくる場合もある．フードシステムにおける“砂時計構造”〔**4**章の図**4·5**参照〕のくびれの位置にある少数企業が，両端の膨大な数の原料生産者や消費者を支配するおそれもなくはないのである.

少数企業できびしく競争しているか，それともカルテル志向か

寡占市場や寡占企業がいつでも，すべて“悪”であるとはいえず，大手食品企業は，私たちの食生活に欠かせない加工食品を日々提供してくれている．これら少数の同業企業が，互いにきびしく競争し合っているなら，完全競争に近い**適正価格**が

市場で設定されるであろうことから，規模の経済を具体化し，各種のイノベーションを実現する大規模企業は，むしろ歓迎さるべきものである．

しかしながら，それら少数企業が，もし，談合して供給量を制限したり（数量カルテル），価格を協定したり（価格カルテル）した場合，売手が数社あったとしても，独占企業と同じように，供給量を制限して，価格を不当に引き上げることもでき，その結果，消費者の犠牲の下に**独占利潤**を獲得することもできるのである．

（3） 公正な競争を確保するために

そのような独占利潤のもととなる**カルテル**の設定は，わが国でも独占禁止法という法律によって，きびしく取り締まられている．万一，それが発覚した場合，公正取引委員会は，直ちに排除命令を出すとともに，多額の罰金を課すことになっている．しかし，食品製造業に限ったことではないが，水面下でカルテルが設定され，その“ヤミカルテル”が摘発されるという事件が，新聞の経済欄に頻繁に出ているのを読者も見ていることと思う．消費者として，寡占型の食品産業において，そのようなことが起きないよう監視し，つねに公正な競争関係が保たれるよう努めることもその責務である．

寡占企業の公正な競争は，同業者間の競争だけでなく，フードシステムにかかわる製造業者と流通業者との間の競争でもいえる．独占禁止法に“再販価格維持行為”の禁止という項目がある．これは，製造業者が卸売業者，小売業者に対して，卸売価格，小売価格を決めて，それを強制することを禁止するものである．製造業者が**卸売業者**に販売する価格は，当然，製造業者が決めることができる．しかし，その商品を，卸売業者から**小売業者**へ販売する（再販売という），また小売業者から消費者へ販売する（再々販売という）ときの価格は，あくまでも，卸売業者，小売業者がその競争条件の下で独自に決定すべきもので，製造業者はそれに関与できないという制度である．これも，卸売業者，小売業者それぞれの同業者間のより徹底した競争を通じて，市場メカニズムを貫徹させようとするものである．近年，食品でも，ディスカウントストアやスーパーマーケットまたは専門店などにおいて安売りが目立つようになってきたことは，この再販価格維持行為の禁止がより徹底されるようになってからのことである．

3 成熟期にきたわが国の食料需要

（1） 頭打ちになった食料費支出

前述したように，これから先，**成熟社会**にあるわが国では，1人当たりの所得が急増することは見込まれず，また，所得の増加があったとしても，食料需要が量的に大きく増える可能性もあまりない．図**2･4**は，厚生労働省が行っている「国民健康・栄養調査」から日本人の1人1日当たりの**摂取カロリー**の推移を示したものである．摂取カロリーとは，食事などによって体内に入っていくエネルギーのことである．第二次世界大戦後の復興期にあたる1950（昭和25）年の摂取カロリーは2,098 kcalであったものが，昭和40年代（1965～1974年）の高度経済成長期の所得の増加にともなう食生活の洋風化や食スタイルの変化によって量的に拡大していき，1975（昭和50）年には2,226 kcalになり，食生活は「飽食」と呼ばれるほどの豊かさを迎えることとなった．その後，日本型食生活への再認識や健康志向の高まりなどから摂取カロリーは減少し，2010（平成22）年には1,849 kcalにまで低下している．その後，少し増加したものの，2019（令和元）年で1,903 kcalと低い水準となっている．こうした摂取カロリーを反映するかのように，近年の食料費支出も頭打ちとなっているのである．

図2･4　日本人のカロリー摂取量の推移

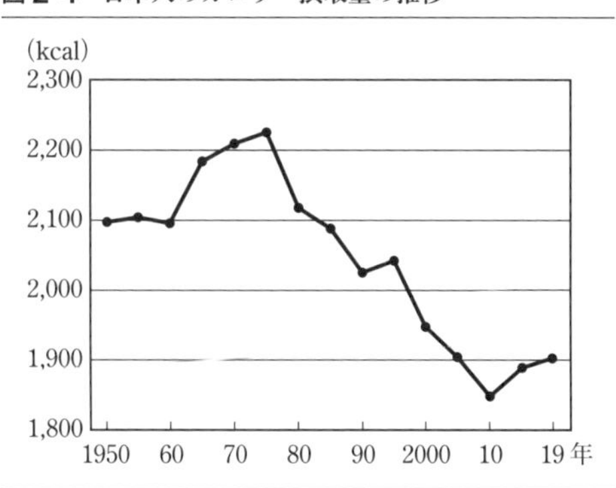

資料：厚生労働省「国民健康・栄養調査」

食料費支出の推移から食料需要の成熟段階を示したものが図**2･5**である．この図は，家計費に占める**食料実質消費支出**について，食料費とともに基礎的な支出とみられる住居費，水道・光熱費，交通・通信費，教育費の推移を比較したもので，1985（昭和60）年を100とした指数で示してある．これをみると，住居費と教育費は，1997（平成9）年までは増加し，その後，減少しているものの，2019（令和元）年にはそれぞれ146，112と，また水道・光熱費と交通・通信費はほぼ一貫して増加し続け，それぞれ131，188と，いずれも100を超し増加しているのに対して，食料実質消費支出は1991（平成3）

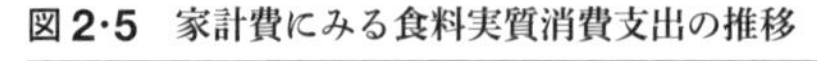
図2·5　家計費にみる食料実質消費支出の推移

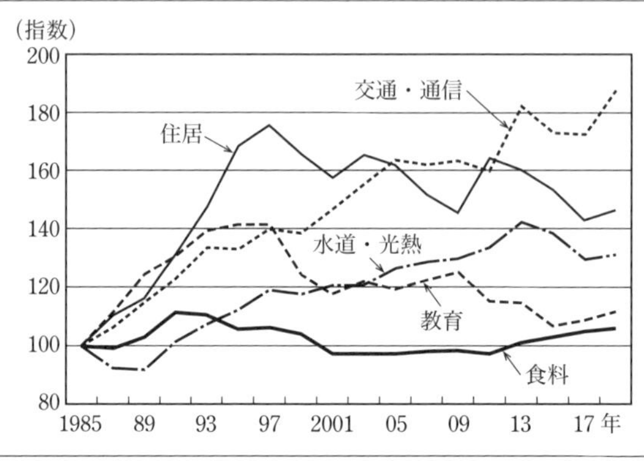

資料：総務省統計局「家計調査年報」

年の111をピークに減少し，2001（平成13）年には97となり，その後2011（平成23）年に95まで減少したが，その後持ち直し，2019（令和元）年で106と1997（平成9）年の水準までになっている．

このように食料実質消費支出は頭打ちの状況にある中で，それを種類別にみると表示はしていないが，2000（平成14）年度の「食料・農業・農村白書」が指摘するように，主食，副食，外食は対前年比減少しているのに対して，嗜好食品だけは増加してきている．このことからわかるように，全体的にみてわが国の食料需要は成熟段階を迎えているとはいっても，これを品目別にみた場合，必ずしもすべての食品が成熟段階をあるのではなく，品目によっては，すぐ後に述べる**プロダクトライフサイクル**の成長期にある食品も，なかには存在しているのである．このことはわが国の食料の需給システムを考える上で，きわめて重要な意味をもつ．

（2）　商品のライフサイクルと食生活の変化

商品（食品）**のライフサイクル**とは，新商品が市場に導入されからの市場規模すなわち販売量の推移をみたもので，導入期の伸びは少ないが，時間の経過とともに需要（売上）が増え，市場規模は増大し，成長期に入る．しかし，その商品もやがては売上も頭打ちとなり，成熟期を迎え，さらには，売上の減少とともに衰退期に入り，市場から撤退していくのである．ライフサイクルについては**5**章でくわしくみるが，こうした食品のライフサイクルに大きな影響を与えるのが食生活の変化である．

たとえば，1970年代（昭和45～55）はじめに登場した**ファストフード**や**ファミリーレストラン**は，それまでの**内食**中心の食スタイルに**外食**という新しいスタイルを導入し，さらにまた，近年では，**中食**の登場により，家庭内での米や生鮮食品の購入量は減っているのに対して，スーパーやコンビニエンスストアでの，弁当，おにぎり，惣菜など調理食品の売上が急速に増えており，**食の外部化**をもたらしている．2011（平成23）年の東日本大震災後，内食が見直され，増加すると思われていたが，少子高齢化や単身世帯の増加を受け，内食はさらに減少し，中食が増えている状況にある．

なお，内食，中食，外食については，**6**章でくわしく述べることになる．

4　日本人の食品購買行動の特徴

（1）日本人の食に対する意識とその変化

食品製造業における生産技術の発展，輸送（物流）システムの進歩，情報処理技術の高度化は，高度経済成長期を背景とした所得の伸びとともに，私たちの食生活を多様化・個性化させながら豊かにしてきた．しかしながら，その反面で，消費者は，長期的視点に立ったその豊かさに対する不安や疑問を抱くようになってきてい

図2･6　食に関する志向の変化

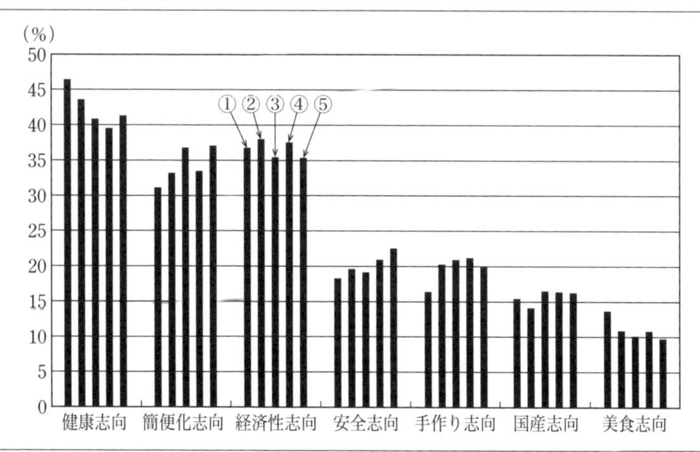

〔注〕 グラフは項目ごとに左から① 2019（平成31）年1月，② 2019（令和元）年7月，③ 2020（令和2）年1月，④ 2020（令和2）年7月，⑤ 2021（令和3）年1月の値．
資料：日本政策金融公庫『消費者動向調査（令和3年1月）』

る．私たちが毎日食べるほとんどの食品は，その生産，加工・流通，消費が大量かつ広域的に行われるようになり，その結果，生産（農）と消費（食）との距離は極端に拡大し，つくった人，加工・流通に携わった人やその方法がわからないフードシステムの下で，消費者は不安を抱えながら日々の食生活を営んでいる．

日常生活における消費者のこうした傾向は，図**2·6**と図**2·7**に示す（株）日本政策金融公庫の「消費者動向調査」でもあきらかで，もともと多くの消費者は「健康志向」，「簡便化志向」，「経済性志向」がほかの志向よりも強いが，近年では「安全志向」や「国産志向」，「手作り志向」は上昇傾向にある．また減少傾向であった健康志向は令和3（2021）年では再び上昇している．このように普段の食生活で健康に意識をしており，加工食品を選ぶときのポイント（図**2·7**）としては，「原材料の品質が優れたもの」，「栄養バランスが良いもの」，「味付けが薄いもの」などの品質や健康に関する回答割合が高くなっている．また「少量化されたもの」，「健康機能性が強化されたもの」，「やわらかいもの」の項目に関しては，60・70歳代の回答数が，それ以下の層に比べて2倍以上となっており，高齢者層ほど，普段の食

図2·7　食品購入時における消費者の意識・関心

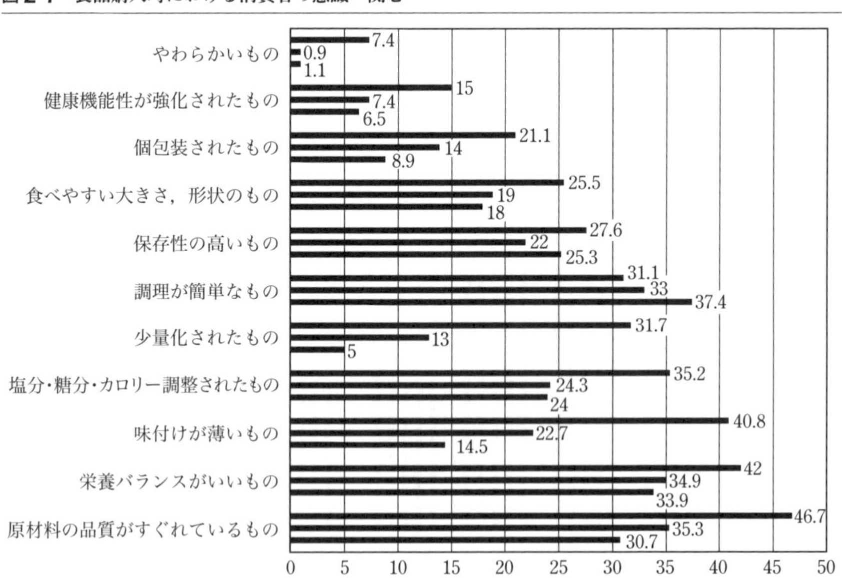

〔**注**〕 グラフは項目ごとに上から60・70歳代，40・50歳代，20・30歳代を表す．
資料：日本政策金融公庫「平成24年度上半期消費者動向調査」

生活において健康を意識していることがうかがえる．旬の味，本物の味，バランスのとれた食事を追求してきた日本人の“食”に対する意識が大きく変化し，それに加えて「安全性」「健康志向」が食品の需要構造に大きく影響するようになってきている．なお，「調理が簡単なもの」については，若年齢層ほどその意識・関心が高いことも注視される．

（2）　鮮度・品質重視の消費者志向

わが国の食生活の特徴の1つは，鮮度の高い生鮮食品を加工食品よりも多く使用することである．それも，とくに，鮮度・品質の劣化が早い軟弱野菜や魚介類，肉類では鶏肉やスライスした畜肉を多く素材として使い，また，惣菜や寿司など消費期限の短い食品なども多く消費する．その点，アメリカやイギリスが，野菜といえば日持ちのよいキャベツ・玉ねぎ・バレイショを主として，肉ではやはり貯蔵性のある牛肉をブロックで大量に購入するというスタイルをとっているのとは違っている．このような食生活の違いが，当然，食品に対する購買行動の違いをもたらすことになるのである．

図**2･8**は，“消費者が**食品の購入で重視する点**（価格と品質）の国際比較”を示したものである．「価格」を重視する割合は，欧米諸国に比べて日本がやや低いとはいえ，いずれの国も50％前後で，価格に対する消費者の関心は同程度といえるが，「品質」を重視する点では，日本が最も高く60％を超えており，18～37％と少ない欧米諸国と比較して，46～27ポイントもの差がある．それだけでなく，「価格」と「品質」を比べてみると，欧米の各国はいずれも「価格」重視割合が高く，イギリスなどでは36ポイントの差で低くなっているのに対して，日本だけは「品質」重視割合が15ポイントも高くなっている．このことから，日本人の“食”に対する考え方の欧米との違いがあきらかになるが，こうした「品質」を重視する日本人は，また，食品の購買行動においても欧米とは違った性格をもた

図2･8　消費者が食品購入で重視する点の国際比較

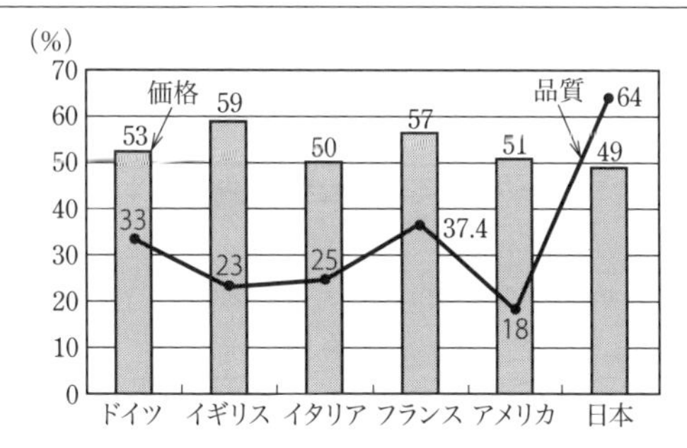

資料：農林水産省「農業白書」1996年度

らし，それがさらに，食品流通構造にも影響してくるのである．

（3）　多頻度購買行動とわが国食品小売業の特徴

表**2･3**は，食料品に関する購買行動の国際比較について，農林水産省が1993（平成5）年と2000（平成12）年に行った，東京およびニューヨークに在住する消費者を対象に行なった調査結果である．これによると“1週間の平均買物回数”は，日本では5.30回とほぼ毎日購買するのに対し，アメリカでは1.76回とまとめ買いが多い．この調査結果から，わが国の**食品購買行動**の特徴といえる**多頻度購買行動**が端的に理解できる．さらに，野菜，果物，鮮魚，精肉の品目別に買物回数を比較すると，いずれもアメリカよりも高く，とくに鮮度を重視するわが国消費者の鮮魚の購入回数はアメリカの2.6倍となっていることなどから，先に指摘したわが国特有な鮮度志向の強い需要特性を反映した結果となっている．

また，同じ表**2･3**から食料品店までの平均距離を比較すると，アメリカは，日本の3倍に当たる3.5 kmとなっており，ここには示していないが店までの交通手段としては，日本で8.1%に過ぎない自動車が，アメリカでは73.9%を占めている．これらは，週末での自動車を使ったまとめ買いというアメリカの購買行動を裏づけ

表2･3　食料品購買頻度（回数）の日米比較

区　分	1週間の平均買物回数	店までの平均距離（km）	野　菜	果　物	鮮　魚	精　肉
日　本	5.30	1.1	3.31	2.10	2.95	2.75
アメリカ	1.76	3.5	1.92	1.98	1.14	1.66

〔注〕1週間の平均買物回数，店までの平均距離は平成5年1～2月に日米の消費者（東京150人，ニューヨーク200人）を対象に，農林水産省が実施したアンケート調査から．それ以外は平成12年9～11月に日米の消費者（関東エリアなど220人，ニューヨーク200人）を対象に，農林水産省が実施したアンケート調査結果から．

資料：農林水産省「食料・農業・農村白書参考統計表」2001年度，「食料・農業・農村白書」1999年度

表2･4　人口1万人当たりの食品小売店数（欧米との比較）

項　目	日　本	アメリカ	イギリス	フランス	ドイツ
食品小売店数（千店）	299	40	56	109	183
人口1万人当たり食品小売店数	23.5	1.2	8.3	16.3	22.1

〔注〕日本は2016年，アメリカとイギリスは2019年，フランスは2017年，ドイツは2018年の値．

資料：経済産業省「平成28年度経済センサス―活動調査」，Annual Retail Trade Survey 2019，Office for National Statistics，euro stat，Statistisches Bundesamt．

るものである．

このことに関連して，表**2･4**は，食品小売店数について国際比較したものである．減少傾向にあるものの，29.9万店というわが国の食品小売店の数は，人口や国土の広いアメリカの3.9万店に比べて，その絶対数においても格段に多いことがわかる．これを人口1万人当たりの食品小売店数で比べてみると，日本はアメリカの19.6倍，イギリスの2.8倍，フランスの1.4倍という計算になる．なぜ，日本の場合，このように食品小売店の密度が高いのか．

その理由は，わが国では食品流通の近代化が遅れにより，家族労働力を主体とした小規模小売店，いわゆる**パパママ・ストア**が残存していることや，専業主婦率が高く，家事に対するコスト（負担）の概念が乏しいこと，過度な低価格志向による日替わりの特売商品の購入行動なども考えなければならないが，しかし，理由はそれだけでない．アメリカやイギリスに比べてのわが国の食生活の違いや，それにともなう食品の購買行動の違いからも，説明されなければならない．食生活の需要特性に規定されたわが国の高い購買頻度が，週に1回まとめ買いするというアメリカなどに比べて，わが国の食品小売店の密度を高くさせているのである．フランスやドイツの場合，日本についでその密度が高いことも，そこでの食生活で生鮮食品が相対的に多く使われることによるものである．このように，食品流通の構造を見る場合も，単純な国際比較はできず，それぞれの国の食文化・食生活にからめて理解しなければならない．

（4） 食品購入先の変化と購買行動

経済産業省「商業統計表」によると，**小売業**の商店数は，1988（昭和63）年の162万店から2014（平成26）年には78万店へと，この26年間で84万店余り，率にして52％も減少している．同じ期間，飲食料品小売業も65万店から24万店へと41万店減少している．しかし，このような小売店の大幅な減少傾向のなかで，総合スーパーは1,478店から1,387店へとほぼ同数であり，他方，コンビニエンスストアは3万4,550店から43万3,505店へ，食品スーパーは4,877店から1万4,043店へと増加している．それらの食品スーパー，コンビニエンスストアは，店舗間で互いに競争をしながら，陳列商品の品揃えなどの**マーチャンダイジング**（merchandising）を競い合いことになり，これらの業態の占めるシェアを拡大している．

図**2･9**は，消費者の**食品の購入先別金額**シェアの推移を総務省「全国消費実態

調査」により小売業態別に示したものである．1974（昭和49）年から2019（令和元）年までの45年間で，一般小売店は64.3％から9.1％へと55.2ポイント減少しているのに対して，スーパーマーケットは26.6％から49.1％へ22.5ポイント増加し逆転している．またディスカウントストアや通信販売，電子商取引（EC）を含むその他は4.5％から29.6％へ25.1ポイントも増加している．ディスカウントストアの伸長は，低価格志向を追求したものであり，通信販売の伸長は，電子決済が進むとともに無店舗販売としての食品の購入先として新たな地位を築いている点は今後も注目していく必要がある．全体に占めるシェアは少ないが，コンビニエンスストアは0％から5.1％へ，生協・購買は2.9％から4.6％へそれぞれ増加し，利便性やこだわりなどそれぞれの優位性を発揮した結果となっている．

一般小売店の店舗数と購買金額が減少した背景には，スーパーマーケット，コンビニエンスストアなど，一般小売店とは基本的な**マーチャンダイジング**が異なる新業態の登場による競争で劣位に立ったことはもちろんであるが，それだけでなく，現在は食品小売業界では異業種も含めた競争も展開していることによる．たとえば，生鮮食料品店のライバルは，今までの食料品スーパーや総合スーパーだけではなく，ドライの加工食品を主に展開にしていたコンビニエンスストアが，また，テイクアウトの外食産業が，惣菜や弁当などの商品を一層充実させることにより競合相手となっている．消費者による**食の外部化**ニーズの進展が，生鮮3品を対象とし

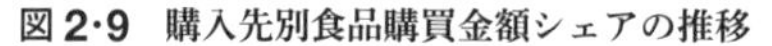
図2·9 購入先別食品購買金額シェアの推移

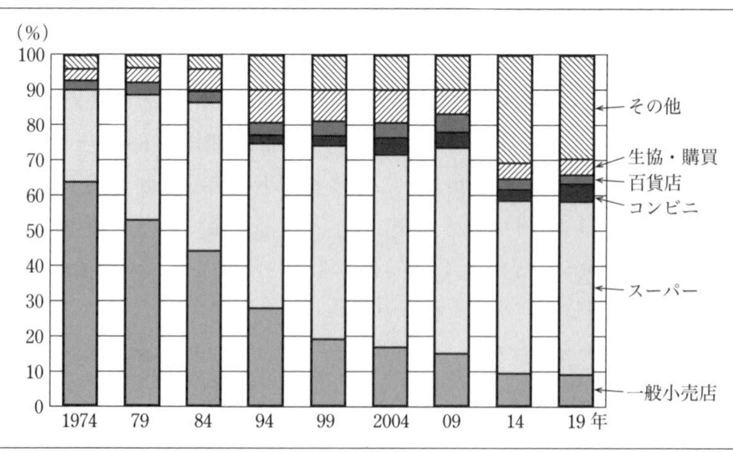

資料：総務省「全国消費実態調査」

た素材市場だけでなく**中食市場**をからめた競合関係をもたらし，さらには**ファストフード**や外食企業も同じ市場での競争相手となっているのである.

表 **2·5** は，主要国の食品電子商取引の割合を示したものである．**電子商取引**（e **コマース**）は，インターネットやコンピューター上での電子的な手段によって，商品やサービスなどの売買取引を行うことで，近年，インターネットの普及や感染症の拡大などにより，主に，衣料品や装飾品，本，ゲームなどの非食品分野で，電子商取引は世界各国に急速に波及している．この表をみると，イギリス（5.5%）やフランス（3.8%）など欧州で食品 EC 化率が相対的に高く，日本（1.9%）やアメリカ（1.1%）は，食品の分野においてそれほど普及しているとはいえない．しかし，食品分野においても，表 **2·4** の国において 2014 年～ 2018 年で食品 EC 市場は約 1.5 倍に拡大している（農林水産省）との報告もあるように，これから大手小売業の本格参入や利便性が向上すれば，食品商取引がさらに拡大する余地は十分にあると思われる.

これまでみてきたように，価格や所得，嗜好などに需要が影響されるという経済学の基本理論にて，社会全体を俯瞰してみた場合，食品の需要動向についても十分説明ができる．しかし，1 人 1 人の消費者は，経済学が前提としている経済人のように理論的に物事を判断できず，むしろ流行や口コミ，販売戦略としての「限定」

表 2·5　主要国における食品の電子商取引（EC）の割合（単位：100 万ドル，%）

	食品市場規模 1)	食品 EC 市場規模 2)	食品 EC 化率 3)
日　本	426,000	7,915	1.9
中　国	1,200,000	27,291	2.3
アメリカ	789,000	8,387	1.1
フランス	191,000	7,211	3.8
ドイツ	234,000	1,259	0.5
イギリス	186,000	10,274	5.5

〔注〕 1) 食品市場規模は，「食品（生鮮・加工品），飲料（清涼飲料・アルコール飲料）の製造出荷額」データを使用．イギリス・フランス・ドイツ・日本は 2016 年，アメリカ・中国は 2012 年のデータを使用.

2) 食品（生鮮・加工品），飲料（清涼飲料・アルコール飲料）の EC での小売額．各国共通で 2016 年のデータを使用（Euromonitor）.

3) 食品市場全体に占める EC 取引の割合

資料：農林水産省「食品に関する電子商取引（EC）の各国調査報告書」

元資料：Euromonitor, FoodDrinkEurope, EUROSTAT, UNCOMTRADE, OECD, Wageningen Economic Research, UNIDO，農林水産省を元にアクセンチュア株式会社が推計.

「特売」などの外部要因に影響され，感情的に購入行動を判断することも多くある．

消費者庁が日頃の買物での意識を調査した結果である図**2･10**をみると，「買物に行ってから買うものを考える」ことについて，「かなり当てはまる」と「ある程度当てはまる」を加えると43.1％となり，「特売品だと予定より多く買ってしまう」ことについては，「かなり当てはまる」と「ある程度当てはまる」の両方で41.9％となり，ともに4割を超えている．

図 2･10 日頃の買物での意識調査

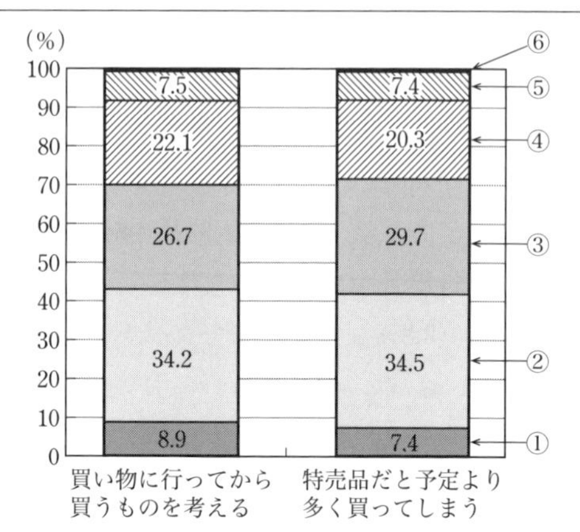

資料：消費者庁「消費者白書 令和2年度」

一方，「当てはまらない」と「あまり当てはまらない」を合わせると，前者が29.6％，後者が27.7％となり，買物前に計画を立てたうえで買物をする人は3割もいないことがわかる．これは，買手側は店舗に行かなければ価格や品質などの商品情報が手に入らないという**情報の非対称性**があるものの，売手側のメーカーや小売業者からすれば，いかに商品の価値の価値を高め，それをどのように消費者に伝えるか，を工夫することにより消費者の購買意欲を引上げ，その結果，売上げが伸び，売手側の利益が増えることにつながる．**成熟期**を迎え，量的には増加しない状況下にあるため，この販売戦略は成長期に比べ激しくなる．

このような戦略は消費者にとって望ましいことが多いが，気を付けて購入しないと，消費できず食品ロスにつながることにもなりかねない．このような消費行動を説明した**行動経済学**という学問分野があり，心理的な行動を加味しつつ，資源の最適配分の問題へ解決策を提示する試みが行われている．

2編 農場から食卓を結ぶ食料・食品産業

3

農畜水産物の生産

1　フードシステムの“川上”：農業

フードシステムは多くの産業で構成されている．農業で生産された農産物は，製造業，流通業，小売業および外食産業を経て，最終的に消費者の口に入る．prologue に示したように，フードシステムを川の流れにたとえるなら，農業は「川上」に位置づけられる．ひとたび農業という「川上」に異常が発生すれば，フードシステムという川全体に多大な影響が及ぶ．健全な農業生産は，フードシステムの安定にとっての必要条件である．

日本では，温暖な気候と豊富な降雨を利用した水稲生産が古くから行われてきた．春には水を湛え，秋には黄金色の稲穂がそよぐ水田は，文字どおり瑞穂の国を代表する風景である．また，明瞭な四季を生かした野菜，果樹，畜産物等の生産もさかんである．とはいうものの，農業に関してメディアを通じてわれわれが目にするのは，国際競争力の弱さ，低い**食料自給率**，減り続ける耕地面積，生産者の高齢化，増加する**荒廃農地**，といったネガティブなトピックが多い．

本章では，フードシステムの「川上」についての考察を深めるため，農畜水産物に関する統計データの分析を通じて，日本の農業・水産業の現状および課題を整理・検討する．

（1）　国民経済におけるわが国農業

日本経済における農業の地位の推移を図 **3･1** にみる．**農業総生産**（農業部門の GDP）は 1990（平成 2）年をピークに減少傾向にあり，2015（平成 27）年はピーク時の 54％の水準に落ち込んでいる．GDP に占める農業部門の割合も 1970（昭和 45）年の 4.4％から 2020（令和 2）年には 0.8％に，就業者全体に占める**基幹的農業**

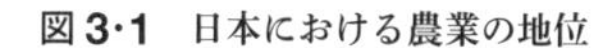

図 3·1　日本における農業の地位

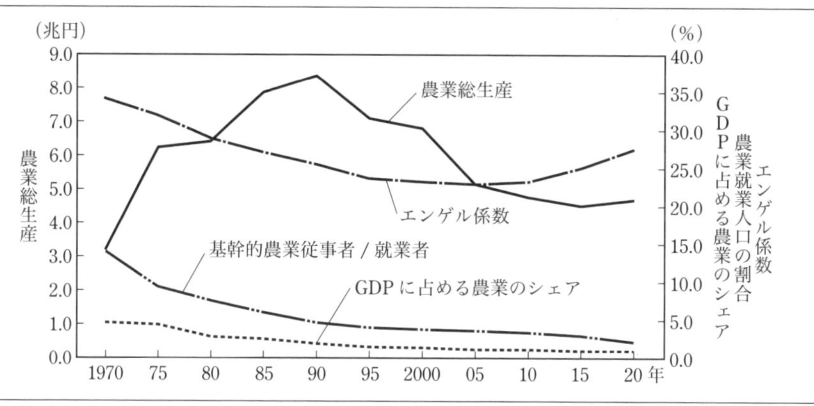

資料：総務省「労働力調査」「家計調査」内閣府「国民経済計算」農林水産省「農林業センサス」

従事者の割合は 1970 年の 13.8%から 2020 年には 2.0%に低下した．現在の日本経済における農業のプレゼンスは，GDP ベースで 1%，就業者ベースで 2%，これが議論の起点となる．

こうした傾向は日本に限ったものではない．「経済発展にともない第一次産業から第二次，第三次産業へ労働力や資本がシフトする現象」は**ペティ = クラークの法則**と呼ばれるが，表 **3·1** に示すように，1 人当たり GDP と GDP に占める第一次産業割合には逆相関が存在する．つまりクロスセクションでみても，ペティ = ク

表 3·1　日本農業と諸外国の農業との比較

国　名	総面積に占める農用地(%)	国民 1 人当たり農用地(ha)	平均経営面積(ha)	GDP に占める農林水産業(%)(2018)	1 人当たり名目 GDP(ドル)(2018)
フランス(2016)	52.2	0.44	60.9	1.6	42,759
ドイツ(2016)	46.3	0.30	60.5	0.8	47,516
イギリス(2016)	72.3	0.25	90.1	0.6	42,528
カナダ(2016)	6.3	1.71	332.0	1.8	46,199
アメリカ(2017)	41.3	1.25	178.5	0.8	62,917
オーストラリア(2017−18)	48.1	14.94	4,421.9	2.6	58,390
中国(2017)	55.1	0.36	0.7	7.5	9,325
韓国(2019)	17.0	0.03	1.6	1.8	33,623
日本(2019)	11.6	0.03	3.0	1.1	39,083

〔注〕GDP に占める農林水産業割合，1 人当たり名目 GDP はすべて 2018 年．
資料：農林水産省「ポケット農林水産統計」令和 2 年版

ラークの法則が成立することを示している.

他方,「所得上昇にともない家計支出に占める食料費支出割合が低下する」ことを明らかにしたのがエンゲルである.この**エンゲルの法則**は,食料の多くが必需品であり,**需要の所得弾力性**が1よりも小さいことから導かれる.ペティ＝クラークは供給面から,エンゲルは需要面から国民経済における農業(を含む第一次産業)の地位の低下を明らかにした.図に示すように日本のエンゲル係数は1970(昭和45)年の34.1%から2005年には22.9%にまで低下している.図示はしていないが,1960(昭和35)年が45.0%であったことを考えれば,確かに2005年まではこの法則はあてはまる.なお2005年以降,エンゲル係数は上昇しているが,この背景には,高齢化の進行や食料価格の上昇などがある.詳細は**1**章を参照されたい.

(2) 国際的にみたわが国農業

表**3･1**は,諸外国との農業生産条件を比較したものである.日本の大半は森林であり,総面積に占める農用地(国により定義は異なるが,一般には耕地と草地の合計)割合は12%にとどまる.カナダを除く欧米諸国が40～70%であるのに比べると,低い水準にある.

日本の国民1人当たり農用地面積はわずか0.03 ha,平均経営規模は欧州諸国の1/20,アメリカの1/60,オーストラリアの1/1,500にすぎず,こうした農地賦存状況のもとで,多収の米を軸に,多労・多肥による**土地生産性**を追求するアジア型水田農業が営まれてきた.

(3) 農業生産の推移:耕種作物と畜産物で異なる展開

農畜産物の生産はアンバランスな形で展開してきた.図**3･2**には,この半世紀の主要食料の国内生産動向を示した(重量ベース:1970年＝100)を示した.

主食である米の生産量は,この半世紀で2/3に減少した.主な要因は,**1**章にみた食生活の変化にともなう消費減である.2020年(令和2年)では,238万haの水田のうち,主食用米の作付面積は137万haにすぎず,主食用米を作付けしない水田が約100万ha存在する.

野菜類の生産量は1980年頃まで増加した後,減少に転じ,現在の生産量はピーク時の7割である.背景には,コールドチェーン等の輸送技術の発達にともなう,業務用・加工用野菜の海外生産の増加,高齢化による白菜や大根等の重量野菜の生産縮小がある.ピーク時を100とした現在の生産量は白菜で38,大根で43である.

図3·2　主要食料の国内生産量の推移（重量ベース：1970年＝100）

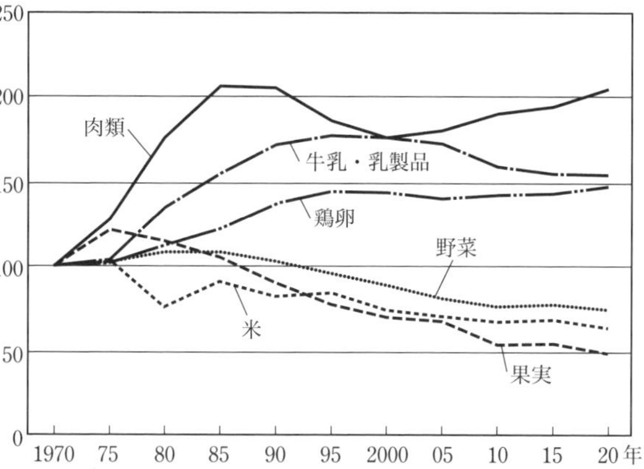

資料：農林水産省「食料需給表」（2020年は概算値）

畜産物（肉類，牛乳・乳製品，鶏卵）は，耕種作物とは明瞭に異なるトレンドを示している．一般に**上級財**に分類される畜産物は，経済成長下での所得上昇を通じ，需要が大幅に拡大した．いくつかの問題が指摘される食の洋風化であるが，これまで国内畜産業の発展に大きく貢献してきた．

牛乳・乳製品は2000年代以降減少し，2010年代は停滞傾向にある．都府県では，生産が減少しているが，乳牛の平均飼養頭数がEU諸国と遜色のない北海道では，一貫して生産は増加している．なお，米と同様に生乳においても潜在的に供給が需要を上回る傾向にあり，余剰乳廃棄等による減産型の**生産調整**が1979（昭和54）年，1986（昭和61）年，1993（平成5）年，2006（平成18）年と過去4度行われている．

（4）　食料の自給

食料自給率とは食料消費のうちどのくらいを国産で賄っているかを示すものであり，生産額ベース，カロリーベース，重量ベース等多くの指標がある．図**3·3**は重量ベースの品目別自給率の推移である．たとえば2020（令和2）年度の小麦では，国内生産量（94.9万トン）を小麦の国内消費仕向量（641.2万トン）で除した15%が品目別自給率となる．

わが国の食は経済成長とともに高度化・多様化し，量・質とも変化した．冷涼乾燥条件に適した小麦や大豆等の需要が増加する一方，わが国の高温多湿条件に適し

図3·3 主要農産物の品目別自給率（重量ベース）の推移

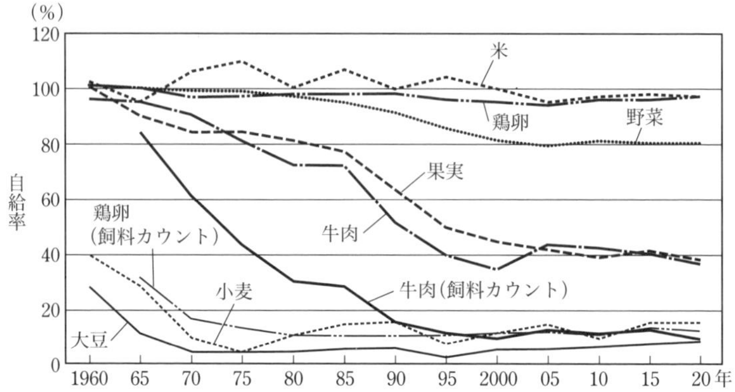

資料：農林水産省「食料需給表」（2020年は概算値）

た米の需要は減少した．

自給率が高い品目には米，鶏卵，野菜，低い品目には小麦，大豆がある．小麦や大豆の自給率は，**高度経済成長**が始まった1960（昭和35）年時点ではそれぞれ39%，28%であった．小麦は，水田裏作の減少，輸入小麦との競合による収益性の悪化等によって作付けが減少し，自給率は低下した．大豆は，1966（昭和41）年以降自給率は1桁であるが，これは食用油の需要増や関税削減（1972年に撤廃）の影響が大きい．

米・小麦・大豆は，同じ土地利用型作目ではあるが，完全自給をほぼ継続している米，関税が撤廃され輸入が急増した大豆，飼料作物，パン・中華麺用の需要に対応できず国内生産が衰退の一途を辿った小麦では，自給率の動きは対照的である．

このほか，果実，牛肉は，1980年以前は80%前後を維持していたが，2020（令和2）年度には38%，36%にまで低下している．

農畜産物輸入に影響を及ぼす外国為替相場に触れておく．ドル円レートは1980年代半ば以降，2012（平成25）年頃までは円高基調にあった．これは野菜や果実，畜産物の輸入を促し，また輸入飼料依存型畜産の成立を容易にした．2013（平成26）年以降の円安基調下では，農畜産物輸入に以前ほどの伸びはみられなくなったが，輸入飼料に依存する多くの畜産農家は飼料価格高騰に苦しんでいる．近年の輸入額は6兆円前後，2020（令和2）年は6.2兆円である．

食料需給表では，**飼料自給率**を勘案した自給率が算定されている．たとえば，

2020年の牛肉は，重量ベースの国内生産割合は36%であるが，飼料自給率25%を勘案すると，真の自給率は9%（0.36×0.25＝0.09）にまで低下する．同様の傾向は，鶏卵をはじめ，牛乳・乳製品，豚肉や鶏肉等の畜産物全般で観察される．図**3･3**の飼料カウントとは，このように飼料自給率を加味した自給率となっている．

食料自給力

食料自給力は，国内生産のみでどれだけの食料（カロリー）を最大限生産することが可能かを把握するための指標であり，2015（平成27）年の第4次食料・農業・農村基本計画において示された．2020（令和2）年でみると，必要とされるカロリー2,168 kcal/人･日に対し，いも中心の食生活では最低水準を上回る2,500 kcal/人･日の供給が潜在的に可能であるが，米・小麦中心の食生活では1,759 kcal/人･日の供給にとどまり，最低限のカロリーさえ充足されない（表**3･2**）．

表3･2　2020年の食料自給力（kcal）

	国産熱量	エネルギー必要量
現代の食生活	843	2,168
米・小麦中心の食生活	1,759	
いも類中心の食生活	2,500	

資料：農林水産省

本指標策定の背景には，平時の指標である食料自給率は不測の事態下での指標とならず，それゆえ新指標が必要との議論があった．ただし，農地確保，労働力，単収等の前提条件が多様かつ複雑であり，不測の事態を想定しているにもかかわらず，9.1万haもの荒廃農地の再生および作物転換が即時実行可能で，肥料，農薬，種子，農業機械等の生産要素は十分確保されるとして，試算が行われている．原油の自給率が0.1%にすぎないにもかかわらず，有事において生産要素を十分に活用した農業生産が可能であるとの前提は，残念ながら思考実験の域を出るものではない．

2　農業生産をめぐる環境の変化

国内農業生産の維持は，国土保全および地方創生と農村の活性化の観点からも重要である．とくに湛水装置としての水田は，洪水防止機能，夏季の高温緩和および景観創出機能等の**多面的機能**を有し，年間数兆円の経済効果をもたらすとの試算もある．とはいえ，自給率向上，農業保護ありきでは納税者の支持は得られない．先に指摘したように，2020（令和2）年の全人口に占める農家世帯員割合は2%にすぎない．あくまでも，自給率向上の議論は，日本農業の**構造改革**，体質強化とセットで行われる必要がある.

(1) 日本農業の特徴

零細な規模

農業統計が整備された1875（明治8）年以降，高度経済成長が始まる1960（昭和35）年頃まで，農業就業人口1,400万人，耕地面積600万ha，農家戸数550万戸はほぼ一定で推移してきた．これらは長い間，日本農業に関する「不変の3大数字」とよばれた.

高度経済発展の過程で農村は，人や土地を都市や工業に供給する役割を担った．これは農村の所得増大，生活水準向上に寄与したが，同時に，農業生産基盤を脆弱にした．長らく不変とされた3大数値は大きく変化した（図**3·4**）.

農業就業人口は，1960（昭和35）年の1,454万人をピークに，2015（平成27）年には210万人と86％減少し[*1]，農家戸数は1960年606万戸から2020（令和2）年には175万戸へ71％減少した．なお，175万戸の4割は自給的農家である.

耕地面積の減少率は農業就業人口や農家戸数ほど高くはないが，1960年の607万haから2020年の437万haへ170万ha，28％減少した．170万haは四国の面積の9割に相当する．減少の要因としては，住宅用地あるいは工業用地等の需要増大による転用や潰廃，耕作の放棄等があげられる.

日本の農業経営は，零細・分散・錯圃とよばれる耕地条件に規定されている．経営面積は零細で，圃場は何か所にも分散し，他経営の耕地と錯

図3·4　日本農業の3大数値

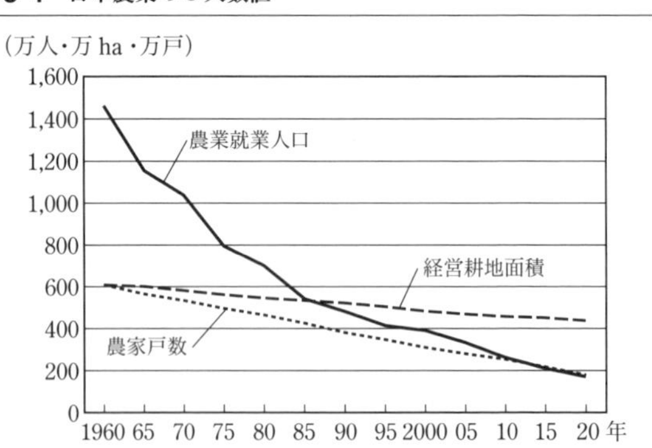

資料：農林水産省「農林業センサス」「耕地面積統計」

---

*1　図**3·4**の2020年の農業就業人口（168万人）は，2010～2015年の減少速度を2015～2020年に当てはめた場合の推計値であり，上方にバイアスをもつと予想される．1年間のうち1日でも農業に従事した学生や年金生活者までをも含む農業就業人口は，農業労働力の状況を説明していないとの批判を受け，2020年センサスでは廃止となった.

綜している．零細性は規模の経済の発現を阻害し，分散・錯圃は圃場間の移動時間を増やし，作業効率を悪化させる．この零細分散錯圃は，とりわけ水稲・麦・大豆といった土地利用型作物において国際競争力を低位にとどめる要因となっている．表 **3･1** でみたように，経営規模が日本の数十倍で，かつ団地化されている欧米に対し，都府県は 2 ha にすぎず，しかもそれが 1 団地にまとまっている経営はほとんどない．

業務用需要に対応した原料農産物の供給

消費者の農産物に対する需要は，生食から加工食品へとシフトしてきた．その背景や要因については **1** 章で述べたとおりであるが，たとえばカット野菜（サラダやキット野菜含む）の 1 人当たり購入額は，2009（平成 11）年からの 10 年間で 2.4 倍に増加した（農畜産業振興機構）．

日本の生食向け農産物は，厳格な規格のもとで世界的にも最高水準の品質を誇っているが，加工需要への対応の遅れは，海外からの輸入を促し，結果として食料自給率を低下させた．1990（平成 2）年時点で，**業務用野菜**の輸入量は 66 万トン，業務用に占める割合は 12%（野菜需要全体に占める割合は 6%）であったが，2015（平成 27）年の輸入量は 160 万トン，業務用に占める割合は 29%（野菜需要全体に占める割合は 17%）と，輸入のシェアは拡大している（農林水産政策研究所）．

業務用需要において，外国産が一定のシェアを占める要因としては，① 青果物卸売市場がそもそも生食用向けに確立したシステムであること，② 契約栽培が基本となるため，市場価格高騰時の恩恵を受けられない生産者がこれを忌避することなどがあげられる．食品製造業や外食産業の食材需要の高まりにもかかわらず，生産者側の生食出荷志向は根強い．

（2） 生産構造

北海道と都府県の相違

図 **3･5** は，1990（平成 2）年以降の主・副業別農家の推移を，農業構造が異なる北海道と都府県に分けて整理したものである[*2]．

[*2] 主業農家：農業所得が主（農家所得の 50%以上が農業所得）で，1 年間に 60 日以上自営農業に従事している 65 歳未満の世帯員がいる販売農家．準主業農家：農外所得が主（農家所得の 50%未満が農業所得）で，1 年間に 60 日以上自営農業に従事している 65 歳未満の世帯員がいる販売農家．副業農家：1 年間に 60 日以上自営農業に従事している 65 歳未満の世帯員がいない販売農家．なお 1990 年は，それまで西日本と東日本で異なっていた農家の定義が統一された年である．

北海道では**主業農家**が多数派であるのに対し，都府県では少数派である．2020年の主業農家割合は，北海道72％対都府県21％，**副業農家**割合は，26％対65％と対照的である．大半の農家が農業で生計を立てている北海道，そうではない都府県という構図がみてとれる．ただし，この30年間の農家の減少率は，都府県，北海道ともに65％と高く，北海道においても離農は都府県と同様に進行している．

図**3·5**でみるように，北海道，都道府県とともに主業農家が激減している．なお，表示していないが，そのなかで**法人経営体**は共に増加しており，2015（平成27）年から2020（令和2）年までの5年間で，全国で3,600（13％）増加し，3.1万経営体となっている．離農後の農地の受け手としては，大規模農家（非法人の**個人経営体**）だけでなく，法人経営体も重要な役割を果たしている．

以上は農家という枠組で農業の全体像を捉えることは，早晩困難となることを示唆する．なお，2015年センサスまでの組織経営体と家族経営体は，2020年センサスにおいて非法人の家族経営体が個人経営体に，組織経営体および法人形態の家族経営体が団体経営体に組み替えられている．

図3·5　主副業別農家数の推移（左：都府県，右：北海道）

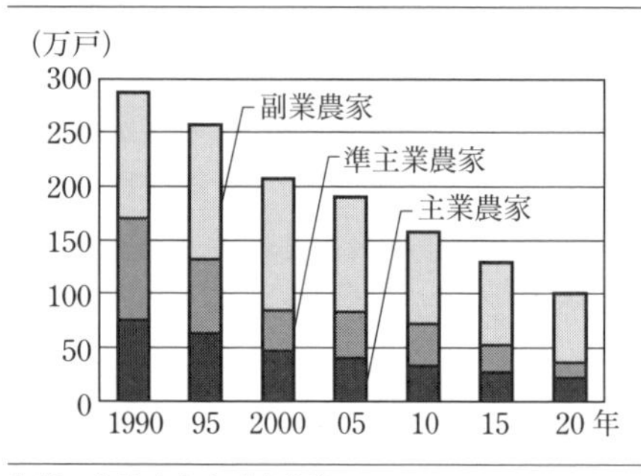

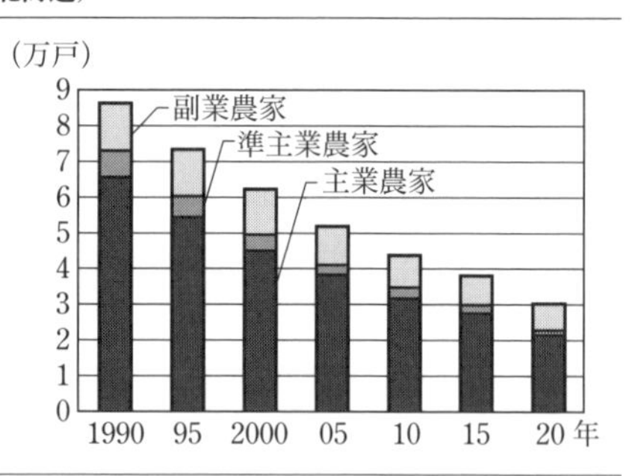

資料：農林水産省「農林業センサス」

高齢化する農業労働力

表**3·3**は，農業労働力の脆弱化の実態を量的・質的に示したものである．基幹的農業従事者数は，この四半世紀で5割，過去半世紀では8割減少した．基幹的農業従事者に占める65歳以上の割合は年々高まり，2020（令和2）年には69.8％に達している．

日本の2020年の65歳以上人口割合は28.7％，これは1990（平成2）年の基幹的農業従事者に占める65歳以上割合28.8％と同水準である．農業労働力の高齢化は，

表 3·3 農業労働力の推移

項目	1970 年	1980 年	1990 年	2000 年	2005 年	2010 年	2015 年	2020 年
基幹的農業従事者 (万人)	705	413	313	240	224	205	176	136
うち 65 歳以上割合 (%)	11.8	16.7	28.8	51.2	57.4	61.1	64.9	69.8
総人口中の 65 歳以上割合 (%)	7.1	9.1	12.0	17.3	20.2	23.1	26.7	28.7

資料：農林水産省「農林業センサス」総務省「国勢調査」

社会全体に 30 年先行している．なお，長く農業労働力の中核を担っていた昭和ヒトケタ世代は，2022（令和 4）年時点では最年少で 88 歳，そのほとんどは農業労働力市場から退場している．

農業後継者はどうか．定年帰農を含む年間の**新規就農者**は 1970（昭和 45）年には 11.7 万人であったが，1990（平成 2）年には 1.6 万人に減少した．その後，昭和ヒトケタ世代の定年帰農にともない，2004（平成 16）年に 8.1 万人にまで回復したが，再び減少に転じ，2010 年代は 5 ～ 6 万人（うち 49 歳以下は約 3 割）で推移している．かつては，自家農業の後継者としての新規就農がほとんどであったが，2020（令和 2）年時点では，全体の 19%が農業法人等の団体経営体に被雇用者として新規就農している．

農業後継者の確保・育成に向けては，農業の魅力や収益力を高め，多様な担い手を確保するための施策が実施されている．例として，若い世代の就農や農業法人への就職等をサポートする農業次世代人材投資資金（旧・青年就農給付金），2021（令和 3）年開始の経営継承・発展等支援事業がある．これらの事業は 2022 年（令和 4）年以降に拡充が予定されている．

農業経営者の国際比較

関税引下げ等の国際環境の変化によって農業が弱体化するより前に，人手不足等の内部要因によって農業が瓦解するとの指摘がなされている．

そこで，担い手となる農業経営者に着目して，その年齢構成を旧大陸である欧州と比較する．図 **3·6** の 4 か国とわが国とでは，経営規模や経営形態に違いはあるが，家族農業を基軸としている，同じ G7 構成国である等の類似点がある．

39 歳未満の若年層比率については，日本は 2.2%と際だって低く，ドイツやフランスは約 14%に達している．40 ～ 64 歳の青壮年層については，日本以外の 4 か国は 50%を超えている．このことの裏返しであるが，5 か国のなかで唯一日本だけが 65 歳以上の高齢層割合が 61%と過半数を占めている．ドイツの 8.4%と比較すると差は歴然である．なお，ドイツやフランスにおける低い高齢層割合の背景には，手厚い農業者年金制度等による世代交代促進政策の充実や，一定の年齢でリタイアする慣行等がある．

図 3·6　農業経営者の年齢階層構成の国際比較（日本 2015 年，他国は 2016 年）

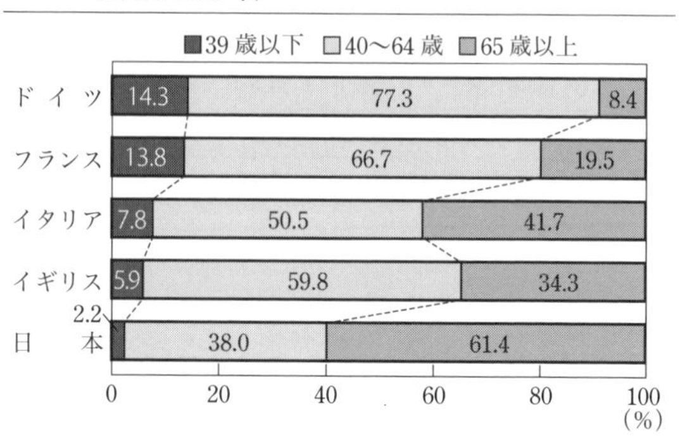

資料：農林水産省「農林業センサス」Eurostat「Farm Structure Survey」

農地流動化政策の展開

農地市場の不完備性を解消し，効率的かつ安定的な農業経営を育成すべく，各種制度が整備されてきた．主なものに，1980（昭和55）年の**農用地利用増進法**，1993（平成 5）年の**農業経営基盤強化促進法**（および認定農業者制度の発足）がある．これらのもとで，農用地利用増進事業，農地利用集積円滑化事業，農地保有合理化事業等が行われ，大規模経営への農地集積が進められてきた．平均経営規模の年増加率をみると，1970 年代が 1%前後であったのに対し，2005 〜 2009 年が 3.3%，2010 〜 2014 年 5.4%，2015 〜 2019 年 8.3%と，近年ほど加速する傾向にある．

2012（平成 14）年には人・農地プランが開始された．目的は，持続可能な力強い農業を目指し，農業者が話合いに基づき，地域農業における中心経営体，地域における農業の将来のあり方などを明確化することである．あわせて，2014（平成 26）年には，地域内の分散し錯綜した農地利用を整理し，担い手ごとに集約化する組織として**農地中間管理機構**が設立された．

政府は，平地で 20 〜 30 ha，中山間地域で 10 〜 20 ha の規模の経営体が大宗を占める構造を実現するため，人・農地プランと農地中間管理機構を活用し，全耕地面積に占める担い手の集積割合を 2023（令和 5）年に 8 割とする目標を掲げている．

ただし，2020（令和 2）年時点の集積割合は，目標の 70.6%に対し 58.0%，かつ直近 3 年間の伸び率は年 1 ポイント未満にとどまっている．集積スピードが落ちていること，また人・農地プランが形式的なものとなっている地域が少なくないことを受け，2019（令和元）年からは，人・農地プランの実質化（地域内の農地の過半について出し手と受け手を明確化）が進められている．

荒廃農地と農地利用

日本の2020年の耕地面積は437万ha，ピーク時〔1961（昭和36）年〕の608万haから171万ha，1970年からの半世紀でみても142万ha減少している．良好な農地は，良質で安定した食料の供給および多面的機能の十全な発揮に不可欠である．とくに，平地農業地域の荒廃農地は，周辺の優良農地に雑草害，病虫害をもたらし，効率的な農業生産を妨げることから，その解消が強く求められる．

農地の維持は，有事の際の農地復元費用の削減につながることから，国民経済的にも望ましいとされる．実際，農地の復元には多くの年月と多額の費用を要する．具体的には，灌木類の抜根，ワラビ・ヨモギ等の強害雑草の駆除作業，低下した地力回復のための大量のたい肥施用等が必要となる．また，中山間地においては，一見すると農地復帰が可能にみえるが，整備に必要となる重機の搬入路が確保できないため，実際には再生が困難な圃場も少なくない．

2020（令和2）年の荒廃農地は28.2万ha，うち再生利用が困難な農地は19.2万haに達している．2009（平成21）年度以降は，耕作放棄地再生利用交付金等のもとで，荒廃農地の再生が進められてきた，ただし，2021（令和3）年の調査では，過去3年間に再生された2.9万haのうち，保全管理が39%を占め，所有者による耕作は25%にとどまるなど，再生農地の利用には多くの課題が残っている．

なお，転用農地価格が高い地域を中心に，所有を継続したまま貸付もせず，遊休農地とし，転用機会を待つケースがみられる．資産としての農地所有は農地法の理念に反することもあり，2017（平成29）年度以降，これら農地に対する固定資産税の軽減措置が廃止され，2019（平成31）年には70 haの農地に対し，軽減措置廃止勧告がなされた．

（3）　生産動向

水稲

水稲は高温多湿の日本の気候に適した作物であり，小麦や大豆に比べ収量が高く，狭い耕地で多くの人口が扶養可能である．日本農業が水稲中心で展開したのは決して偶然ではない．

米は，農業生産額シェアの首位を長く保っていたが，1990（平成2）年には畜産にその座を譲り渡し，2004（平成16）年には野菜に次ぐ第3位となった．2019（令和元）年のシェアは20%であるが，依然として主要な地位を占めている．

図**3·7**に水稲の10a当たり労働時間と収量の推移を示した．戦後は一貫して労

働時間は減少している．手植え，手刈り体系の1960（昭和35）年と現在を比べると，面積当たり労働時間はこの60年間で87％減，田植機，コンバインの機械化体系がおおむね確立した1970（昭和45）年と比べると，この50年間で81％減となっている．1980年代以降の削減においては，機械の大型・高機能化，近年では，緩効性肥料や一発処理除草剤等の省力化を可能とする農業資材の開発が大きく貢献している．

図3·7 10 a 当たり水稲労働時間および単収の推移

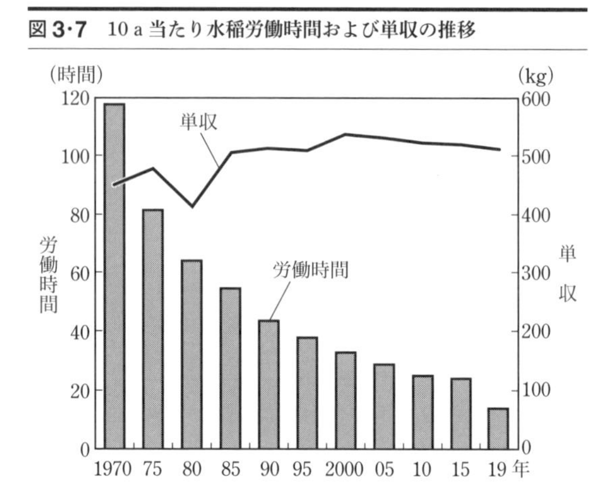

資料：農林水産省「農産物生産費」

米は1967（昭和42）年の完全自給後も，新規開田の継続，生産者米価による価格支持等により，消費の減少にもかかわらず生産は拡大を続けた．結果，在庫は1970（昭和45）年に720万トンにまで膨れ，その後，米の**生産調整**が本格的に開始される．

生産調整の開始後も単収は上昇基調を続けた．**食糧管理法**下では政府による米の全量買取が原則であったが，品質差が価格にあまり反映されず，多収が農家収入増に直結したことが背景にある．

米余りのなかで単収が上昇したもう一つの理由に，育種のタイムラグがある．基本的に収穫が年1回であるイネは，系統確立に最低7年，得られた系統を品種とするための適応試験に最低3年を必要とする．こうして，新品種が市場に出回るのは，最短でも着手から10年後となる．近年では，**ゲノム編集**を応用した育種による年限短縮に期待が集まっている．

米の需要は1975（昭和50）年以降は年8万トン，近年では年10万トンのペースで減少しており，一部の例外年を除き，半世紀にわたり主食用米の作付面積は減少を続けている．半世紀前から水稲の生産調整は行われているが，政府が直接関与する生産調整は，2017（平成29）年度で終了し，以降の実施主体は，JAや農業委員会などから構成される農業再生協議会にシフトしている．とはいうものの，2020

（令和2）年には，生産調整に協力求める農林水産大臣談話が発表される等，基本的な構図は従来と大きく変わっていない．

現在では，水稲による生産調整が本格化している[3]．「非主食用水稲による生産調整」面積は，2020（令和2）年時点で17.1万ha，水稲全体の11%を占めている．

米生産コストの日米比較

TPP加盟への是非が問われていた2010（平成22）年，農林水産省は「関税撤廃による農産物生産への影響試算」において，即時関税撤廃により米の生産量は90%，小麦は99%，甜菜やサトウキビは100%減少するとの試算を公表した．

わが国の米の競争力を考察するため，表3·4において，わが国の大規模層（50 ha以上）[4]とアメリカ（カリフォルニア）の水稲1 ha当たり生産コストを比較する．

表3·4　米生産コストの日米比較（2019年産）

単位（万円，ha，kg）		日本 50 ha以上層	アメリカ カリフォルニア
ha当たり全算入生産費		84.1	57.2
	労働費	15.7	4.3
	物財費等 （うち農機具費）	46.7 17.8	38.6 6.2
	地代・利子	21.7	14.3
1経営体当たり作付面積		88.0	210.4
10 a当たり収量(玄米換算)		702	556
60 kg当たり全算入生産費		0.72	0.62

資料：農林水産省「農産物生産費」USDA「Economic Research Service」

両国間で差が大きいのは労働費と農機具費であり，日本はアメリカの3.7倍，2.7倍となっている．アメリカでは作業委託が進んでいること，大区画圃場で省力化が可能であることが理由である．アメリカの水田区画は1枚当たり10 ha超と日本の標準区画（30 a＝0.3 ha）の数十倍あり，これが労働時間削減に大きく影響している．たとえば，日本におけるコンバイン作業のデータをみると，1時間のうち20分は圃場内での転回および圃場間移動に要しており，これに待機時間等を加えると，実際の収穫時間は30分強にすぎない．他方，アメリカでは時間のほとんどを収穫作業に充てることが可能である．

[3] 対象は加工用米（せんべい，味噌，焼酎等）や新規需要米（飼料，米粉），稲発酵粗飼料用稲に拡大された．たとえば，飼料用米に対する助成は，2021（令和3）年時点で10a当たり最大10.5万円（このほか各種加算あり）に達する．

[4] 2020年センサスにおける経営耕地面積50 ha以上の経営体割合は0.78%，生産費調査における米作付面積50 ha以上の経営体の割合は0.93%であり，経営全体を代表するものではない点に留意されたい．

資材費については，JA等の各種団体および生産者の努力もあり，両者の差は小さい．結果，日本の大規模層とカリフォルニアの平均経営との全参入生産費の差は面積当たりで1.5倍，収量を勘案した生産量当たりでは1.2倍にまで縮小する．輸送費等の諸経費をカウントすれば，仮に関税がゼロであっても，日本の店頭での日本産米とカリフォルニア産ジャポニカ米の価格差は大きなものとはならない．ドル円レートが現状（115円/ドル）水準，という条件付きではあるが，日本の大規模層の米生産は，アメリカに対して一定程度の競争力を有することが読み取れる．

図3·8　麦類の生産動向

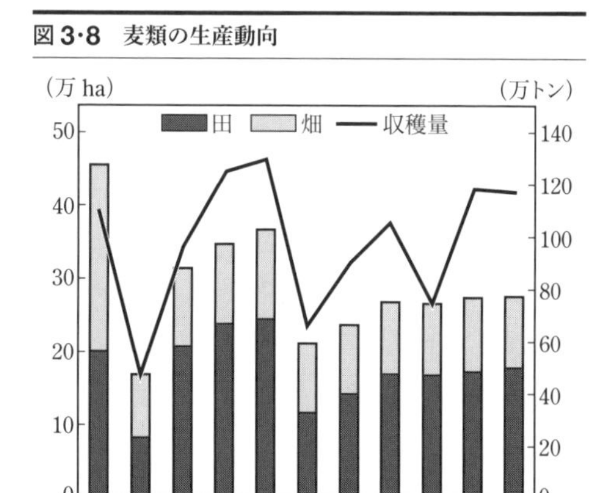

資料：農林水産省「農産物生産費」

麦・大豆

図**3·8**，図**3·9**[*5]が示すように，近年では麦の6割強，大豆の8割が田で作付されている．転作麦・大豆への助成，収量向上や生産コスト削減に向けた技術開発が行われているが，田での生産は，湿害や病虫害の影響を受けやすく，麦・大豆の生産は停滞している．

関東以西では，古くから**水稲裏作**として小麦，大麦，裸麦が栽培されていた．1970年代に入ると，田植機の普及等により水稲の春作業が前倒しされ，麦作との作期競合が発生したことで，裏作麦は減少していく．ただし，水利条件が厳しい北関東および筑後川流域等の地域では，現在でも裏作麦栽培が行われており，2019（令和元）年の全国の裏作麦面積は7.3

図3·9　大豆の生産動向

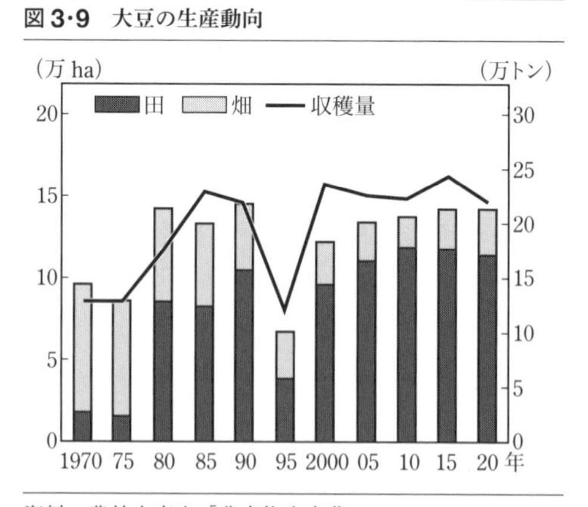

資料：農林水産省「農産物生産費」

*5　95年の麦・大豆の田における減少は，93年の冷害による米の不作を受けた転作田における米の作付増による．

万 ha，麦全体の 27%を占めている．

かつて麦は全国各地で栽培されていた．1960（昭和 35）年の麦類の面積は 145.2 万 ha，現在の主食用米面積を上回る水準である．ただ，近年では 20 万 ha 台後半で推移し，2020（令和 2）年の面積は 27.6 万 ha にとどまっている．内訳は，北海道 12.4 万 ha，北関東 3 県 2.8 万 ha，三重および滋賀 1.5 万 ha，福岡および佐賀 4.3 万 ha と上位 8 道県が約 8 割であり，地域的な偏りがみられる．

麦類の代表である小麦の自給率は現在 15%と低いが，2021（令和 3）年産の国産小麦の販売予定数量をみると，購入希望数量を 5.1 万トン上回る見込みであり，潜在的には供給過多状態にある（民間流通連絡協議会）．品質面・価格面で外国産に劣ることが最大の要因である．

生産は政策の下支えによるところが大きい．2019（令和元）年度は，外国産麦売買差益（国際価格を上回る価格で外麦を製粉業者に売却して得た利益：693 億円）に政府補助を加えた 1,367 億円が国内産麦振興費（畑作物の直接支払交付金）として助成されている．加えて，転作麦では，水田活用の直接支払交付金（10 a 当たり 3.5 万円）等も受給可能である．

大豆は 1972（昭和 47）年には無関税となり，以降きびしい国際競争にさらされている．2020（令和 2）年の自給率は 6%，近年では毎年約 260 万トンを輸入している．総需要の 7 割を占める**油糧用大豆**を全量輸入に依存していることが主な要因である．**食用大豆**（煮豆・総菜用，豆腐用，納豆用）においては，国産と（非 GMO 分別の）外国産に 2 倍程度の価格差が存在するが，食味や加工適性の点で国産大豆が優位にあるため，国産大豆に対する需要は根強い．食用大豆に限ると自給率は 20%に上昇する．このように，麦と大豆では需要の背景が大きく異なっている．

施設園芸

米，麦，大豆等の穀物とは異なり，野菜や果実は季節性が強く，生産量の多い旬と出荷が途絶える端境期が区別されている．

もちろん，現在では，多くの種類の果実や野菜が，新鮮なまま年間を通じて全国の市場に出回っている．流通・貯蔵技術の発達は，国産農産物の流通期間を拡大させるだけでなく，季節の異なる国からの農産物輸送をも可能にした．

国産農産物の周年流通には，施設面での技術革新も大きく寄与している．ガラス温室やビニールハウス，高軒高（たかのきだか）ハウス等は，生産環境を一定に保つことを可能としている．また，光を含む環境を完全制御する**植物工場**も 2021（令和 3）年には 390 か所で稼働している．

施設栽培では，作期を前進ないし後退させることが可能であり，自然条件の影響を強く受ける露地栽培と比較して高収量・高単価が実現可能となる．ただし，生育条件のコントロールには，冷暖房用の重油や灯油が必要であり，照明のための電力にも多くの化石燃料が用いられている．一般に環境負荷軽減と収益性はトレードオフ関係にあり，どちらを重視するかは一概には決められないが，環境意識の高まりにともない，前者が優先される傾向にある．**LCA（ライフサイクルアセスメント）**はこの点に着目した研究手法であり，欧州を中心にわが国でも多くの研究が行われている．

図 3·10　主要野菜における（施設 / 露地栽培）面積比率（2018 年）

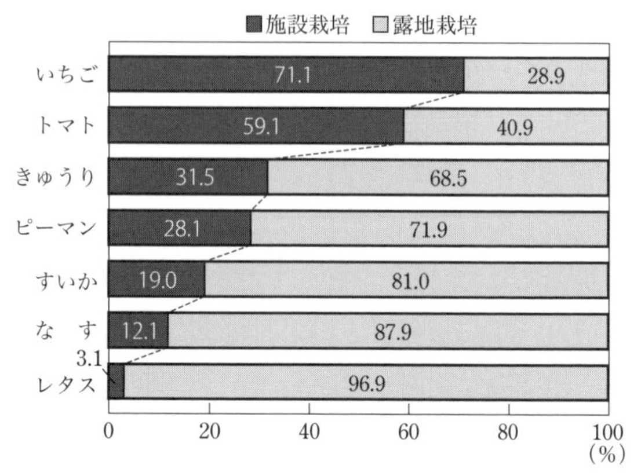

資料：農林水産省「園芸用施設の設置等の状況（平成 30 年）」

図 **3·10** に主要野菜の施設・露地栽培の面積割合を示した．いちごやトマトでは施設栽培が露地栽培を大きく上回っている．2018（平成 30）年と 2009（平成 21）年を比較すると，すいかの施設割合の 4.7 ポイントの減少，レタスの施設割合の 1.9 ポイントの増加を除けば，この間，露地と施設の比率はほとんど変化していない．

酪農

肉食が長く忌避されてきたわが国では，農業は無畜農業として展開してきた．家畜はもっぱら農耕用の役畜として飼養され，飼料は野草，残飯や野菜くず等で充足可能だったため，飼料作物を栽培する習慣は定着しなかった．この点，食肉用に家畜を飼養し，飼料を自給する有畜農業のヨーロッパとの相違は大きい．

土地利用型農業で問題となった規模の狭小は，**酪農**にはあてはまらない．表 **3·5** が示すように，平均飼養頭数および 1 頭当たり搾乳量は，日本も EU 諸国に引けをとらない．とりわけ北海道の平均飼養頭数，搾乳量はドイツやフランスを上回っており，**規模の経済**による農業所得の増大を実現している．現在では，年間出荷乳量が 1,000 トンを超えるメガファームも珍しくない．

生乳の国際競争力についてみると，乳価は，アメリカの約 2 倍，オーストラリア，ニュージーランドの約3倍である．国際競争力が低い要因の一つは，国際的にみて割高とされる償却費負担と労働費，もう一つは生産費の3～4割を占める飼料費である．北海道では濃厚飼料を，都府県では粗飼料と濃厚飼料双方を輸入に依存しているが，このことは経営内部で制御できない為替要因が，経営の頑健性に影響を及ぼすことを意味する．飼料自給ないし国産化が求められる理由である．

表3･5　酪農経営の国際比較

国名		経営当たり平均飼養頭数(成めす牛)	乳牛1頭当たり搾乳量(kg)
ドイツ		65	8,063
フランス		65	7,054
オランダ		98	8,687
イギリス		147	8,216
アメリカ		251	10,500
オーストラリア		263	5,389
ニュージーランド		430	6,194
日本	都府県	43	8,767
	北海道	76	8,945

〔注〕 日本の数値は2019年，他国は2018年のもの．
資料：農林水産省「畜産物生産費」日本乳業協会「日本乳業名鑑2020」

ところで，わが国における酪農の歴史は比較的浅く，生産の本格化は農業基本法制定後である．乳価低迷や飼料価格急騰等により度々危機を迎えたが，新技術への投資を継続することで，規模拡大とコスト削減をはかり，あわせて構造改革を実現してきた．1970年代の**パイプラインミルカー**，1990年代の**フリーストール・ミルキングパーラー**は営農継続のリトマス試験紙となり，投資余力のない小規模酪農家は，多くが離農を余儀なくされた．

本来，土地利用型農業である酪農だが，飼料基盤がわずかしかない，なかには家畜の運動場さえない経営が少なからず存在した．これら経営では，ふんの野積みや未発酵たい肥の過剰施用等による水質汚染，悪臭が長く問題となっていた．

1990年代以降，環境対策が世界的な課題となり，わが国においても，1999（平成11）年に家畜排せつ物法等の**環境3法**が施行され，家畜ふん尿の適切な利用と環境汚染防止のための施設整備が義務づけられた．この過程で，新たな飼養衛生管理基準（環境基準）に対応できない経営は離農することになった．酪農における構造改革は，なかば法的な強制力をもって進められた．

図**3･11**によると，飼育頭数規模の拡大にともない1頭当たり乳量が増加している．これは，酪農では経営内で高泌乳牛を選抜するが，大規模経営ほど優良牛の誕生数が多いことが要因である．

搾乳牛の1頭当たり労働時間についてみると，1970年から90年頃にかけて大幅に減少し，その後速度はゆるやかになるものの，現在に至るまで減少傾向は一貫し

図3·11 1頭当たり労働時間と搾乳量

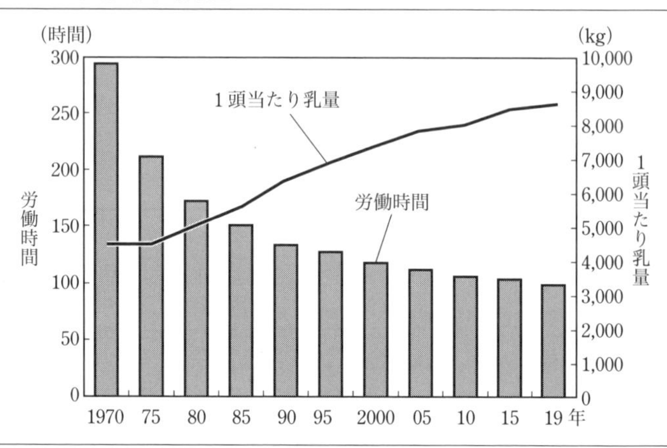

資料：農林水産省「畜産物生産費」

ている．近年についてみると，フリーストール・ミルキングパーラーや，乳頭洗浄からポストディッピングまでを全自動で行う**搾乳ロボット**の導入は，労働時間のみならず労働負荷軽減に大きく寄与した．

ソフト面においても軽労化が進められた．1年365日，朝夕の搾乳が不可欠な酪農では休日確保が課題であったが，**酪農ヘルパー**制度が普及したことで，定期的に休日をとる酪農家が増えつつある．ただし，規模拡大により1人当たり年労働時間は全産業平均の1.7倍，約3,000時間に達するなど，総労働時間の削減が依然として課題である（平成29年度酪農全国基礎調査）．

（4） 日本農業の展望

戦後，日本は経済発展を遂げ，1964（昭和39）年にはOECDに加盟し，先進国となった．外貨準備高および対外純資産が増加した1960年代後半には，経済大国として農産物市場を開放すべき，との国際的な声が高まった．貿易自由化の果実を享受する日本において，農業のみが貿易障壁を高くしておくことは許されない，という産業界の声にも押され，農産物の国境調整措置は一貫して緩和されてきた．

グローバル化が叫ばれるなかで日本農業の今後の展開方向はいかにあるべきか．求められているのは，国民から信頼され，応援される生産体制の確立である．1970（昭和45）年に全人口の1/4を占めていた農家人口は，2020（令和2）年には2.1%にまで減少した．もはや農村部においてさえ農家は少数派である．

政府は，2017（平成28）年施行の農業競争力強化支援法のもとで，良質で低廉な農業資材の供給や，農産物流通等の合理化に向けた改革や支援を実施し，低コスト化を実現するとしている．農業に対する国民からの幅広い支持，関心は，これら施策を通じて生産者の生産意欲を高め，最終的には国民への安価な農産物供給を可能とする．このほかには，健康志向，本物志向等に対応した農産物の生産も，農業が生き残るための手段となる．しかし，構造改革に向けた努力が不足している，と国民から認識されれば，農業の体質強化に向けた助成は国民の支持を得られず，生産は弱体化の一途を辿ることになる．

農業の国際競争力に関連して，日本の水稲大規模層とアメリカの生産コストを比較し，日本の大規模層のコストがアメリカと遜色ない水準にあることを指摘した（表**3・4**）．土地利用型の水稲において，20年前には想像できなかった効率的な大規模経営が各地に誕生している．

資源賦存状況に鑑みて，日本の農業全体がEUや新大陸諸国と同等の競争力をもつとは考えにくいが，不断の構造改革を通じて，農業に対する国民的理解を深め，日本農業の味方を増やしていく努力を怠ってはならない．あわせて，多少高価であっても国産農産物を選択し，国内農業を維持したいとする国民をいかに増やすかも鍵となる．

最後に，施策の実効性を高める上で欠かせない，政策リスクについて触れておく．古くから**猫の目農政**と揶揄された日本の農政である．代表的な政策である**水稲生産調整**一つをみても，1971（昭和46）年の稲作転換対策に始まり，現在に至るまで10回以上の政策転換が行われている．政策に従った投資をしても，数年後には事業自体が中止や方向転換され，投資が無駄になるのではないかという不安，あるいは実際に投資が無駄になったという実体験を抱える生産者，農業関係者は少なくない．

政策に長期安定性を持たせることは，短期的で機敏な対応を妨げるかもしれないが，「効率的・安定的な農業を営む者」を増やす上では不可欠である．様々な政策メニューは，生産現場と中央政府と堅固な信頼関係があってはじめて実効性をもつ．

3 SDGsと漁業

本章ではこれまで，農業の産業としての側面に着目し，その推移と抱える課題について整理・検討してきた．ただ，近年の**地球温暖化**や資源枯渇問題の動向を勘案すれば，こうした分析視点はいくぶん皮相的である．

産業革命以降の工業・農業の発展，とりわけ20世紀半ば以降の経済活動の増大により，地球規模で様々な問題が生じている．国連は，発展途上国に焦点をあてた8目標からなるMDGs（ミレニアム開発目標）を2000年に，MDGsの対象に先進国を含め目標数を17に拡充したSDGs（持続可能な開発目標）を2015年に採択した．

SDGsの内容については**10**章でくわしく触れるが，環境としての生物圏が経済圏，社会圏の土台にあり，積極的な環境対策こそが，経済，社会社会に変革と成長をもたらすとしており，農業を含む様々な分野にパラダイムシフトを要求する．

以下では，SDGsと関連づけながら日本の漁業を概観する．

目標14：海の豊かさを守ろう

目標14には，持続可能な開発のために海洋・海洋資源を保全し，持続可能な形で利用するため，10のターゲットが掲げられている．target 14.4には，「水産資源を実現可能な最短期間で最大持続生産量のレベルまで回復させるため，漁獲を効果的に規制し，過剰漁業や違法・無報告・無規制漁業および破壊的な漁業慣行を終了し，科学的な管理計画を実施すること」が示されている．

資源管理意識が国際的に高まるなか，水産大国である日本に対しては，厳しい視線が向けられており，資源回復への対応が急務となっている．SDGsの実行状況評価書として知られる「Sustainable Development Report 2021」（持続可能な開発報告書）によると，日本の達成度が低く，かつ取組みが不十分とされた目標は3つあり，目標14はその一つとなっている．とくに評価が低いのが，過剰利用され崩壊した漁場の割合であり，これは2014年時点で70.8%に達している．

かつての漁業大国

日本の領海および**排他的経済水域**は世界第6位の約447万km^{2}と広く，日本海と太平洋でそれぞれ暖流と寒流が交わり，豊富な種類の漁業資源に恵まれている．昔から魚介類は，動物性タンパクの供給源として重要な役割を果たしており，米や野菜とともに食卓の中心に位置づけられてきた．肉類の消費増によって，近年その地位は低下しているものの，魚介類の1人当たり年間消費量は23.8 kg，動物性タンパク質の29%を占める．

2019（令和元）年の日本の総漁獲量は420万トン，世界の総漁獲量に占めるシェアは2.0%である．ピークは1984（昭和59）年で，漁獲量は現在の約3倍の1,282万トン，シェアは世界一の31.6%と，文字どおりの漁業大国であった．

現在，わが国周辺での漁業活動は，ロシア，中国，韓国，台湾，太平洋島嶼国などと2国間協定を締結した上で，相互に相手国の水域で操業を行う形態をとっている．しかし，中国および韓国との協定では，相手国による日本海域での違法操業および相手国海域における日本漁船操業の排除が続いたため，対中国との協定は2017（平成28）年以降，対韓国との協定は2019（平成29）年以降合意に至っていない．

南太平洋島嶼国との協定は継続しているが，2015（平成27）年以降，入漁料が急騰している．たとえば，カツオの遠洋漁業では，1隻1日当たりの入漁料が約100万円/日になるなど，経営環境は厳しさを増している．なお，トン数規制のため，わが国のカツオ漁船の主力は，一本釣りで500トン未満級，巻き網船で1,000トン級であるが，中国・韓国・台湾は大型の魚群探知用ヘリコプターを搭載した1,800トン級が中心である．結果，南太平洋での漁獲競争ではこれらの国に「獲り負け」状態にある．

以下では，各種データから日本の漁業について簡単に整理する．図**3·12**は消費および輸入の動向である．

かつて**水産物自給率**は100%を超え，重要な輸出品目であった．**1**章でもみたように，1960年代にはタンパク質全体の約4分の1を占め，現在でもほぼ5分の1

図3·12　魚介類の消費，輸入，自給率

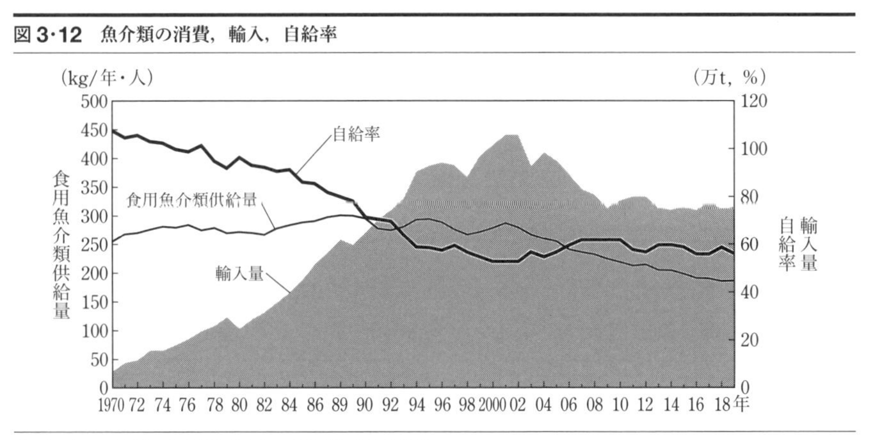

資料：農林水産省「食料需給表」財務省「貿易統計」

を供給しているが，次第に畜産物に取って代わられつつある．自給率は1970年代後半に100％を下回り，1990年代以降は60％前後で推移，2019（令和元）年度は56％となっている．

所得水準の上昇にともない，1980年代からエビやマグロなど需要が増加したが，需要を国内ではまかなえなかったことから，多くを輸入に依存することになった．輸入量が急増するのは1980年代である．近年では，**資源管理**の厳格化によりマグロ類の輸入が減少する一方，養殖技術発達にともないノルウェーやチリからのサケ類の輸入が急増し，サケ類が輸入シェアのトップである．

図**3·13**は主要魚種別漁獲量の動向を示している．回遊魚等は年次変動が大きいため，3か年移動平均とした．1970年代のタラ類の増加と減少，イワシ類の1980年代の急増と1990年代以降の急減が目につく．とくに海洋環境の変動を受けやすいとされるマイワシは，1988（昭和63）年の449万トンから，2005（平成17）年の2.8万トンへ大幅に減少している．

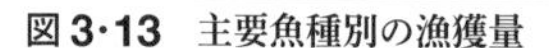
図3·13　主要魚種別の漁獲量

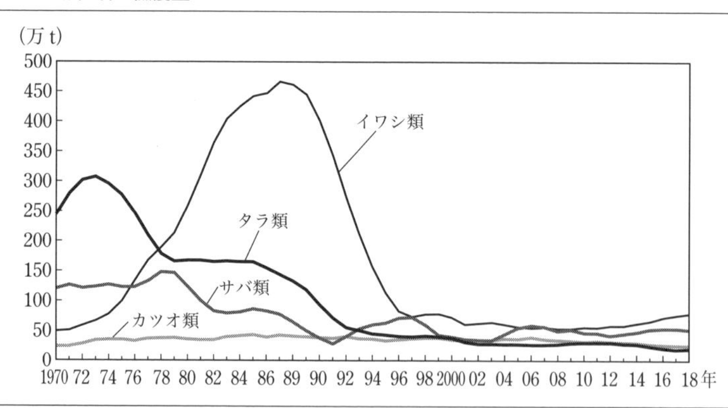

資料：農林水産省「漁業・養殖業生産統計」

資源管理の強化

かつて，日本の漁獲高のシェアトップは遠洋漁業であった．戦後の冷凍・冷蔵技術の向上や復興金融公庫資金による大型漁船建造等により，漁場は日本近海から拡大し，1960年代には南極や南米を除き，世界のほぼすべての海域で漁が行われるようになった．1970年代に入り，世界中の漁場を自由に利用できた時代は終わる．高度経済成長にともなう賃金の上昇，豊漁・輸入増による魚価低迷，第一次オイルショックによるコスト上昇による収益性の悪化，韓国・台湾との競争激化などにより，日本の漁獲量は停滞する．

1975年以降，各国は資源枯渇への懸念から，資源管理の強化を目的とした200海里漁業管轄権の設定を開始する．あわせて国際組織がいくつか設立され，自国の漁業振興を目的として，外国漁船に対する漁場からの撤退や操業規模の縮小を要求するようになった．日本に関連する代表的な組織としては，1979年設立のFFA（南太平洋フォーラム漁業機関），1982年設立のPNA（ナウル協定加盟国）がある．

1980年代には，各国において海洋水産資源の適正レベルが議論され，日本でも遠洋漁業における減船や，これにあわせた養殖業などの資源管理型漁業への転換が進められた．1994（平成6）年には**国連海洋法条約**が発効し，これ以降，責任ある漁業生産，水産資源の持続的利用・管理が漁業におけるキーワードとなる．日本は1996（平成8）年に，TAC制度を導入し，水産資源の持続的利用および回復を図るために，サンマやマアジなどの7種類について魚種ごとに漁獲できる総量を設定した．TACの対象魚種は2023（令和5）年までに，ブリやホッケなど15種類に拡大される予定である．

2018（平成30）年には旧漁業法と**TAC法**（海洋生物資源の保存および管理に関する法律）を統合した改正漁業法が施行され，魚種・漁業種類・操業海域毎に船舶毎の漁業割当（**IQ**：Individual Quota）導入が決められた．ミナミマグロ，太平洋クロマグロ，日本海紅ズワイガニでは先行してIQを実施しているが，2023年には，大規模漁業（大臣許可漁業）におけるTAC対象魚種は原則IQとなる．これにより，全漁獲量の8割にIQが適用される．

このように漁業では，半世紀前から，国民の重要なタンパク質の供給源として資源の持続可能性の概念が導入され，そのなかで生産が行われてきた．農業に先行してSDGsに取り組んできたのが漁業といえよう．

4

食品企業の役割と食品製造業の展開

1 食品企業の目的

食品企業の目的は，「食で社会の豊かさを追求すること」である．社会生態学者**P. F. ドラッカー**の言葉を借りれば，企業の目的は**顧客の創造**という概念で説明することができる．資本主義社会では**利潤の追求**が企業の目的であると説明されてきたが，それは企業が掲げる第一の目的にはなり得ない．企業の社会的目的と経済的目的を分けて考えることが重要である．

食品企業の多くは自社の**経営理念**として，製品・サービスを通じて社会や人々の福利の向上に寄与しようとする内容を掲げている．経営理念の例をあげると，味の素（株）は「私たちは地球的な視野にたち，“食”と“健康”そして，“いのち”のために働き，明日のよりよい生活に貢献します」を掲げ，理研ビタミン（株）は「社会に対し，食を通じて健康と豊かな食生活を提供する」等を掲げている．ほかにも「年輪経営」の組織マネジメントで知られる伊那食品工業（株）は経営理念「いい会社をつくりましょう」の共有・実践により，毎年増益と事業目的達成を両立している．（株）ねぎしフードサービスの経営理念共有に念頭を置く「価値前提経営」は，日本経営品質賞を受けた経営モデルとして成果をあげている．

ちなみに，食品企業のコンプライアンス経営（誠実な食品ビジネス）の確立をめざす農林水産省のフード・コミュニケーション・プロジェクト（FCP）では，いわば「会社の法律」である企業行動規範，「手順書・手引書」等の社内マニュアルは，「会社の憲法」である抽象的な経営理念を具現化するためのものであると説明している．経営理念は決して美辞麗句を並べた飾り物ではなく，組織に目標と行動指針を与え，「何のためにその食品企業があるのか」，「何のために食品企業で働くのか」に対して明確な回答を提示することができる．

このように経営理念の具現化は，食品企業の社会的目的になり得る．食品企業の経済的目的である「利潤の追求」は，食品企業の社会的目的を実現するための「手段」ということができる．利潤は，製品・サービス等の総売上高から総生産費用を差し引いたものであり，分配，蓄積，再投資される．経済学者**J. A. シュムペーター**の説明する絶えざる**イノベーション**（新結合）に向けられることにより，革新的な製品・サービスが開発されたり，生産方法や流通プロセスが改善されたり，新たな顧客である販売先・消費者のニーズが開拓されたり，新たな原料を発見したりすることで，産業組織を変えることもできるのである．これらのイノベーションは，**企業者**（entrepreneur：**アントレプレヌール**）と呼ばれる人々が起こす．企業者の条件は，経営者であることに限らない．ビジネスパーソンはもちろん，技術者，研究者，料理人，職人など，誰もがなれる可能性がある．

人間は，食べ物で胃袋を満たすようになると，今度は安全なもの，おいしいものを食べたいと思ったり，誰かと食事を楽しんだり，高級なものを食べてみたり，もっと健康で幸せになりたいなどと考えるものである．このような，「生理的欲求→安全欲求→社会的欲求→承認欲求→自己実現欲求」（**欲求5段階説**）を説明した心理学者**A. H. マズロー**の考え方は，新製品・新サービスを通じて，顧客である消費者のニーズ変化に積極的に対応を続ける食品企業がたどってきた道でもあったといえよう．

食品企業は，製品・サービスが売れるようにする手法である**マーケティング**を駆使して，「おいしく食べて健康に貢献する」を基本に，食で社会の豊かさを追求してきたのである．このように食品企業は，組織としてあげるべき成果である社会・経済両面の目的達成を実現すべく，計画・組織化・統合・測定および人材開発に基づく**マネジメント**を駆使する機関であるといえる．

食品ビジネスを進める際には，当然，消費者，取引先企業のみならず，株主である資本家，銀行等の債権者，地域住民，政府，労働者，地球環境等の**ステークホルダー**（Stakeholder：**利害関係者**）との相互関係に気を配ることが求められる．現在の**SDGs**（Sustainable Development Goals：**持続可能な開発目標**）を掲げる企業社会においては，これらのステークホルダーに配慮した「社会課題解決型食品ビジネス」の実現がなおいっそう求められる．

これは，“日本資本主義の父”といわれる渋沢栄一翁の構想した“私益”と“公益”の両立の論理といえる．経営学者**P. コトラー**は近年，これと類似の**CSV**（Creating Shared Value：**共有価値の創造**）の概念により，社会的価値と経済的価値の両方を創造する経営戦略の枠組みを説明している．

こうした考え方が，これからの世界の食品業界での主流になっていくとみられる．その評価指標の一つが，Environment（環境）・Social（社会）・Governance（統治）の頭文字を取った**ESG 投資**である．今後の企業の長期的成長にはこの三つの観点が不可欠であり，ESG の取り組みが希薄であると，リスクを抱えた企業であるとみなされてしまう．2020（令和 2）年現在，ESG 投資は世界の運用資産総額のうち 35.9％を占め，投資額は 35.3 兆ドルに成長している（図 **4・1**）．

日本はヨーロッパの約 4 分の 1，アメリカの約 6 分の 1 の規模であるが，カナダやオーストラリアよりも多い．日本でも増資傾向にあり，ESG の実態把握指標として各企業が公表する「統合報告書」の発行件数が年々増加している．

統合報告書には，経営理念や行動指針をはじめ，CO_2 や食品ロス等の削減（E），安全・安心な製品・サービス価値創造や地域活性化・食育・エシカル消費（倫理的消費）等にみる社会課題解決（S），働きやすい組織づくりやコーポレートガバナンス（G）などの事業報告・計画が説明されている．2021（令和 3）年現在，とくに上場する大手食品企業では，続々と「統合報告書」を発行していることを確認できる．発行企業は，今後も増えていくと考えられる．

このように，社会的価値と経済的価値を生み出し続けるイノベーションとマーケティングは，食品ビジネスの原動力である「車の両輪」であり，**フードシステム**の変容にも影響を与え続ける．食品企業が**恒常的発展体**（Going Concern）として

図 4・1　世界の ESG 投資

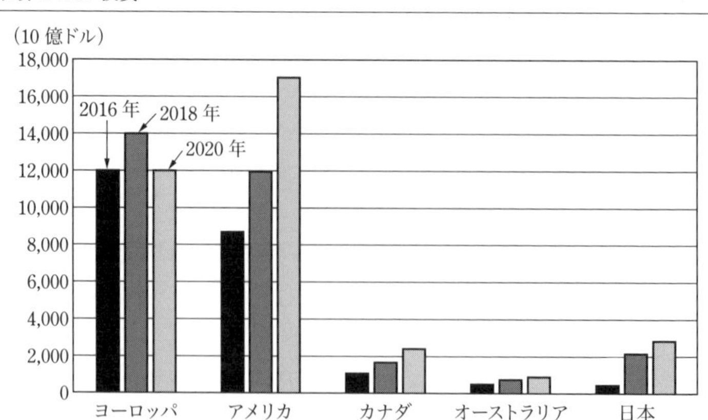

資料：GSIA “GLOBAL SUSTAINABLE INVESTMENT REVIEW 2020” より作成．

機能・活動していくためには，以上の視点から，食品企業本来の **CSR**（Corporate Social Responsibility：**企業の社会的責任**）を果たしていくことが求められる．持続可能なフードシステム形成をめざす経営行動が，これからの食品企業の目的になっていく．

2 フードシステムにおける食品製造業の位置

フードシステムのみずうみ（消費者）から川上（農水産業）までの間（**prologue**：図 **0･1** 参照）に位置する食品産業は，日々，多種多様な製品・サービスを生産し，顧客である消費者のニーズを満たし続けている．では，このような食品産業の生産活動は，フードシステムにおいてどのような位置にあるのだろうか．

農林水産省大臣官房統計部「農業・食料関連産業の経済計算」(2021 年）をみると，農業・食料関連産業の国内生産額（2019 年）は，農林漁業 12.5 兆円（10.5%)，食品製造業 37.9 兆円（32%)，資材供給産業 2.1 兆円（1.8%)，関連投資 2.4 兆円 (2.1%)，関連流通業 34.7 兆円（29.3%)，外食産業 28.9 兆円（24.4%)，計 118.5 兆円（100%）となっている．

フードシステム全体の中で，食品産業（食品製造業＋関連流通業＋外食産業）は約 101.5 兆円（85.7%）の規模となる．同時に，全経済活動の国内生産額は約 1,049 兆円（内閣府「国民経済計算」）であり，その中で食品産業は 10.3%を占める．このことから食品産業はしばしば **1 割産業**と呼ばれ，人々の生命活動と豊かな食生活に貢献している．

日本経済において重要な役割を担う食品産業の中で，最も高い生産力を有するのが食

図 4･2　食品製造業出荷額，農業産出額の推移（実質）

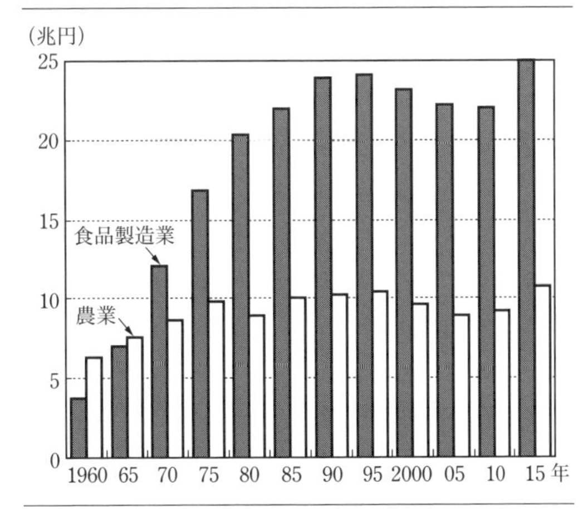

〔注〕1995 年を 100 とした物価指数で修正．従業員 4 人以上の事業所．食品製造業には飲料・たばこを含めない．

資料：経済産業省「工業統計表」，農林水産省「生産農業所得統計」より作成

品製造業である．図 **4･2** は，食品製造業の製造品出荷額と農業の総産出額の推移をみたものである．いずれも物価変動の影響を除去するために，1995（平成 7）年を 100 とする国内卸売物価指数でデフレート（修正）してある．

これをみると，1960（昭和 35）年では，農業総産出額のほうが加工食品の出荷額である食品製造業出荷額よりも 1.7 倍多い．当時は輸入品が少なく，国内生産が中心であり，とくに生鮮食品や米にウエイトがかかっていた．選択的拡大政策を推進する農業基本法の制定は翌年 1961（昭和 36）年のことである．1965（昭和 50）年には農業総産出額と食品製造業出荷額がほぼ同額に並ぶようになり，1970（昭和 45）年にはこの構図が逆転する．

高度経済成長期に顕著になった簡便化志向への対応として，食品製造業は即席麺，レトルト食品，冷凍食品等のさまざまな加工食品を開発・販売するようになったからである．この背景には，工場設備のオートメーション化だけではなく，業務・加工用向けの広範な食品調味を可能にした契機として，1956（昭和 31）年のうま味調味料の技術革新であるアミノ酸発酵法〔協和発酵工業（株)〕の開発等をあげることができる．このような生産コストの大幅減に寄与した技術開発は，食品製造業のイノベーションを大きく後押しした．

その後も国民所得の上昇，食生活の多様化が進み，米飯中心の主食の割合の減少，加工食品，副食，嗜好食品，外食の割合が増加していく．食品製造業の役割は大きくなっていき，1990（平成 2）年まで順調に伸長を続けた．1960（昭和 35）年を 100 とする場合，1990（平成 2）年の農業総産出額は 162.4（1.6 倍）であるのに対して，食品製造業出荷額は 646.9（6.5 倍）にまで伸長している．

しかしながら，1990 年代に入ると，食品製造業出荷額は頭打ちになる．これは，90 年代初頭のバブル経済崩壊の時期と重なる．消費生活と密接な関係にあり，安定的な供給力を有する食品製造業であるとはいえ，株価・地価の大幅下落は企業経営に大きな影響を及ぼした．消費者の生活もまた，所得低下と物価低迷により低価格商品の購入が増えていき，デフレ経済の様相が強まった．農業総産出額と食品製造業出荷額の減少傾向は 2005（平成 17）年まで続いた．なおこの間，スーパーマーケット・量販店等のバイイングパワーが大きくなったことと，中食需要の増大により，バックヤードで作られる惣菜・調理済食品が増えてきた．従来食品製造業の有する機能や付加価値が，新たに食品小売へとシフトしたのである．そのため，**prologue** で示したフードシステムの基本数値では，食品流通業の付加価値等が急増している．

3　食品製造業の国民経済の中での役割

（1）　食品製造業の位置

総務省・経済産業省「2016年経済センサス」によれば，2016（平成28）年における全製造業（従業員4人以上の事業所）は21万7,601事業所（従業員749万7,792人）に上り，うち食料品製造業は2万8,239事業所（従業員110万9,819人），飲料・たばこ・飼料製造業は4,759事業所（従業員10万3,075人）ある．「食品製造」を担う食料品製造業と飲料・たばこ・飼料製造業を合わせると，事業所数だけをみても全製造業中15％を占め，従業員数は16.2％となる．

製造品出荷額については，経済産業省「工業統計表」によれば「食品製造」を担う食料品製造業28兆1,022億円＋飲料・たばこ・飼料製造業10兆2,404億円（合計約38兆3,426億円）であり，全製造業出荷額約313兆1,286億円のうち「食品製造」の占める割合は12.2％を占める．前掲の図4·2でも全産業中，食品産業（食

図4·3　日本の製造業における食品製造業の位置

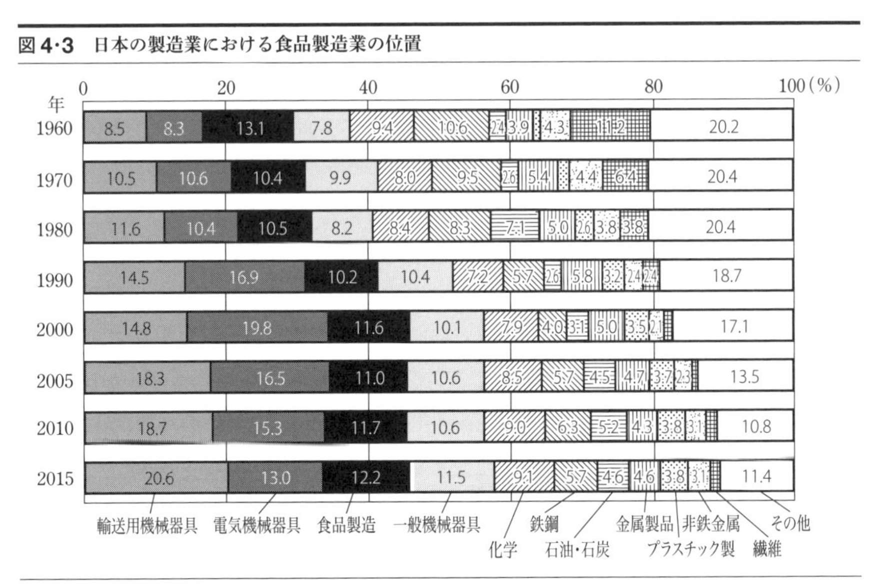

〔注〕　1．各産業の製造業出荷額の割合．従業員4人以上の事業所．食品製造には飲料・たばこ・飼料も含まれる．電気機械器具には2005年から情報通信機械器具と電子部品・デバイスを含めて算出することとした．

2．2015年は工業統計調査に相当する経済センサス活動調査報告より作成した．

資料：経済産業省「工業統計表」，総務省・経済産業省「経済センサス」より作成．

品製造業＋関連流通業＋外食産業）は「1割産業」といえると指摘したが，全製造業中の食品製造業（食料品製造業＋飲料・たばこ・飼料製造業）の位置をみた図**4･3**でも「1割製造業」ということができよう．

図**4･3**では，2015（平成27）年までの55年間の食品製造業の位置を確認することができる．1960（昭和35）年にさかのぼって出荷額をみると，食品製造業（13.1%）の割合のほうが，輸送用機械器具製造業（8.5%）や電気機械器具製造業（8.3%）よりも高く，全製造業の中で最大のウエイトを占めていたことがわかる．この順位が逆転したのは，石炭から石油へと転換したエネルギー革命，政府の所得倍増計画，合成繊維，プラスチック，家電の技術革新，モータリゼーション等が現れた高度経済成長期の真っ只中，1970（昭和45）年のことである．

輸送用機械器具製造業は，長らくトヨタ自動車（株）を筆頭に日本経済を先導する最大の製造業となってきた．国内の自家用車保有台数は，世帯数で割ると1976（昭和51）年には0.505台（2世帯に1台分），1996（平成8）年には1.0台（1世帯に1台分）を保有する状況まで出荷額を伸ばしてきた（自動車検査登録情報協会調べ）．電気機械器具製造業は「三種の神器」（白黒テレビ・冷蔵庫・洗濯機）の普及後，さまざまな製品を生産してきた．全産業中，電気機械器具の出荷額が最大のウエイトを占めるようになった2000（平成12）年の家電普及率をみると，洗濯機99.3%，冷蔵庫98%，カラーテレビ99%，エアコン86.2%を示した（内閣府「消費動向調査」）．

2000（平成12）年以降，輸送用機械器具（第1位），電気機械器具（第2位），食品製造（第3位）の順位は変わらない．むしろ，家電が普及し尽くしたとみえる電気機械器具のウエイトが年々下落し，輸送用機械器具と食品製造が年々上昇してきている．戦後の日本経済史の歩んできた経路が，統計でも如実に表われている．

1960（昭和35）年に食品製造業に次ぐ11.2%を占めた繊維製造業は，2015（平成27）年には1.3%となっている．この55年間では同様に，10.6%あった鉄鋼製造業も5.7%まで後退した．逆に，1.0%あったプラスチック製造業は3.8%へと増加したが，近年の“脱プラ”の影響で今後変動があると予想される．かつては栄華を誇った日本の主力産業であっても，中国などへの生産拠点の海外移転等により，国内産業の空洞化が進行してきた．近年では，電気機械器具製造業のウエイトが落ち込んでいる．

このように衰退する産業がみられる一方で，食品製造業は一貫して安定的な地位を維持してきた．景気変動に多少の影響を受けることはあっても，食品の生活必需品としての特質が反映された結果であるということができる．しかも，高まる簡便化・時短志向により，生鮮食品に代わって加工食品の消費量が年々増加していることで，2010（平成22）年，2015（平成27）年では食品製造業が比重を伸ばしてきているのである．

農林水産政策研究所「我が国の食料消費の将来推計」（2019年8月）によると，2015（平成27）年を100％とした場合，1人当たり食料支出（総世帯）は，生鮮食品が2030（令和12）年に93％，2040（令和22）年に89％まで減少するが，加工食品は2030年に117％，2040年に132％まで増加，外食も2030年に108％，2040年に113％まで増加する見込みである．食品製造業は，今後も成長を続けていくと考えられる．

以上のように製造品出荷額だけではなく，事業所数，従業員数を含めて，全製造業に対する比率を算出したものが表**4･1**である．これをみると，全製造業と同じく事業所数は減少の一途にあるものの，従業員数の推移は緩やかな減少傾向にあり，製造品出荷額は増加傾向にある．全製造業における食品製造業の事業所数，従業員数，製造品出荷額はいずれも10％を占めており，「1割産業」の理由が示さ

表4･1　1割産業としての食品製造業

	項　　目	1970年	1980年	1990年	2000年	2010年	2015年
事業所数	全製造業①	652,931	734,623	728,853	589,713	434,672	356,752
	飲料等を含む食品製造業②	90,941	82,612	75,594	64,771	53,217	45,992
	食品製造業	78,101	72,663	66,449	56,640	46,013	39,150
	飲料・飼料・たばこ製造業	12,841	9,949	9,145	8,131	7,204	6,772
	②/①　(％)	13.9	11.2	10.4	11.0	12.2	12.9
従業員数	全製造業①　(1,000人)	11,680	10,932	11,788	9,700	8,087	7,773
	飲料等を含む食品製造業②	1,140	1,156	1,277	1,284	1,265	1,240
	食品製造業	961	1,012	1,138	1,166	1,158	1,133
	飲料・飼料・たばこ製造業	179	144	139	118	108	107
	②/①　(％)	9.8	10.6	10.8	13.2	15.6	16.0
製造品出荷額	全製造業①　(10億円)	69,035	214,700	327,093	303,582	290,803	314,783
	飲料等を含む食品製造業②	7,151	22,512	33,423	35,114	33,917	38,513
	食品製造業	4,909	16,531	22,985	24,080	24,240	28,233
	飲料・飼料・たばこ製造業	2,242	5,981	10,438	11,034	9,677	10,281
	②/①　(％)	10.3	10.5	10.2	11.6	11.7	12.2

〔注〕 1.　従業員3人以下を含む全事業所の数字であるため，図**4･3**とはズレがある．
2.　2015年は工業統計調査に相当する経済センサス活動調査報告より作成した．
資料：経済産業省「工業統計表」，総務省・経済産業省「経済センサス」より作成．

れている．しかしながら，2000（平成12）年から2010（平成22）年，2015（平成27）年にかけての従業員比率は，それぞれ13.2%，15.6%，16.0%と年々上昇している．1970（昭和45）年頃から食品製造業は，従業員数でも1割産業といわれてきたが，2000年以降の変化は見過ごすことができないであろう．

国内産業の空洞化が指摘される中にあっても，食品製造業はこの15年間で，むしろ**労働集約型産業**としての性質を強めてきたといえる．もともと食品製造のプロセスにおいては，機械では対応しきれない目視での選別・加工・検査・包装・運搬・品質管理等の多くの工程があり，加工食品の出荷額増加に伴い，多くの従業員が雇用されている．ところが労働者人口減少の中で，近年では他の製造業と同様に，多くの食品製造業でも人手不足の解消を経営課題にあげるようになった．

農林水産省の食品産業戦略会議（食料産業局長主催）では，食品企業等からの有識者を交えて「食品製造業における労働力不足克服ビジョン」（2019年7月）をまとめた．これによれば，労働力不足克服に向けての取り組みとして，主に①技術開発，②モチベーション向上，③働き方改革と多様な人材活用促進等を掲げている．すなわち，①機械化・自動化やAI等の先端技術導入による生産性・付加価値向上，②職場における関係の質向上や心理的安全性確保，③勤務時間の柔軟化や職場環境改善，さらに女性・高齢者や即戦力となる技能を有する外国人雇用，専門的技能を有する熟練工の再雇用促進等を指摘している．労働集約型の傾向が強まる中で，こうした取り組みが食品製造業において推進されていく．

（2） 類型別の食品製造業の推移

食品製造業といっても，その内容は多種多様である．経済産業省「工業統計表」による産業分類をみると，大分類で「食料品製造業」と「飲料・たばこ・飼料製造業」の二つがある．中分類をみていくと，「畜産食料品製造業」と「水産食料品製造業」など15の製造業に分類され，さらに小分類をみると「肉製品製造業」，「乳製品製造業」など40業種に細分化されていく．飲料・たばこ・飼料製造業のうち，飲料部門（清涼飲料，酒類，茶・コーヒー）は7業種が含まれる（ほかに，たばこ，飼料・有機質肥料製造関係で6業種）．工業統計表では，これらの小分類53業種のデータを確認することができる．

図**4･4**では，以上の小分類53業種のうち，たばこ・飼料を除いた食品製造業の出荷額の推移を示した．一つめが砂糖・小麦粉・植物油脂など16業種にみる「素材型食品製造業」，二つめが清酒・製茶・水産練製品・野菜漬物・みそ・しょうゆ・

あん類・米菓・豆腐・油揚げなど11業種にみる「伝統型食品製造業」，三つめが肉製品・パン・惣菜・冷凍調理食品・清涼飲料・ビールなど26業種の「その他の食品製造業」である．

「素材型食品製造業」では加工食品の原料や中食・外食の調理の素材を提供するため低次加工の役割を担うが，「伝統型食品製造業」と「その他の食品製造業」は加工度が高く，食卓に直接並べることのできる加工食品を提供する役割がある．これらの役割の変化をみるために，1976（昭和51）年の出荷額を100とする場合の名目額の指数を算出した結果，次のような傾向が明らかになった．

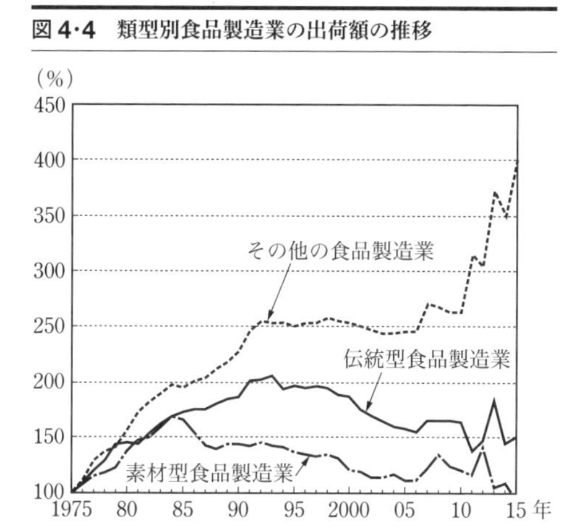

図4·4　類型別食品製造業の出荷額の推移

〔注〕 従業員4人以上．1976年＝100
食品製造業に飲料を含む．
素材型：糖類・動植物油脂・小麦粉製造業など．
伝統型：みそ・しょうゆ・水産ねり製品・漬物製造業など．
資料：経済産業省「工業統計表」，総務省・経済産業省「経済センサス」より作成．

まず「素材型食品製造業」の推移をみてみよう．2015（平成27）年までの39年間では，最も低い伸長率での推移を示してきた．1984（昭和59）年の169.3をピークに，以降は緩やかに後退を続け，2015（平成27）年には初めて100を割って93.8を示した．それに対して「伝統型食品製造業」は1993（平成5）年の205.5をピークとして，以降は同様に緩やかに後退し，2015（平成27）年には149.8となる．それぞれ，ピーク時から素材型は0.55倍，伝統型は0.73倍の後退である．

このような後退傾向の一方で，「その他の食品製造業」は39年間一貫して伸長してきた．しかし，1990（平成2）年から2006（平成18）年までの推移は，横ばいであった．これは，バブル経済崩壊後の低成長と重なるといってよいであろう．名目経済成長率，物価上昇率の低迷，そして生産人口の減少，需要の減退などを受け，食品製造業も「失われた20年」を経験しつつあった．ところが207.4を示した2007（平成19）年以降は，加工食品が需要増加で出荷額を急伸させ，2015（平成27）年には過去最高である401.5を示す．

この背景には，近年の原料価格の高騰も影響しているが，農林水産政策研究所

「人口減少局面における食料消費の将来推計」(2014年) 中の「世帯類型別の食料支出割合の推移」のデータが示すように，単身世帯の増加が大きく影響していると考えられる．これによれば，1990 (平成2) 年に対して2010 (平成22) 年 (20年間) では，2人以上世帯で生鮮食品37.8%→31.0%，加工食品45.8%→52.2%，外食16.4%→16.8%を示した．全世帯では，生鮮食品34.4%→27.8%，加工食品43.0%→50.5%，外食22.6%→21.7%である．いずれの世帯類型でも加工食品が伸長している．

そのうえで単身世帯をみると，生鮮食品16.8%→17.4%，加工食品28.6%→44.8%，外食54.6%→37.9%を示し，なかでも加工食品の伸長率 (16.2ポイント増) が外食率を抑えて最も高くなっていることがわかる．簡便・時短志向の高まる単身世帯は，加工食品を求めているのである．

同時に，「伝統型食品製造業」と「その他の食品製造業」の推移を比較すると，清酒・製茶・水産練製品・野菜漬物・みそ・しょうゆ・あん類・米菓・豆腐・油揚げなどの伝統食品よりも，**プロダクトライフサイクル**の活発な「その他の食品製造業」の出荷額のほうが急伸している．食品製造業では，この20年間で大きな構造変化が生じているといえよう．

(3) フードシステムの砂時計構造

食品経済学者である**J. M. コナー**は『アメリカの食品製造業』(1986年) でアメリカのフードシステムを分析し，それが砂時計のような構造であることを指摘している．これは日本のフードシステムの構造でも当てはまる．この砂時計を横にしたものが図**4･5**である．これは，左から右へ，フードシステムの川上から川中，川下を経てみずうみに到達する，というようにみていく．

まずフードシステムの川上にあたる原料生産者は，農業・漁業合わせて146.5万経営体に上る．生産されたもの全量が川中にあたる食品製造業 (4.5万事業所) や食品卸売業 (7.6万事業所) を経由する訳ではないが，川上の原料生産者の規模と比べると，川中は12分の1まで細る．そして川下では食品小売業 (31万事業所) と外食産業 (153万店舗) へと拡張し，最終消費のみずうみでは5,340万世帯が待っている．

このように，フードシステムにおける食品製造業の位置は，川中の細くなった"くびれ"か所にあたる．この図**4･5**は，食品全体について描いたものであるが，品目別にみた場合には，川中のくびれを，わずか数社の食品製造業で構成するビー

図 4･5　フードシステムの砂時計構造

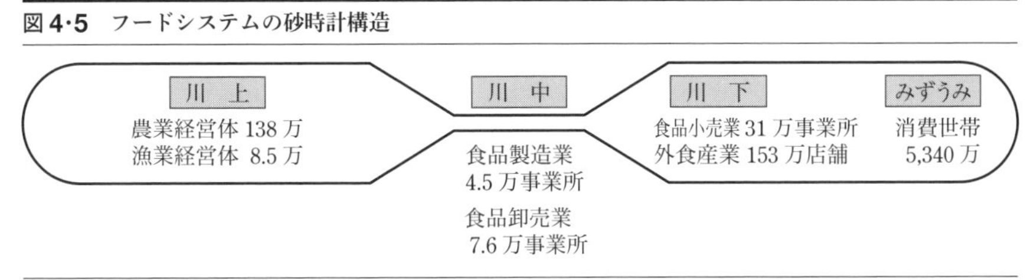

〔注〕 1. 食品製造業は飲料を含み，従業員 3 人以下も含めた全事業所の値を示した．
2. 食品卸売業・食品小売業のみ 2014 年の値，ほかはすべて 2015 年の値を用いた．
資料：農林水産省「農林業センサス」「農業構造動態調査」（農業経営体），水産庁「漁業就業動態調査」（漁業経営体），経済産業省「工業統計表」，総務省・経済産業省「経済センサス」（食品製造業），経済産業省「商業統計調査」（食品卸売業・食品小売業），厚生労働省「衛生行政報告例」（外食産業），総務省「国勢調査」（消費世帯）より作成．

ルやマヨネーズ等の業種もある．砂時計構造に位置づけられる食品製造業の経営行動は，フードシステムのほかの構成主体に対して，さまざまな影響を与える．

4　食品製造業の構造的特徴

（1） 高い中小企業比率

食品製造業の中小企業性

食品製造業は，原料に農産物を使うことや缶詰などを除き，製造される食品は一般に日持ちが悪いなどの特性を反映して，ほかの産業とは著しくその性格を異にする産業である．まず原料である農産物は，豊凶変動，季節性，地域性などによってその供給が片寄り，不安定である．その原料供給の制約は，原料の仕入価格や工場の操業度などに多大な影響を及ぼす．しかも，原料としての農産物価格は，国内産，海外産を含めて公的介入の余地が大きく，国の政策の影響を受けやすく，またカントリーリスクも大きいという側面もある．

製品としての食品は，その鮮度保持に格別の配慮が必要であること以外に，それが消費者の生命と健康の維持，増進に深くかかわるものであることから，安定供給を図ることが必要であると同時に，安全性の確保にも常に注意が払われなければならない．さらに食品は，国民生活に不可欠の生活資材であるとともに，近年，ますます嗜好性がともなうものとなり，消費者のニーズに合わせて，多種多様な製品をタイムリーに供給されることが望まれている．

このように，食品製造業は，使用する原料と製品の特性を反映して，広範な業種と多数の事業所から構成されているが，一方で，中小企業の占める比率がきわめて高いという特徴をもつことになる．

図 4·6 従業員規模別事業所数，従業員数，出荷額の割合（2018 年）

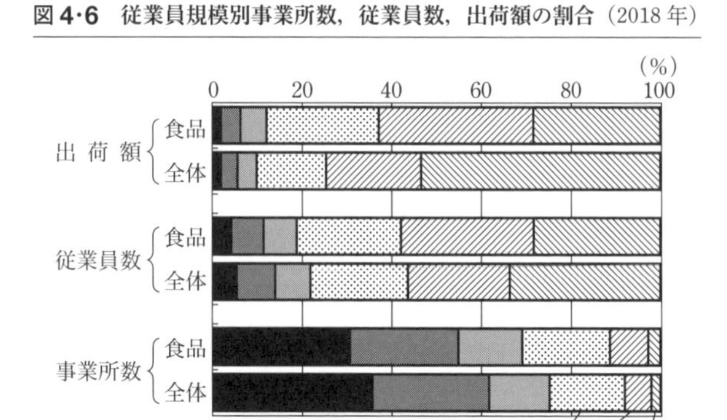

〔注〕 食品製造業には，飲料・たばこ・飼料製造業は含まない．
資料：経済産業省「工業統計表」より作成．

図 4·6 は，国内の全製造業と食品製造業について，従業員規模別の事業所数，従業員数，製造品出荷額の割合を示したものである．まず事業所数をみてみよう．製造業全体では 4 〜 9 人が 35.7%，10 〜 19 人が 25.9%であり，19 人以下の事業所が全製造業の半数以上を占めていることがわかる．そのうえで食品製造業をみてみると，4 〜 9 人が 30.7%，10 〜 19 人が 24.2%であり，やはり 19 人以下の事業所が全製造業と同様に半数以上を占めている．従業員数は，全製造業も食品製造業も，規模が大きくなるほど，全体に占める割合も大きくなる．

しかしながら，製造品出荷額でみると，製造業全体と食品製造業では，大きく異なることがわかる．300 人以上の規模になると，全製造業では 53.5%と過半数を超えているのに対して，食品製造業は 28.5%に留まっている．一方，100 〜 299 人では全製造業が 21.3%，食品製造業が 34.4%，30 〜 99 人では全製造業が 15.6%，食品製造業が 25.2%，20 〜 29 人では全製造業が 4.2%，食品製造業が 5.8%，10 〜 19 人では全製造業が 3.7%，食品製造業が 4.3%，4 〜 9 人では全製造業が 1.8%，食品製造業が 1.8%となる．このことから，食品製造業は，従業員数規模が小さくなるにしたがい，製造品出荷額の割合が高まる特徴がある．

食品製造で健闘する中小規模企業層

図 4·7 では，以上の特徴をもつ食品製造業の従業員規模別出荷額シェアの年次別変化を示した．1960（昭和 35）年から 2015（平成 27）年まで，4 〜 19 人規模の事業所の出荷額割合は年々低下し，この 55 年間で 4 割減少していることがわかる．このような比較的小規模な事業所が減少する一方で，200 人以上の事業所になる

と，年々増加の一途をたどっている．1980 年の 30.1％から 2015 年の 37.6％まで，この 35 年間で 7.5 ポイント伸ばしている．なかでも，300 人以上の事業所が増えてきている．

図 4·7　食品製造業の規模別出荷額の推移

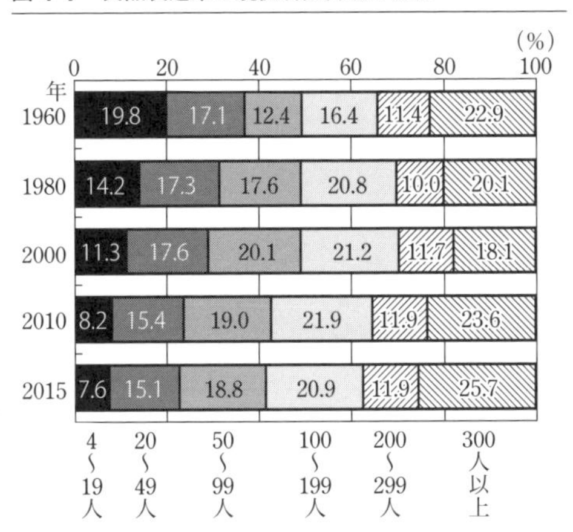

資料：経済産業省「工業統計表」より作成．

このような零細の食品製造業の縮小傾向の実態は，1990 年代初頭の**バブル経済崩壊**，2008（平成 20）年の**リーマンショック**，そして長引く**デフレ不況**の下で，**M&A**（合併・買収）が進んだ結果でもあるといえる．近年，零細・中小企業では，経営者の高齢化による廃業が加速している．これは中小企業政策の重要課題となっており，ベンチャー企業の**創業**だけではなく，現場では親族や従業員への**事業承継**が日々模索されている．さらに，親族や従業員とはまったく関係ない第三者への**継業**という方法もみられるようになった．現状では，200 人以下規模の出荷額（62.4％）のほうが 300 人以上規模の出荷額（37.6％）を上回っており，なかでも中規模層が健闘しているといえるが，引き続き中小食品製造業の活性化が求められる．

零細企業が主流の食品業種

以上は，従業員 4 人以上の統計の分析であるが，「工業統計表」には，3 人以下の食品製造業の推計値も掲載されている．表 **4·2** は，その 3 人以下の事業所数割合が高い業種を年次別に示したものであるが，2018（平成 30）年，豆腐・油揚げ製造業では 64.8％と 3 分の 2 の事業所が，家族単位の零細な製造小売となっている．

製造小売というタイプでみれば，生菓子製造業もそれに含まれ，44.0％が 3 人以下の経営である．米菓子製造業は 35.8％である．みそ，しょうゆ，食酢などは，後にみるように大規模企業も存在するが，伝統的な手づくりの製造業も健在である．なお 2006（平成 18）年から 2018 年まで，みそは 10.3 ポイント，しょうゆは 6.5 ポイント上昇している．みそやしょうゆなどは農村地域における地場農産加工として，むしろ近年はそのウエイトを高めているといえよう．

表4·2 食品製造業における零細企業の割合（従業員3人以下事業所数/全事業所数，%）

業　　種	1972年	1980年	2006年	2013年	2018年
豆腐・油揚げ製造業	72.2	66.6	62.6	63.3	64.8
製茶業	69.2	62.7	59.7	62.2	59.8
みそ製造業	32.9	37.5	48.2	56.6	58.5
しょうゆ製造業	37.9	42.2	46.4	50.6	52.9
生菓子製造業	53.9	50.5	44.0	43.5	44.0
食　酢	50.3	47.7	43.1	43.8	48.2
あん製造業	47.5	43.4	41.5	47.1	49.9
めん製造業	41.9	37.5	40.7	44.1	49.8
ビスケット・干菓子製造業	46.6	43.4	40.1	34.0	30.5
米菓子製造業	36.8	34.6	34.5	35.1	35.8
精　米	52.6	40.6	31.1	40.9	39.9
果実酒	42.0	25.5	27.0	26.5	27.1
冷凍調理食品製造業	40.1	13.0	4.2	5.7	5.4
食料品製造業全体	51.1	36.5	35.9	25.8	22.8

〔注〕1. 2006年の上位10業種の順に配列するとともに，1972年の上位3業種も表示した.
　　　2. 2008年から一部分類が変更となったが，母数との分類は同定義である.
資料：経済産業省「工業統計表」より作成.

（2） 大企業と中小企業の併存

累積生産集中度の推移

このように日本の食品製造業は，農産加工も含めて出荷額，従業者数に占める小規模加工業の比率が高く，中小企業が数多く存在する一方で，製粉，製油，精糖，ビールなど大企業が支配的な業種もあって，大企業と中小企業とが併存する形となっている．そのような併存状態は，食品製造業という産業には，**規模の経済**が貫徹され，大企業による大規模生産に適した分野と，“食”に地域性があり，また手づくりの味が好まれるなど，小規模生産（中小企業）に適した分野とがあることを反映したものといえる．

さらに，食品製造業を細かく業種別にみてみると，加工度の高い業種にあっても，高度に集中が進んだ“寡占型”業種もあれば，集中のきわめて緩慢な“競争型”業種もあって，業種内に二重構造が顕著に存在していることに気づく．表**4·3**は，主要な品目について，食品製造業の上位10社の累積生産集中度（生産シェアの合計）の推移を表したものである．

2014（平成26）年以降の調査が行われていないため，2013（平成25）年のものが最新のデータとなる．統計上の制約から，すべての業種を継続してみることはでき

表4·3 主要食品製造における上位10社の累積生産集中度（CR_{10}）の推移およびCR_3（上位3社）とHHI

品　目	CR_{10}（%）					CR_3（%）(2013年)	HHI (2013年)
	1975年	1984年	1994年	2004年	2013年		
ビール	100.0	100.0	100.0	100.0	100.0	79.0	2,879
インスタントコーヒー	100.0	100.0	100.0	100.0	100.0	97.5	4,711
ウイスキー	99.9	98.6	99.9	100.0	100.0	93.9	4,505
チーズ	98.1	97.9	98.6	99.6	99.1	67.6	1,875
カレールウ	—	98.1	99.2	98.9	99.1	91.7	4,115
チューインガム	88.8	91.1	97.8	98.0	99.3	84.2	3,473
マヨネーズ・ドレッシング類	100.0	100.0	99.8	97.8	97.6	82.4	3,426
バター	94.7	84.6	89.7	97.0	95.5	72.1	1,954
食パン	38.0	57.2	67.3	95.6	95.5	74.0	2,274
焼ちゅう	84.6	81.3	86.7	92.7	94.6	65.0	1,756
即席麺類	94.4	92.1	95.8	92.2	97.5	74.7	2,397
小麦粉	73.8	73.1	80.6	88.5	90.1	72.1	2,270
ハム・ソーセージ	69.6	67.9	66.3	—	—	—	—
しょうゆ	48.0	51.7	57.9	—	—	—	—
飲用牛乳	66.8	54.7	54.8	—	—	—	—
み　そ	30.7	37.9	43.8	—	—	—	—
清　酒	13.3	20.6	25.2	—	—	—	—

〔**注**〕 1. バターは2008年，チューインガムおよび焼ちゅうは2010年の数字.
2. HHI（ハーフィンダール指数）とは，次の数式で算出.

$$\mathrm{HHI} = \sum_{i=1}^{n} c_i{}^2 \quad (c_i : i \text{ 番目企業の集中度})$$

3. 2014年以降，調査は行われていない.

資料：公正取引委員会「生産・出荷集中度調査」より作成.

ないが，ビール，インスタントコーヒー，ウイスキー，カレールウ，チューインガム，マヨネーズ・ドレッシング類，バター，食パン，焼ちゅう，即席めん類，小麦粉についていえば，わずか数社で全生産量の80%から100%を生産している業種もあれば，みそ，清酒のように，上位10社の生産シェアの合計が50%以下，20%台という低い業種もある.

それらの低位集中の競争型業種では企業数も多く，なかには1,000を超す小規模製造企業を擁する業種も含まれている．なお，この表でみる限り，多くの業種で，若干ながら年を追ってその集中度が高まる傾向を読み取ることができる.

累積生産集中度の大きい業種と小さい業種

2章2節の市場構造の説明を踏まえつつ，さらに表**4･3**について説明する．2013（平成26）年についてはCR$_3$（上位3社）と，**ハーフィンダール指数**（HHI：その業種の全企業の集中度の状況を指数化したもの，表注参照）についても示した．CR$_3$が大きい業種はインスタントコーヒー，ウイスキー，ビール，カレールウなどで，これらの業種はCR$_{10}$とほぼ同率で，10社以内というよりもほぼ3社という少数企業によってそれら食品の市場が支配されているという“寡占”的な産業部門であるといえる．

代表例としてCR$_{10}$で100%，CR$_3$で79.0%を占めるビール業界をみると，業界上位4社（アサヒ，キリン，サントリー，サッポロ）は過去30年間において，新製品投入とマーケティングの成果として，長らく首位に君臨していたキリンをアサヒが追い抜くなど激しい競争で順位変動が生じることもあったが，現在でもこの4社のビール業界での影響力は絶大である．逆に，1994（平成6）年までのデータでCR$_{10}$の低い，清酒，みそのほかに，表にはないが砂糖，飲用牛乳，しょうゆなどのCR$_{10}$をみても50%前後であり，“競争”的な産業部門である．

このCR$_3$の大きい業種と小さい業種を比較してみると，大きい業種では，ほとんどがカタカナの業種であり，第二次世界大戦後，とくに高度経済成長の過程で発展してきた業種で，いわば“外来型食品産業”であるのに対して，小さい業種は，CR$_{10}$が高いハム・ソーセージなどを除けば，いずれも古くから存在する“在来型伝統食品産業”といえる．

従業員1人当たり固定投資額

生産集中度の違いは，別の角度からも説明できる．表**4･4**は，業種別にみた従業員1人当たりの有形固定資産投資総額である．まず，国内の製造業全体と食料品製造業とを比較すると，2015（平成27）年で，製造業全体が174万円であるのに対して，飲料・たばこ・飼料産業は352万円と2倍ほど多いが，食料品製造業では87.2万円と半分近くも少なく，食料品製造業は，**装置型産業**（設備費用が高い）であるというより，**労働集約型産業**（機械より人の労働に多くを頼る産業）としての性格が強くなる．

しかし，これを食品製造業の業種別にみると，ビール，植物油脂，清涼飲料，乳製品などでは，製造業全体の数値を上回っていて“装置型産業”の部類に含まれ，逆に，伝統的な業種であるみそ，豆腐・油揚げ，水産練製品，生菓子，野菜漬物などの製造業では，1人当たりの固定投資額が少なく，労働集約型産業という性格をもつことになる．

この「工業統計表」のデータは，従業員30人以上の事業所を対象としたもので，先の表**4･2**でみたように，伝統的食品の業種では，30人以下の零細企業を多く抱えていることから，その差はさらに大きくなろう．それらを勘案すれば，おおむね以下のことがいえる．1人当たりの投資額が多い装置型業種は，生産集中度が高く"寡占的"な食品製造業であり，投資額の少ない労働集約型食品業種では，集中度が低く"競争的"な食品製造業である．

表4･4　食品製造業の業種別1人当たり固定投資額
（万円）

業　種	1995年	2005年	2015年
製造業全体	160.9	203.3	174.1
食料品製造業	92.9	78.9	87.2
飲料・たばこ・飼料	328.4	468.7	351.6
ビール	739.2	1,014.0	478.8
動植物油脂	538.7	599.8	306.6
食　酢	195.7	565.5	124.6
清涼飲料	293.2	437.1	298.7
小麦粉	258.6	343.8	137.7
乳製品	230.4	207.7	298.2
しょうゆ	185.7	202.1	118.6
み　そ	232.2	143.3	108.7
清　酒	201.2	134.2	195.5
冷凍調理食品	78.9	84.5	81.5
製　茶	162.7	82.4	117.6
麺　類	71.1	79.6	68.4
米　菓	39.7	72.1	70.0
パ　ン	64.2	65.1	66.2
肉製品	87.3	62.0	85.2
豆腐・油揚げ	84.1	61.8	60.4
水産練製品	95.1	55.5	57.2
生菓子	48.0	42.5	42.5
野菜漬物	65.1	37.3	23.4
惣　菜	64.1	31.1	49.9

〔注〕 従業員30人以上の事業所．2015年の肉製品は部分肉・冷凍肉と肉加工の合計，乳製品は処理と製造の合計．
計算式＝有形固定資産投資総額／従業員数
資料：経済産業省「工業統計表」より作成．

（3） 地域経済と食品製造業

以上では，食品製造業には大規模な寡占型企業と中小企業とが併存しており，製造業全般と比較すると中小企業の比率が高いことを説明してきたが，さらに食品製造業の大きな特徴には，その立地が地方分散的であって，地域経済と強く結びついているということもある．

表**4･5**は，都道府県別にみた地域経済における食品製造業の地位を示すものである．それぞれの都道府県の製造業全体に占める食品製造業の割合を，従業員数ならびに製造品出荷額について，その上位10道府県を表示してある．沖縄に注目すると従業員数が50%を超え，2000（平成12）年から2010（平成22）年にかけて35%前後で推移していた出荷額も2019（平成31・令和元）年には50%を超えた．雇用の面では2人に1人，製造品出荷額でも2分の1を占めていることから，沖縄経済に占める食品製造業の割合が高いことがわかる．しかも近年，これらの割合が高まっている．

表 4·5　都道府県別にみた食品製造業のランキング（全産業に占める割合）

順位	従業員数				製造品出荷額			
	都道府県	割合（%）			都道府県	割合（%）		
		2000 年	2010 年	2019 年		2000 年	2010 年	2019 年
1	沖縄県	44.9	51.4	53.2	鹿児島県	42.5	52.1	54.0
2	北海道	41.1	49.5	48.1	沖縄県	35.5	36.5	52.4
3	鹿児島県	32.7	42.7	43.2	北海道	38.2	35.8	40.5
4	宮崎県	25	29.2	30.4	宮崎県	30.9	31.0	32.6
5	青森県	27.1	30.9	29.7	青森県	28.5	26.1	28.2
6	佐賀県	24.8	28.2	29.3	京都府	18.5	26.3	24.9
7	長崎県	25.3	30.7	28.6	鳥取県	21.1	15.7	23.2
8	高知県	22.1	27.3	27.3	佐賀県	25.8	20.6	22.5
9	千葉県	17.9	25.2	26.2	高知県	11.3	18.4	20.5
10	宮城県	24.8	22.5	25.8	長崎県	15.1	14.8	19.3
全国		13.5	16.0	16.1	全国	11.6	11.7	12.2

〔注〕 1. 飲料・たばこ・飼料製造業を含めている．
2. 従業員 4 人以上の事業所．
3. 順位は 2019 年の高位順．
資料：経済産業省「工業統計表」より作成．

同様に，食品製造業のウエイトが高いほかの 9 道府県をみると，鹿児島，北海道，青森，佐賀，長崎などで，日本列島の両端から順に，東北，九州，四国の諸県が並んでいることがわかる．東京から距離が離れるほど，ほかの製造業の進出が少なく，食品製造業がそれぞれの地域の経済の中核に据えられ，重要産業となっているのである．なお，表 **4·6** は 2019 年の農業産出額の上位 10 道県を示したものであり，例年多少の順位変動があるものの，その半数ほどが表 **4·5** の地域と重なる．

表 4·6　農業産出額トップ 10（2019 年）

順位	都道府県	農業産出額（億円）
1	北海道	12,558
2	鹿児島県	4,890
3	茨城県	4,302
4	千葉県	3,859
5	宮崎県	3,396
6	熊本県	3,364
7	青森県	3,138
8	愛知県	2,949
9	栃木県	2,859
10	山形県	2,557

資料：農林水産省「生産農業所得統計」より作成．

5　食品製造業の原料調達とフードバリューチェーン構築

あらゆる加工食品も，それをさかのぼれば農水産物に行き着く．本書の主題であるフードシステムの立場と関連して食品製造業を考える場合，その川上に位置している農水産業との関係，すなわち，食品製造業における原料調達にかかわる問題にもふれておかなければならない．

食品製造業における原料調達で，まず指摘しなければならないことは，その調達先が，国内だけでなく海外に少なからず依存していることである．図 **4·8** は，業種別にみた食品製造業における原料調達に占める国産および輸入原料割合を示したものである．業種によって差があるが，図でみるように，原料の 37 ～ 65％近くを輸入に依存していることがわかる．業種別にみると，農産食品製造業では 37.0％，調味料製造業でも 51.0％と，半分近くの原料が輸入されている．なお，このデータは金額ベースの調査結果であるため，輸入原料が割安であることを勘案して物量ベースで考えると，その輸入割合はより高水準になる．

図 4·8　食品製造業における原料仕入額に占める国産原料割合

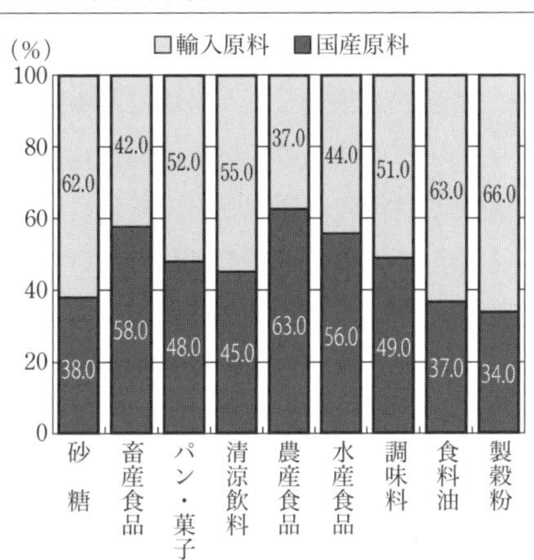

〔注〕 食品製造業 609 社のアンケート調査の国産割合の中央値から算出．
資料：食品需給研究センター「食品産業動向等に関する調査（2008 年 3 月）」より作成．

原料調達を海外に依存するようになった主な理由は，当然のことながら，国産品と輸入品との価格差にある．データは少し古いが，図 **4·9** は食品産業センターが，1,142 の食品企業を対象に行ったアンケート調査によるもので，原料農産物別に，

図 4·9　食品製造業の原料調達における価格差

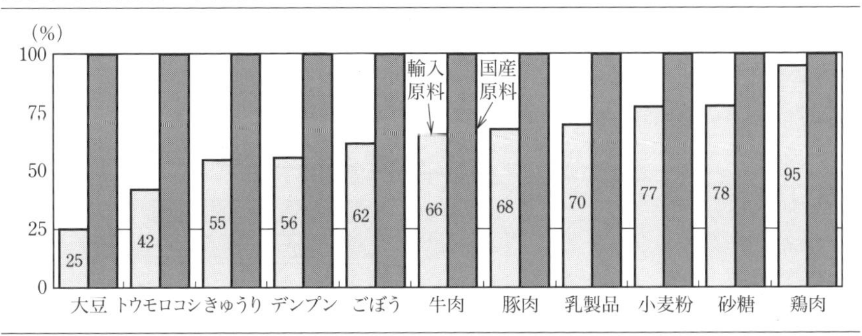

〔注〕 食品製造業 1,142 社に対するアンケート調査（2000 年 12 月）．
輸入価格には，関税などの国境措置などが加味されている．
資料：食品産業センター「食品製造業の原料調達等に関する調査」より作成．

国産品を100とした輸入品原料価格の指数（%）を示してある．これによると，大豆は25，トウモロコシ42，きゅうり55，牛肉，豚肉で66，68，小麦粉77，砂糖は78となっている．大豆で4分の1，きゅうりで2分の1，肉類で3分の2，小麦粉，砂糖で3割安という格差であるが，関税ゼロの大豆，関税率の低い野菜を別にして，予想外にその価格差は小さい．このことは，国内農業の保護にかかわる高い関税率や各種の農産物価格支持政策によるものである．

しかし，ここで指摘しておきたいことは，食品企業が海外原料への依存度を高めている理由が，この内外価格差だけではないということについてである．図**4·10**は，先の図と同じ食品産業センターによるもので，食品企業がなぜ輸入原料割合を増加させたか，その要因について，7つの選択肢から，各企業が3つを選択する形で調査したものの結果が示されている．これを見ても，第1の要因は「価格が安い」で32%であるが，それに次いで「供給量安定」が24%と意外に高い．食品製造業としては，製品市場に対して，品質的に均一な製品を量的に安定して供給するうえで，必要な原料を量・質ともに安定的に調達することが不可欠となる．これに応える産地が国内に少ないことから，日本の食品製造業は，その原料調達を海外の産地に多く依存しているのである．

アンケートへの回答では，さらに「品質がよい」，「加工適正がよい」などを理由としてあげている．輸入原料の場合，実需者の要望に合わせた前処理加工を海外の輸出業者が積極的に行っていることも，加工原料の海外依存をより促進する理由として無視できない．国内産地としては，食の外部化の進行によって農産物の業務用需要が増加している実態を真剣に受け止め，それら実需者の原料調達ニーズに積極的に応えてゆく必要がある．また近年の原料調達行動の一つとして，食品製造業等の食品企業による農業参入にも注目が集まっている．

さらに近年活発な動向として，**フードバリューチェーン**

図4·10　食品製造業における輸入原料割合の増加要因（3項目選択）

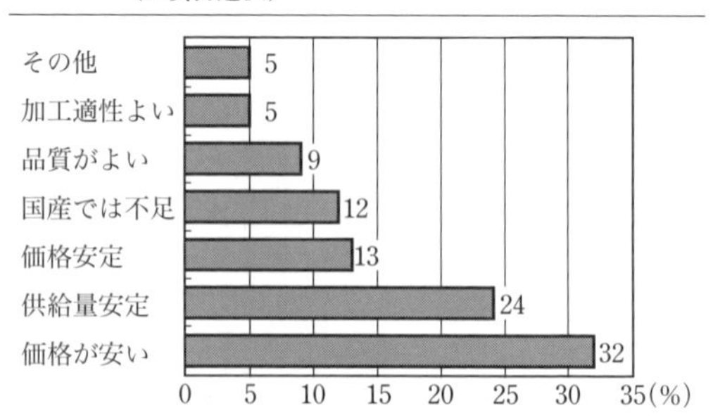

〔注〕食品製造業1,142社に対するアンケート調査（2000年12月）．
資料：食品産業センター「食品製造業の原料調達等に関する調査」より作成．

構築の推進があげられる．**バリューチェーン**とは，経営学者**M. E. ポーター**が『競争優位の戦略』（1985年）で説明した概念で，原料調達から顧客に届けるまでの価値連鎖の流れのことである．川上で原料をどのように生産し，その原料を川中でどのように加工し，川下でどのように流通させ販売していくかで，付加価値の大きさが変わってくる．

フードシステムの各構成主体が，それぞれの「強み」を掛け合わせていくことで食品としての高付加価値化が図られ，製品差別化によるブランド戦略に結びつく．今後の成熟化市場においては，グローバルに展開する食品企業だけではなく，地域に根差した中小食品企業でも，新たな食品ビジネス戦略としてフードバリューチェーン構築の推進がますます活発になるであろう．その一環で，**フードテック**といわれる新たな食品イノベーションの展開も活発化してきている．

食品製造業は今後も，さまざまな環境変化に対応しながら，国内外から安定的に原料を調達することが重要になる．その際，従来と大きく異なるのは，最初でも述べた社会的価値と経済的価値の両立や**サステナビリティ**（sustainability：**持続可能性**）への配慮が求められる点である．食品製造業においては，食品の移動を把握できる**トレーサビリティ**（traceability：**追跡可能性**），そして高度な品質管理に必要な**HACCP**（Hazard Analysis and Critical Control Point：**危害分析重要管理点**）・**ISO 22000**（**食品安全マネジメントシステム**）等は引き続き推進されていく．

同時に，地域の個性ある**食文化**，**食育**，**エシカル消費**（倫理的消費）を尊重しながら，地元産・国産原料や**GAP**（Good Agricultural Practices：**農業生産工程管理**）認証を受けた原料を用いたり，輸入原料では海外生産者の人権や生活に配慮した**フェアトレード**を意識したり，**食品廃棄物・食品ロス**を削減したりするなどの取組みが，今後ますます重要になってくる．

しかも，従来の健康志向とも異なる新たな消費者カテゴリーとして，**オーガニック**，**ビーガン**，**ベジタリアン**，**ハラール**，そして**パーソナル**（オーダーメイド）への対応は，サステナビリティの観点から食品製造業に新たなシーズ（種）をもたらしているといえよう．

前述したフードシステムの砂時計構造でも明らかなように，川中は，川上から川下・みずうみまでの中継点である．川中に位置する食品製造業等の食品企業の方針が，フードシステムの各構成主体に対してさまざまな影響をもたらす．社会的価値と経済的価値を生み出し続けていく持続可能なフードシステム形成をめざす経営行動が，これからの食品製造業の社会的責任として問われていく．

5

食品流通とマーケティング

いうまでもないことであるが，食品は，人間の生命と健康を維持し，豊かな食生活を過ごすうえで，欠かすことのできないものである．その食品は，ほとんどが商品として流通しており，農漁業者の生産物や輸入食品は，加工業者，流通業者，外食産業などを通じて，消費者のもとに供給される．食品をはじめとする商品は，**供給**（supply）側の生産者から**需要**（demand）側の消費者に届くまでの輸送，保管，商取引といった一連の活動を通じて，それぞれの商品特性や取引段階に応じた**市場**（market）で売買取引される．

流通（distribution）とは，生産者から消費者に商品を橋渡しする役割，つまり，生産から消費までの一連の流れをつなぐ活動である．とくに現在の食品流通には，食品がどのような原料からどのようにして生産されたかという安全性に関する情報を，消費者の求めに応じて速やかに提供する機能がいっそう求められている．

また，地域に密着した**コンビニエンスストア**や食品スーパーマーケットが，近年，中食商品への需要増加もあって食料品販売集中度を高めるとともに，小売業と顧客との新たな情報システムの構築を始めている．さらに，加工食品の流通では食品ロスを減らすために，これまでの**商慣習**を見直す動きも始まっている．

私たちの食卓を豊かに飾る多様化した食品は，それぞれの商品がもつ特性や，それらの食品に対する消費者の**購買行動**，さらには，それぞれの供給者の生産構造によって流通経路が異なっており，その流通形態はきわめて複雑な構造をもっている．まさに，フードシステムの各構成主体をつなぎ，食品供給における安定性・安全性，そして効率性を確保し，末端の消費者に食品を届ける役割がこの食品流通である．以下，その複雑な構造をもつ食品流通について，

① **卸売市場流通**を取り巻く変化

② 加工食品の流通と**チャネルキャプテン**の移動

③ 食品流通業の構造変化

④ **商品のライフサイクル**と食品小売業のマーケティング

などについて順に述べることにする.

1　卸売市場流通を中心とした生鮮食品の流通経路

(1) 卸売市場のしくみと機能

生鮮３品の市場流通

食品は，通常，**生鮮食品**と**加工食品**に大別することができる．ここではまず，生鮮食品の流通をみることとする．**生鮮３品**といわれる青果物・水産物・畜産物のうち，青果物，水産物は，その多くが卸売市場を経由し，消費者の手元に届けられる．卸売市場とは，1971（昭和46）年に定められた**卸売市場法**によって“生鮮食料品等の卸売のために開設される市場であって，卸売場，自動車駐車場その他の生鮮食料品等の取引及び荷さばきに必要な施設を設けて継続して開場されるもの”と定義されている.

卸売市場には，① **中央卸売市場**（農林水産大臣の認定を受けた中核的拠点卸売市場），② **地方卸売市場**（中央卸売市場以外の卸売市場で都道府県知事の認定を受けた地域拠点市場），③ その他の卸売市場の３種がある．このうち中央卸売市場は，2019（令和元）年度，その数は64市場，また地方卸売市場〔2018（平成30）年度〕は1,025市場（うち公設市場149）が開設されている.

生鮮食品の流通は，このような卸売市場を経由して取引されるものと，そうでないものとがあるが，卸売市場を経由する取引を**市場流通**といい，そこを経由しない取引を**市場外流通**という．図**5･1**は，生鮮食品について，卸売市場経由率を示したものであるが，野菜について，市場を経由するものすなわち市場流通は64％，水産物については49％，果実については38％と後述するように低下してきているとはいえ比較的高いのに対し，畜産物では，その**市場経由率**はかなり

図5･1　生鮮食品の卸売市場経由率（2017年）

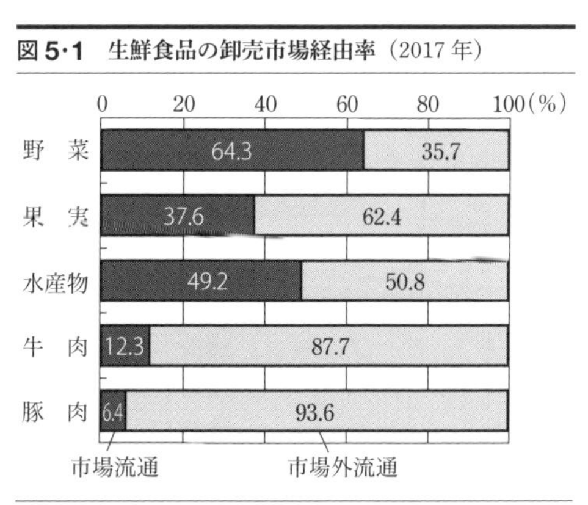

資料：農林水産省「卸売市場データ集」2019年版より作成.

低く，市場外流通が主流を占めており，生鮮3品でも，その品目によって市場流通のウエイトが違っている．畜産物は屠殺処理工程があるため，食肉センターから直接卸売業者経由で小売店に行く場合が多い．

かつて1980（昭和55）年には，野菜の85%，果実の87%，水産物の86%が卸売市場を介して流通し，その市場流通が圧倒的シェアをもち，生鮮食品流通の主流を占めていた．ところが，その生鮮食品としての商品特性やその生産・流通条件も2000（平成12）年頃から構造的な変化を遂げ，生鮮食品の流通も大きく変わり始めた．

卸売市場における取引

図**5·2**は，卸売市場における取引の流れを示したものである．まず生産者は，販売しようとする青果物を，**出荷団体**（農協など），**産地集出荷業者**などを通じて卸売業者にその販売を**委託**する．卸売業者は，受託した農産物を**仲卸業者**（市場内に施設をもち，卸売業者からせり落とした品物を**相対**（あいたい）で量販店や一般小売店に販売するもの）や売買参加者（せりに参加する資格をもった市場内に店舗を持たない業者）に対し，公開の**せり**にかけて売り渡す．卸売業者の**販売委託手数料**はかつては野菜8.5%，水産物5.5%などと法定されていたが，現在は卸売業者の機能・サービスによって自由に徴収する．

図の中の［破線枠］で囲ってある部分が卸売市場であるが，そこでは4つのタイプの取引が行われる．すなわち，まず，① 出荷団体などから卸売業者への“委託取引”，② 卸売業者と仲卸業者や売買参加者との間の“せりまたは相対取引”（卸売市場を経由するが，事前に数量・価格などを予約して行う取引），③ 仲卸業者と**量販店**や

図5·2　卸売市場（青果物）の取引

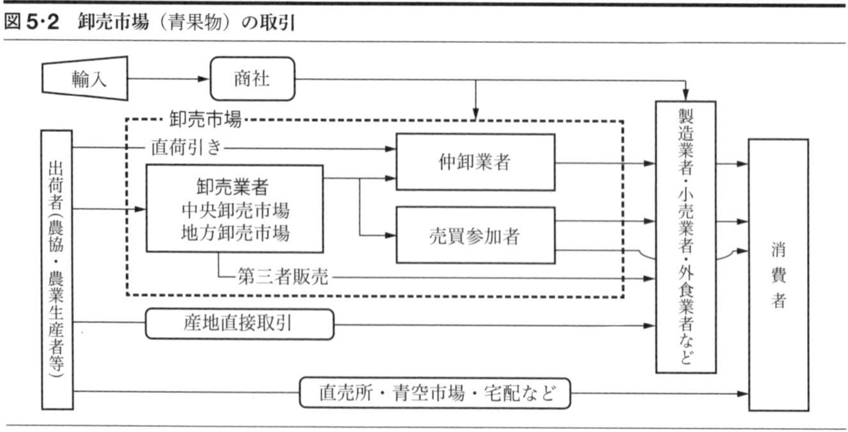

資料：農林水産省資料から作成．

一般小売業者などとの間の**相対取引**（一般の売手と買手が商談して行う取引），④仲卸業者の卸売業者以外からの仕入れの4つである．このうち，②のなかのせり取引は，後で述べるように，近年減少してきているとはいえ，不明朗な取引が多かった卸売市場は開設される前の生鮮食品の取引を“公開・公正・公平”なせり取引に改革して適正化が図られた，2018（平成30）年の卸売市場法改正によって，主な取引方法（ルール）は多様化された上で，業務規程に定めるインターネットなどによる情報公開が求められるようになった．

卸売市場の機能

農林水産省流通課の資料から，卸売市場の機能を示すと，表**5･1**のようになる．このうち**品揃え機能**，**集分荷・物流機能**は，買手側のスーパーマーケットや八百屋などの店舗に並ぶ生鮮食品の品数から考えてもわかるように，小売店はきわめて多様な生鮮食品を品揃えしなければならない．一方，売手側は，その多くが単品生産をしているので，全国，もっといえば世界各地からその多様な生鮮食品を1か所に集め，小売店側の品揃えの要望に応え，なおかつ，高い鮮度を維持しながら荷さばきをしなければならない．そのために，それらの荷が集まる卸売市場が必要になるのである．

価格形成機能については，透明性の高い方式で公正な価格を決めなければならないが，先に述べたせり取引がその代表例である．後に述べるように，たとえば野菜では，そのせり取引が10％以下（2018年度）に減ってきており，また，図**5･1**でみたように，牛肉，豚肉では，市場取引自体が12.3％，6.4％（そのうちせりが87％と多い）と少なくなっているが，そのせり取引で形成された価格が，ほかの予約相対取引や市場外取引の基準となっていることから，その割合が少ないとはいえ，この卸売市場における価格形成機能は十分に果たしているといえる．

表5･1　卸売市場の機能

①	品揃え（商品開発）機能（多種多様な品目の豊富な品揃え）
②	集分荷・物流機能（大量単品目から少量多品目への迅速・確実な分荷）
③	価格形成機能（需給を反映した迅速かつ公正な評価による透明性の高い価格形成）
④	**決済機能**（販売代金の迅速・確実な決済）
⑤	**情報受発信機能**（需給にかかわる情報の収集・伝達）
⑥	**災害時対応機能**（災害時にライフラインとして機能）

資料：農林水産省流通課「卸売市場データ集」

表5・1に示した卸売市場の諸機能のほかに，**流通経済論**では，そこで取引される商品の特性とそれの生産・流通条件によって，生鮮食品流通では卸売市場が不可欠であると説明している．生鮮食品は，それが農畜水産物であることから，工業製品と違って，どうしても製品に**個体差**が出るという商品特性がある．このことから，買手は現物を詳細に点検して価格を決め，せりに参加することが基本取引になる．

したがって，現物を1か所に集めて取引が行われることが必要になるが，そのための具体的な取引場所が卸売市場ということになる．マスクメロンやマグロのような高級商材では，依然としてせり取引が主流であることの理由はそこにある．

さらに卸売市場の重要な機能として流通経済論が指摘する生産・流通条件とは，生鮮食品の場合，売手は零細で多数の生産者が存在し，また買手も，零細で多数の八百屋や魚屋が存在していたことにある．しかも，売手は単品生産，買手はきわめて多数の品揃えを必要とするということから，その両者をつなぐ卸売市場が重要な役割を果たしているのである．

（2） 卸売市場における取引形態の変化と卸売市場法の改正

買手の大規模化 ― スーパーマーケットのシェア拡大 ―

次に生鮮食品を仕入れる小売業の変動についてみてみる．図5・3は，全国消費実態調査から作成したもので，全国の消費者が生鮮3品をどこから購入したか，その変化を示してある．1964（昭和39）年には，生鮮3品ともそれぞれ8割近くを一般小

図5・3 生鮮食品の小売業態別購買割合の推移

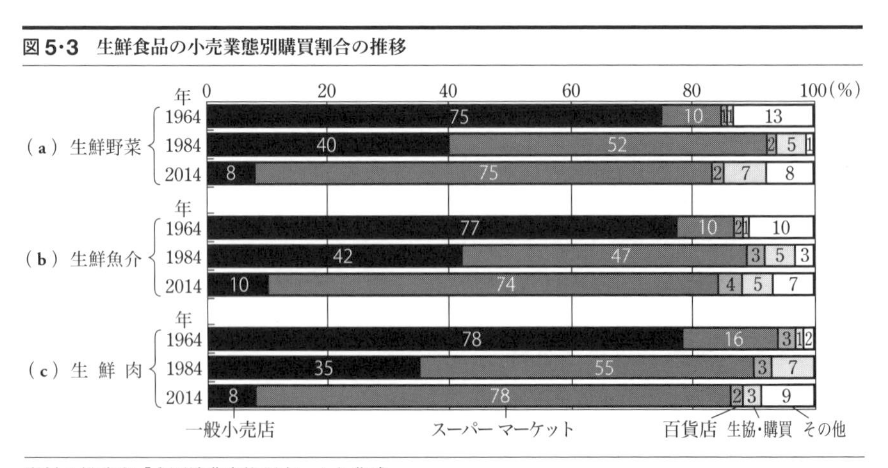

資料：総務省「全国消費実態調査」より作成．

売店から購入していたものが，2014（平成26）年には1割前後に減少し，逆に1964（昭和39）年には1割台にすぎなかったスーパーマーケットからの購入が，2014（平成26）年には野菜で75%，鮮魚で74%，精肉で78%と7割台に達している．

このように消費者による生鮮食品の購入先である小売店が，一般小売店からスーパーマーケットに移行していることは，当然，それら生鮮食品を仕入れる小売業態が，零細多数の一般小売店から，チェーン展開している大規模なスーパーマーケットなどの量販店の仕入本部へと転じたことになる．

買付集荷と相対取引の増加

その結果，零細な生産者・出荷者と，零細な専門小売店，ならびに鮮度保持が困難な生鮮食品を前提に成立した卸売市場制度は，**産地の大型化**による出荷組織の大規模化，他方で，スーパーマーケットなどの本部仕入れが主流を占めるようになった買手の大規模化によって，先の図**5･2**でみるように卸売市場の取引の流れは，卸売市場法の改正もあって，構造的に変化し，多様で多元的なものになっている．

表**5･2**は，中央卸売市場における取引形態の推移を示したものである．これによると，2000年には野菜，果実，鮮魚で5～8割を占めていた**委託集荷**が，野菜で2018年には14ポイント，鮮魚で26ポイントも減らし，その分，**買付集荷**を増やしてきており，また，卸売会社と仲卸会社との間で一般的であったせり取引が，野菜では35.3%から7.7%へ，鮮魚では44.8%から23.4%へと大幅に減少し，その分，卸売会社と仲卸会社との間での1対1の相対取引が主流を占めるようになってきている．これは，生鮮食品小売業の主役となった量販店が，卸売市場から仕入れを主とすることに変わりはないが，必要とする品物と量を，深夜，早朝に，せりを待たずに，仲卸会社と相対で取引することが主流となり，しかも今回の卸売市場法改正で，仲卸会社が卸売会社を介せずに，生産者から直接仕入れることが可能となった

表5･2　中央卸売市場における取引形態の推移（金額ベース）（単位 %）

年次	委託集荷					せり・入札取引				
	野菜	果実	鮮魚	冷凍魚	食肉	野菜	果実	鮮魚	冷凍魚	食肉
1981	89.1	74.1	76.4	13.2	94.4	78.2	75.1	74.4	18.4	99.5
1990	86.8	72.8	67.3	13.7	90.1	67.1	63.2	61.5	19.5	85.0
2000	79.0	69.0	55.2	13.5	91.6	35.3	33.7	44.8	16.0	83.0
2006	73.3	63.4	47.0	10.7	94.3	20.6	23.8	36.0	15.0	90.9
2013	66.7	54.7	35.1	7.6	94.1	9.8	15.7	29.5	12.1	86.6
2018	64.9	49.6	29.5	5.0	93.4	7.7	13.0	23.4	9.8	85.6

資料：農林水産省「卸売市場データ集」より作成．

ことによる．

なお，表**5・2**には冷凍魚，食肉についても表示してあるが，冷凍魚の場合，委託集荷もせり取引の割合も以前からきわめて低かった．これは，冷凍されていることから貯蔵性が高いため，買付集荷，相対取引が昔から主流であったことによる．これに対して，食肉の場合は，市場流通の割合がきわめて低い商材（図**5・1**参照）ではあるが，逆に，委託集荷，せり取引の割合がきわめて高くなっている．これは，比較的高級品が市場で取引されていること，また，個体差が大きいという商品特性から，そのようになっているといえる．

卸売市場法とその改正

現在の卸売市場流通の根幹を担っている中央卸売市場は，1923（大正12）年に制定された**中央卸売市場法**にもとづいて設置された．中央卸売市場法は1918（大正7）年にわが国で発生した**米騒動**を契機に始まった物価高騰の解消と，国民の社会的不安を取り除くために制定されたものである．その後，中央卸売市場法は生鮮食品の生産・流通や経済環境の変化にともない，1971（昭和46）年に制定され**卸売市場法**に生まれ変わった．卸売市場の整備は大都市を拠点とした中央卸売市場と，それ以外の地方卸売市場とに制度的に区分されることとなった．

卸売市場法は，さらに売手（生産者）が零細多数の生産者・出荷者から，産地の大型化により出荷組織が大規模化したことと，一方，買手（小売業者）が零細多数の一般小売店から，スーパーマーケットなどの量販店において，本部仕入れが主流を占めるようになるなど，売手側と買手側の生鮮食品の流通が再編されたことを背景として，これまで1999（平成11）年と2004（平成16）年に改正され，2018（平成30）年には，さらにそれまでの制度を抜本的に見直した改正が行われた．

1999年の卸売市場法改正のおもな点は”相対取引”が法的に認められたことである．それまで相対取引（相対販売）は一部の品目について認められていたとはいえ原則禁止であったが，相対取引が増加している実情にあわせて，せり・入札取引とならぶ取引方法として追認された．それによって表**5・2**の比率が示しているように委託集荷，せり・入札取引が減少し，買付集荷や相対取引がこれまで以上に伸長した．そのような相対取引は，大型産地と大手スーパーマーケットとの間の卸売市場を介さない直接取引をいっそう促進し，また有力な仲卸も**荷受会社**を通すことなく，直接，産地と取引ができるようになる．このように青果物流通の規制緩和は生産者との直接取引が以前に比べ容易になり，生産者団体と小売業との直接取引が密接になることによって，消費者ニーズに柔軟な対応ができることとなった．

2004年に実施された卸売市場法のおもな改正点は，中央卸売市場の卸売業者が生産者・出荷者から受託する品物に限り，国がその販売手数料を全国一律に定めていたが，この卸売市場法の施行〔2009（平成21）年施行〕により，それが弾力化されたことである．販売手数料の弾力化は，卸売業者が自由に販売手数料を設定することができるようになり，規模の大きい卸売者業者は希望産地の農産物を比較的有利に入手することが可能になったといえよう．

さらに2018年に改正された卸売市場法は，卸売市場の主な取扱商品である国産生鮮品の生産量減少や大手スーパーマーケットなどの市場外取引の拡大などにより，後述する表**5･3**が示すような卸売市場の取扱金額の減少，市場設備の老朽化，流通業界の労働力不足に対応する制度の抜本的再編である．おもな改正点は，①国の関与が必要最小限に留められ，中央卸売市場の開設者・区域の指定と公設性に係る規定の廃止，②卸売業者からの仲卸業者・売買参加者以外に対する直接販売の容認，③仲卸業者による卸売業者以外からの仕入れる**直荷引**（じかにび）**き**の容認である．市場外取引が進む中で，中央卸売市場の卸売業者や仲卸売業者に取引の自由度をより高めることになった．

（3）市場外流通の増加と取扱金額の減少

市場外流通の増加，商物分離取引の増加

生鮮食品をめぐる市場構造の変化は，卸売市場における取引形態の変化だけではない．まずは，生鮮食品流通における卸売市場のウエイトを低下させることにな

図5･4　青果・水産物の卸売市場経由率の変化（数量ベース）

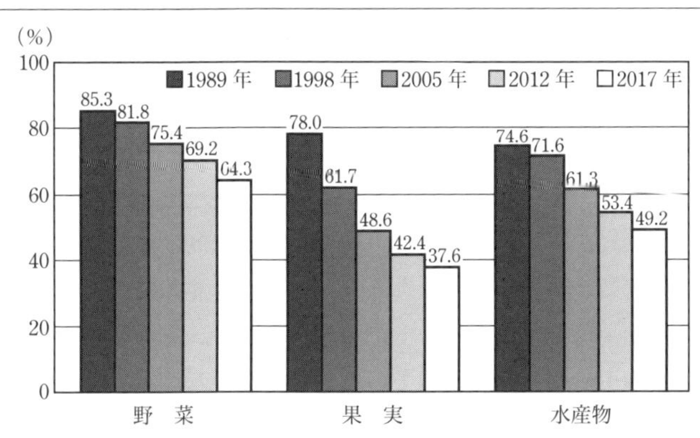

資料：農林水産省「卸売市場データ集」より作成．

る．図**5·4**は，その模様を，野菜，果実，水産物の卸売市場経由率からみたものであるが，20年前までは7～8割を占めていた市場流通が，急速にその割合を低め，果実においては，1989（平成元）年の78％から2017（平成29）年には38％へ，水産物では75％から49％へ，野菜でも85％から64％へと，傾向的にその地位を低下させている．

それでもなお市場流通が64％を占める野菜の場合も**商流**（取引の流れ）は卸売市場を経由するが，**物流**（商品そのものの流れ）は，産地から量販店の集配センターや外食企業のセントラルキッチンなどのユーザーへ直送されるという**商物分離**（市場流通にカウントされている）の取引が増えてきて“商流”だけは依然として卸売市場を経由するケースも少なくない．

卸売市場の取扱金額の減少

こうした市場外流通の増加によって中央卸売市場の取扱金額は，表**5·3**が示すように2018（平成30）年の中央卸売市場での取扱金額は3兆7,481億円（1市場当たり平均取扱金額586億円）となっており，この金額は2002（平成14）年の取扱金額である5兆1,903億円（同604億円）と比較すると，この16年間で取扱金額は28％の減少となっている．また，この期間における地方卸売市場の取扱金額は23％の減少となる．このため規模の小さい地方卸売市場は衰退し，2018（平成30）年の地方卸売市場数は1,025となり，この16年間で25％の減少となっている．

表5·3　中央卸売市場・地方卸売市場（青果・水産物）**の取扱金額の推移**（億円）

年　次	2002	2004	2006	2008	2010	2012	2018
中央卸売市場	51,903	48,883	46,796	44,021	41,444	38,017	37,481
1市場平均取扱金額	604	568	557	557	560	528	586
地方卸売市場	38,476	36,362	35,457	31,953	30,445	30,241	29,529
1市場平均取扱金額	28	28	28	26	26	26	29

資料：農林水産省「卸売市場データ集」より作成．

このように市場経由率の減少は卸売市場における取扱金額を減少させ，卸売市場間および卸売業者間の競争激化をもたらし，さらには仲卸業者の経営にも影響を与え，なかには倒産・廃業する業者もでている．しかし，それでも大切なことは，市場外取引商品の取引価格は卸売市場での取引価格を参考に決められていることであり，価格形成における卸売市場の役割は依然として大きいことである．

2 加工食品の流通経路

(1) 加工食品の流通経路と多段階流通

卸売市場を経由する生鮮食料品以外の主な食品の流通は，図 5･5 が示すようにメーカーと小売業を繋ぐ中間流通業の卸売業者が介在する．食品の流通は品目ごとの商品特性によって異なっているが，わが国における加工食品流通は，製造業者と小売業者との間に**一次卸売業**（問屋），**二次卸売業**（問屋），**三次卸売業**（問屋）などが入る多段階を特徴としている．

流通経済論では，その**多段階性**を，小売販売金額に対する卸売販売金額，**W/R 比率**(wholesale/retail sales ratio)で表示し，それを流通迂回率と呼び，数値として把握している．

小売業における流通マージンを無視して考えると，この W/R 比率が 1 である場合，小売販売金額と卸売販売金額が同額であることから，平均して各商品が卸売業を 1 回経由して小売業で販売されることになる．もし，W/R 比率が 0.5 である場合，小売販売金額に比べて卸売販売金額が半額であることから，商品の半分は製造業から小売業に直接卸され，ほかの半分が卸売業を 1 回経由することになる．さらに，W/R 比率が 2 である場合，小売販売金額に比べて卸売販売金額が 2 倍である

図 5･5 加工食品の流通経路

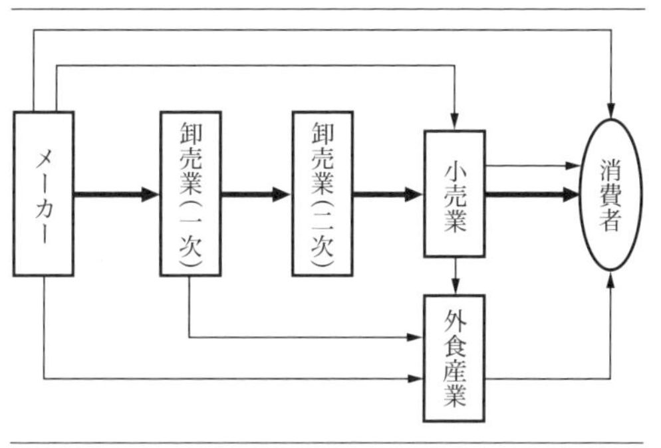

資料：著者作成.

図 5･6 食品流通における迂回率（W/R 比率）の推移

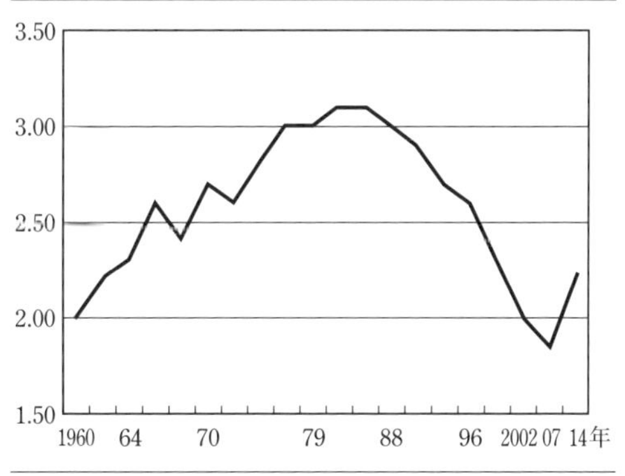

〔注〕 迂回率＝(農畜水産卸販売額＋食料飲料卸販売額)/飲食料小売販売額

資料：経済産業省「商業統計表」より作成.

ことから，商品は平均して一次卸売業から二次卸売業を経由して小売業で販売されたことになる．

わが国の食品流通におけるW/R比率を「商業統計表」から試算し，その推移を示したものが図**5･6**である．1960（昭和35）年から2014（平成26）年にかけて調査が行われた2～3年ごとのデータであるが，1960（昭和35）年に1.99であったW/R比率が，その後の経済成長の時期に高まり，1985（昭和60）年には3.08まで達し，その後，急速に低下し，2007（平成19）年には1.85にまで下がっており，食品流通の面でも，多段階の是正がそれなりに進んだものといえる．なお，その後，2014（平成26）年に2.2と逆に上昇しているが，その理由は把握できていない．

（2）チャネルキャプテンの移行と食品卸売業の機能

チャネルキャプテンの移行

流通経済論では，古くから**流通革命**が論じられてきた．高度経済成長の始まった時期，1962（昭和37）年に林周二は『流通革命』というベストセラーを世に送り，当時，進行していた消費革命と大量生産をつなぐため“細く長いチャネル”を，“太く短いチャネル”に切り替えること，そのための**問屋無用論**，“スーパー賛美論”を展開して注目を集めた．しかし，後掲の図**5･8**でみるように，オイルショック等による経済の構造変動を経る1970年代，80年代，90年代でさえ，食品卸売業者はむしろ増え続けていた．

これに対して佐藤肇は『日本の流通機構』で，わが国の流通システムのダイナミックな変貌をチャネルキャプテンの移行をもとに論じた．すなわち，わが国の伝統的な流通機構は“卸売業主導の流通システム”であって，それが幕藩時代から第二次世界大戦後の高度経済成長期まで続き，長く卸売業者がチャネルキャプテンとしてフードシステム全体を支配した．それが図**5･7**でみるように，高度経済成長

図5･7　わが国におけるチャネルキャプテンの移行

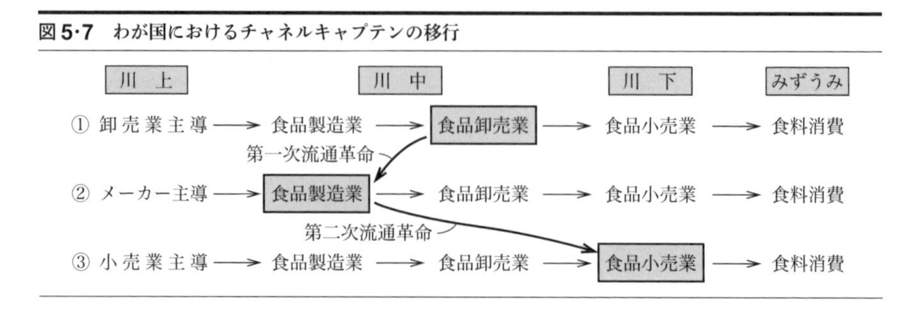

図 5·8　食品小売業，食品卸売業の店舗数の推移

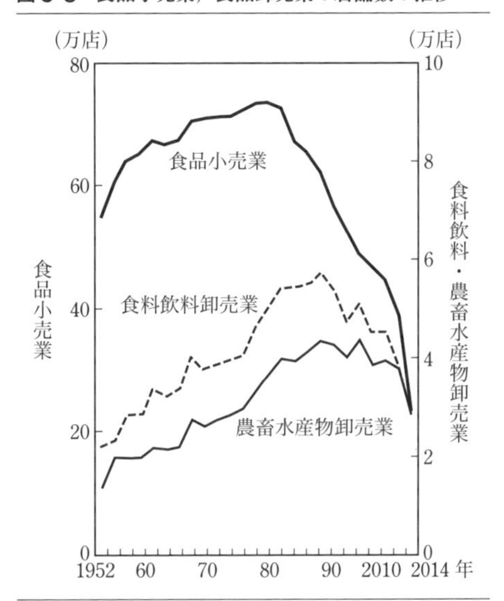

資料：図 5·6 に同じ．

期に大量生産，大量販売を行う製造者に主導権が移り，“メーカー主導の流通システム”に転換する．大手消費財メーカーは，系列の卸売業者，小売業者を組織して独自の流通チャネルを構築することによって，大量生産・大量消費をつなぐ大量流通システムを構築した．チャネルキャプテンが卸売業者から製造業者に移ったという意味で，このことを**第一次流通革命**と呼んでいる．

経済の成熟期に入ると，消費者ニーズが多様化したこともあって，消費者に日々接している小売業者が，それまでのメーカーに代わって新製品（PB：プライベートブランド ＝ 自主企画商品）を開発するようになり，また，それまでのメーカー主導の小売価格設定（**再販価格維持制度**）に対抗して，小売業者が独自にディスカウント価格を設定するようになった．このようにして，チャネルキャプテンは，製造業者から大手小売業者に移行し“小売業主導の流通システム”を形成することになるのである．これが，まさに経済成長時代から低経済成長時代に展開した**第二次流通革命**と呼ばれるものである．

これまで述べてきたような食品小売業における構造変化の結果ともいえる食品小売店総数の推移を図 **5·8** からみると，1979（昭和 54）年をピークに，その後，急激に減少している．零細小売業の減少と大規模小売業のシェアの拡大が**流通迂回率**を低下させ，わが国においても，1980 年代後半になって“流通革命”がそれなりに進んでいるということもできる．後述の“問屋無用論”は，先にみた W/R 比率すなわち流通迂回率が経済成長期における 1985（昭和 60）年の 3.08 から，2007（平成 19）年には 1.85 となり，この 20 年間で 1.23 ポイントの低下をみせている．このことに合わせて，図 **5·8** でみるように，卸売業の店舗数が 1990 年代に減少傾向に転じ，卸売業界への流通革命の影響も，一定のタイムラグをおきながら進行しつつあるといえる．

取引総数最小化の原理

“問屋無用論”について，ここで若干コメントをつけておきたい．卸売業すなわち問屋にも，重要な機能があって，それなりの存在理由があることが流通経済論で説かれているのである．

1つの小売店が1つのメーカーだけと取引する場合，卸売業を経由しないほうが中間経費はかからない．しかし，食品小売店は，多様化した消費者ニーズに対応するため，多くのメーカーの商品を品揃えしなければならず，その場合，1つの食品小売店が，多くのメーカーと個々に直接取引することは不可能であり，もし直接取引しようとした場合，そこには多額の中間経費がかかることになる．

図**5·9**に示すように．たとえば，3つのメーカーの商品と5つの小売店が直接取引をした場合，その総取引数は3×5＝15となる．ところが，その中間に1つの卸売業が介在し，メーカー，小売業それぞれと取引すると，その場合の取引数は3＋5＝8回になる．この場合，卸売業の介在は，取引数の減少ならびに中間経費の減少をもたらし，消費者価格を安くすることが可能になる．これは**取引総数最小化の原理**と呼ばれ，早くから提唱されている．

わが国の食品流通構造で，非効率の象徴的存在ともいえる“流通チャネルの多段階性”は，当然，是正されなければならない課題であるが，中小企業が多いわが国の食品製造業と，個性的で多様な消費者ニーズに応え，多種の品揃えで差別化を図ろうとする食品小売業との間に，**中間流通業**として一定の食品卸売業が存在し，その機能を発揮する必要性は多分にある．その意味で，流通革命で志向すべき方向は，“問屋無用論”ではなく**問屋適正配置論**である．

図5·9　取引総数最小化の原理

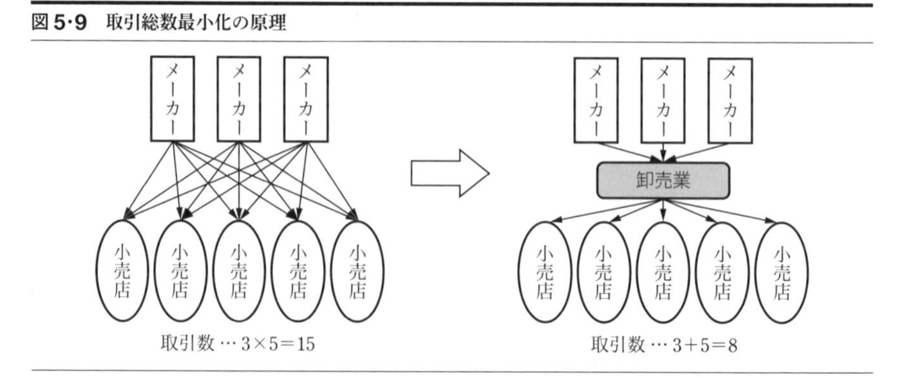

3　食品流通業における構造変化の諸形態

(1)　食品小売におけるスーパーマーケットのシェア拡大

加工食品の小売業態別の販売シェアについてみたものが図**5·10**である．加工食品も，生鮮食品と同様に，**ドライ食品**の代表である調味料の場合，1964（昭和39）年には，一般小売店が72%を占めていたものが，2014（平成26）年には7%に減り，その分，スーパーマーケットが17%から71%に増えている．日配品の代表である豆腐についても，同様の期間に，一般小売店が86%から7%へ，スーパーマーケットが6%から77%へ，調理食品の場合も，一般小売店で78%から12%へ，スーパーマーケットが13%から53%へと，それぞれ立場を逆転させている．

(2)　パパママ・ストアの減少とチェーンストアの増加

以上のように，消費者の食品に対する購買行動が，一般小売店からスーパーマーケットに移ったことによって，食品小売業界も，業種・業態を変化させながら大きく変貌していった．**業種**とは，八百屋，魚屋，米屋などといった販売品目の違いによる分類をいい，**業態**とは，専門小売店，スーパーマーケット，コンビニエンスストアなどといった仕入・販売方式の違いによる分類をいう．食品小売業における

図5·10　加工食品の小売業態別購買割合の推移

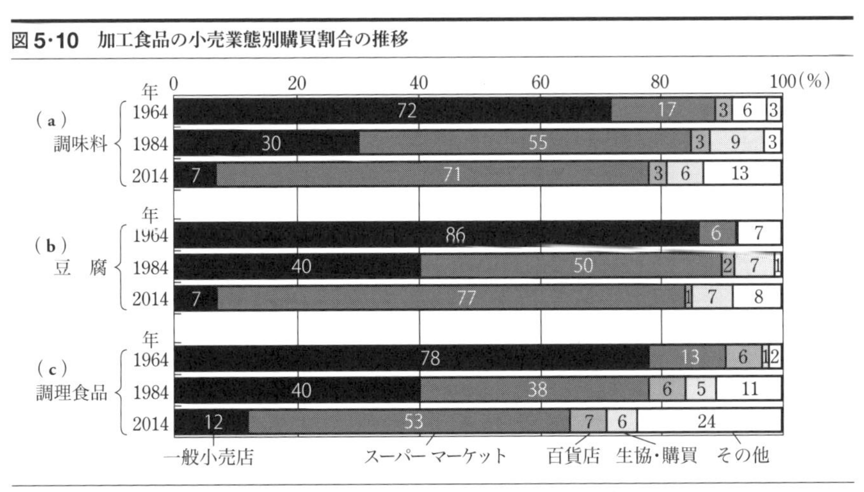

資料：図5·3に同じ．

構造的変化とは，従前，主流を占めていた家族経営による八百屋，魚屋など専門小売店（いわゆる**パパママ・ストア**）から，統計上は各種食料品小売業と分類され，しかもチェーン展開するスーパーマーケットやコンビニエンスストアにその主導権が移ったことを意味している．

その推移を「商業統計表」からみていく．表**5･4**は，飲食料品小売業の従業員規模別事業所数の推移をみたものである．従業員2名以下となっているパパママ・ストアの構成比は，1962（昭和37）年の73.6％から2016（平成28）年には39.3％へと34.3ポイント減少しており，3～4人の家族経営規模の事業所を加えると，その構成比は93.1％を占めていたものから56.5％へと，全体の3分の2以下に減少している．それに対して10～19人規模と20人規模を合わせた事業所の構成比は，この54年間で1.2％にすぎなかったものから28.9％となり，3割近くも増加している．

同じ統計から，年間販売額を従業員規模別にみたものが表**5･5**である．1962（昭和37）年に61.9％を占めていた2人以下・3～4人の小売店の年間販売額が，2016（平成28）年にはわずか6.8％に減少し，逆に，7.8％にすぎなかった20人以上の事

表5･4　従業員規模別飲食料品小売業の推移

区　分	事業所数			構成比（％）			前回比（％）	
	1962年	1994年	2016年	1962年	1994年	2016年	94/62	16/94
2人以下	490,334	303,150	97,754	73.6	53.2	39.3	61.8	32.2
3～4　人	130,201	135,481	42,891	19.5	23.8	17.2	104.1	31.7
5～9　人	37,565	71,016	36,121	05.6	12.5	14.5	189	50.9
10～19人	6,238	36,466	41,646	00.9	6.4	16.7	584.6	114.5
20人以上	1,965	23,290	30,458	00.3	4.1	12.2	1,185.2	130.8
合　計	666,303	569,403	248,870	100.0	100.0	100.0	85.5	43.7

資料：経済産業省「商業統計表」より作成．

表5･5　従業員規模別飲食料品小売業の年間販売額の推移

区　分	年間販売額（億円）			構成比（％）			前回比（％）	
	1962年	1994年	2016年	1962年	1994年	2016年	94/62	16/94
2人以下	7,743	51,036	12,420	31.2	11.9	3.1	659.1	24.3
3～4　人	7,630	65,393	14,677	30.7	15.2	3.7	857.1	22.4
5～9　人	5,541	69,795	33,700	22.3	16.2	8.5	1,259.6	48.3
10～19人	2,015	72,837	77,226	8.1	16.9	19.6	3,614.7	71.4
20人以上	1,927	171,151	256,891	7.8	39.8	65.0	8,881.7	150.1
合　計	24,855	430,212	394,914	100.0	100.0	100.0	1,730.8	91.8

資料：表**5･4**と同じ．

業所が65%占めるようになった．わが国の食品小売業界においても，零細規模の衰退と規模の大きい店舗の躍動がみられ，事業所数では1割にすぎない20人以上の店舗が，販売額では全体の3分の2近くを占めるというように，構造的な変化が明白となっているのである．

（3）小売業における食料品販売額集中度

食品市場では，チャネルキャプテンが製造業者から大手小売業に移行しており，小売業を中心とした原材料の調達から製造，流通，販売に至る**サプライチェーン**が形成されるようになった．表**5･6**は，**食料品販売額集中度**の上位小売業を示したものである．1992（平成4）年販売額集中度1位の企業は集中度2.1%のセブン-イレブン・ジャパンであった．それが2018（平成20）年には同じ1位で5.8%となっている．また，この26年間における上位3社の集中度は，4.6%から11.0%に6.4ポイント増加しており，上位5社の集中度は，6.7%から12.9%に6.2ポイント増加している．

表5･6　小売業の食料品販売額集中度の変化（%）

順位	1992年度	シェア	2002年度	シェア	2018年度	シェア
1	セブン-イレブン・ジャパン	2.05	セブン-イレブン・ジャパン	3.90	セブン-イレブン・ジャパン	5.78
2	ダイエー	1.37	ローソン	2.46	ファミリーマート	2.87
3	イトーヨーカ堂	1.16	イオン	1.96	ローソン	2.33
4	ダイエーCVS	1.14	イトーヨーカ堂	1.53	ライフコーポレーション	0.98
5	西　友	0.96	ファミリーマート	1.49	イトーヨーカ堂	0.93
6	ジャスコ	0.70	ダイエー	1.45	アークス	0.79
7	ファミリーマート	0.67	西　友	0.97	ヤオコー	0.61
8	マルエツ	0.57	ユニー	0.95	マルエツ	0.59
9	コープこうべ	0.54	サークルケイ・ジャパン	0.73	ヨークベニマル	0.58
10	ユニー	0.53	マルエツ	0.68	コスモス薬品	0.58
上位3社計		4.58	同　左	8.32	同　左	10.98
上位5社計		6.68	同　左	11.34	同　左	12.89
上位10社計		9.69	同　左	16.12	同　左	16.05

〔注〕経済産業省「商業統計表」の各種商品小売業と飲食料品小売業の飲食料品販売額の合計に占める当該企業の販売額の割合．
イオンリテールは2017年度からはライン別売上高を非公表としている．
資料：日刊経済通信社『酒類食品産業の生産・販売シェア ― 需給の動向と価格変動 ―』の各年版より作成．

各年の食料品販売額順位上位10社の社名をみると，1992年と2002年にはコンビニエンスストアと総合スーパーマーケットの社名が多く含まれている．それも2018年には上位3社をコンビニエンスストアが占め，4位にライフコーポレーション，6位にアークス，7位にヤオコー，9位ヨークベニマルといった食品スーパーマーケットがあらたに登場してきている．

食品スーパーマーケットとは「商業統計調査」によると，売場面積が250 m^2 以上で取扱商品の70％以上が食品であることと定義されており，生鮮三品や惣菜などの中食商品を主体に，加工食品や日配品，日用雑貨品の品揃えも行っている店舗としている．**総合スーパーマーケット**が衣食住全般の商品を総合的に品揃えしているのに対し，食品スーパーマーケットは取扱商品が食品に特化しているところに特徴がある．

高度経済成長期の**モータリゼーション**の浸透と郊外型スーパーマーケットの登場は，消費者購買行動の範囲を一時期拡大させたが，わが国消費者の生鮮食品を中心とした食料品購買行動は，買い物頻度が高く，最寄品の購入が多いため，駐車場の整備を進める自宅近くの食品スーパーマーケットや，高齢社会が進む中で地域に根ざし固定客を確保する地域に密着したスーパーマーケットやコンビニエンスストアの躍進が目立っている．

4 商品のライフサイクルと食品小売業のマーケティング

（1） 商品のライフサイクルとその成熟期の対応

商品（食品）のライフサイクルとは，新商品が市場に導入されてからの市場規模すなわち販売量の推移をみたもので，導入期の伸びは少ないが，時間の経過とともに需要（売上）が増え，市場規模は増大し，成長期に入る．しかし，その商品はやがて売上も頭打ちとなり，成熟期を迎え，さらには，売上の減少とともに衰退期に入り，市場から撤退していくのである．このように，あらゆる商品（食品）は，図**5･11**のような曲線を描きながら，導入期，成長期，成熟期，衰退期という4つの段階を経過し推移していくのであるが，このことを，**商品のライフサイクル**（商品寿命：Product Life Cycle）という．

食品市場でも，このような食品のライフサイクルに対応するために，とくに成熟期から衰退期へ移行しつつある商品に対しては，商品特性の改良，新たな製品ポジションの開拓，包装・ネーミングの変更などを行い，曲線を右シフトさせたりして，右上がりや横すべりの期間（すなわち成長期や成熟期）をできるだけ長く続くように努めるのである．

さらには，企業が常に成熟期や衰退期にある商品に代わる新商品の開発・発売に余念がないことは，現在の成長商品もやがては衰退期を迎えることから，それに代わる次の成長商品を常に準備しておく必要があるためであって，企業にとっては欠かせない戦略なのである．

図5·11　プロダクトライフサイクル

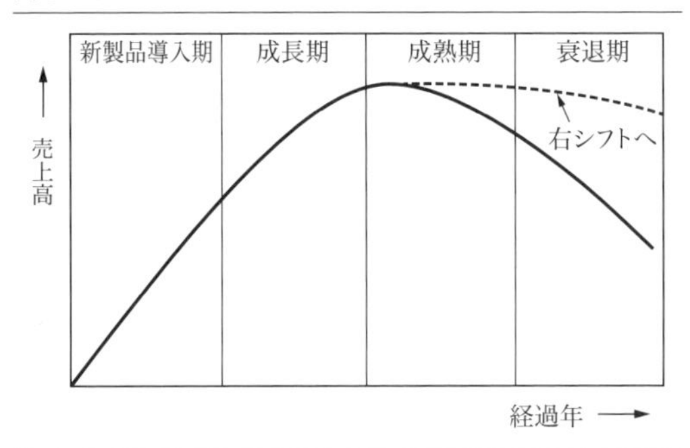

資料：著者作成．

（2）マーケティングの基本原理

プロダクトアウトからマーケットインへ

以上のように，企業は商品のライフサイクルに対応するため日々商品開発を行っており，開発された商品の販売には**マーケティング戦略**が必要である．その代表的な戦略として，ここでは**4P 政策**について説明する．**4P** とは，product（製品），price（価格），place（流通），promotion（促進）の頭文字をとったものであり，消費者の購買意欲を喚起するために全体として相乗効果が発揮されるように組み合わせられなければならない．4P 政策は高度経済成長期の**大量生産・大量消費**を前提とした**プロダクトアウト**（product out）の考え方であり，製品開発は作り手である企業の意向が優先された．

日本では長い間，メーカー主導のプロダクトアウトによる商品企画・開発が続いたが，1970 年代以降，市場は成熟化・飽和化を迎え，プロダクトライフサイクルは短くなり，次第に**顧客視点**やニーズを重視しようとする**マーケットイン**（markct in）の考え方が登場した．マーケットインとは，顧客が望む製品を作る，**マーケットリサーチ**の結果から，売れる製品を作るという考え方で，顧客視点で商品の企画・開発を行うニーズ志向で商品を提供していくことである．

このプロダクトアウトとマーケットインという概念は，マーケティングのきわめて重要な概念で，簡単な言葉でいえば，プロダクトアウトは「作ったモノを売る」という考え方であるのに対して，マーケットインとは「売れるものを作って売る」

という考え方である．モノ不足の時代には，前者の考えで十分通用したが，モノが豊富に出回り，販売競争が激しくなると，いくら良いモノを作っても売れず，消費者ニーズをまず把握して「売れるモノを作る」というマーケットインの考え方が不可欠になったのである．

（3） 食品小売業におけるマーケティング

消費者ニーズに沿った品揃え

食品小売業の流通において，重要な役割を果たしている情報システムの一つに**POS**（point of sales）**システム**がある．わが国で，POSシステムをレジスターに最初に導入した企業は，セブン-イレブンといわれている．このシステムは，消費者が小売店で購入した商品を精算する時点で，商品に仕込まれた**バーコード**から，自動読取方式（スキャニング方式）のレジスターを通し，「顧客の性別・年代」「商品の仕入・販売」などの情報を収集することができ，流通経路の末端に位置する小売業は，店頭における**売れ筋商品**の情報を迅速にキャッチすることができ，顧客ニーズに沿った品揃えを可能にした．近年では，コンビニエンスストアやスーパーマーケットは，こうした顧客情報をメーカーと共有することによって，**PB商品**を盛んに開発し，その市場が拡大している．

コンビニエンスストアの経営戦略

日本にコンビニエンスストアが誕生したのは1970年代であり，その経営方式には**フランチャイズ・システム**が導入された．フランチャイズ・システムとは，フランチャイズ事業のチェーン本部（**フランチャイザー**）と，加盟店（**フランチャイジー**）との間で営業に関する一定の契約を結び，チェーン本部は加盟店に対して，商品や経営ノウハウの提供を行う．加盟店は本部の信用力と経営指導によって未経験者でも事業を行うことができ，本部に対して一定の**ロイヤリティ**（対価）を支払うのである．コンビニエンスストアは，飲食料品を中心とした品揃えをしており，売場面積は30 m^{2}以上，250 m^{2}未満を有し，営業時間が1日で14時間以上の**セルフサービス方式**の販売方法を採用している．コンビニエンスストア業界は，フランチャイズ・システムの導入によって，全国に6万店近い多店舗展開を行っている．

ところで，コンビニエンスストアの店舗では，限られた店頭スペースで消費者ニーズにあった2,000～3,000品目の商品を販売しているが，限られた店舗面積から商品の在庫は最小としている．しかし，在庫最小による売れ筋商品の欠品がでると，売れたはずの売り逃しから**機会ロス**（**機会損失**）の発生につながる．そこで，こうした機会ロスを防ぎ，在庫最小・欠品ゼロを可能にするための物流システムが**少量多頻度配送**であり，これは消費者の購買行動に対応し，「必要な商品を，必要な時に，必要な量だけ」を各店舗に配送するシステムであることから，**ジャストインタイム物流**とも呼ばれる．

少量多頻度配送とは複数のサプライヤー（商品の納入業者）が共同配送センターを設置し，そのセンターへ店舗に納品する商品を持ち込み，1日に2～3便，一括して店舗に配送する物流システムのことであり，その結果，欠品ゼロおよび鮮度保持を高めた商品を販売することができるようになった．こうした物流システムによる多頻度配送によって，各店舗での機会ロスの極小化を実現しているのである．

（4） 食品小売業のオムニチャネル

食品市場におけるネットスーパー宅配は，市場全体に占める割合はまだ小さいものの，インターネットを利用した取引が拡大の一途をたどっている．消費者の購買行動は**実店舗**に行って購入する人だけでなく，スマートフォンの普及とともにインターネットで購入する人，SNS（social networking service）で商品選択を行ってから購入する人など，多様化している．

小売業では，こうした消費者の購買行動に対応するため，**デジタル・マーケティング戦略**の一つである**オムニチャネル**の導入が進んでいる．セブン&アイ・ホールディングスは，セブン&アイグループ企業のスーパーマーケット，コンビニエンスストア，百貨店，ネット通販などのネットワーク化を進め，消費者が注文した商品を必要に応じて指定した近くのセブン-イレブンの店舗などで受け取ることのできるシステムを構築している．つまり，実在する店舗での商品販売と，ネット上の**仮想店舗**（**オンラインショップ**）での販売とを連携させた，消費者の新しい購買行動の創出やそれを具体化するオムニチャネルへの取り組みを進めている．

オムニ（Omni）とは「すべ

図5·12　消費者の購買行動とオムニチャネル

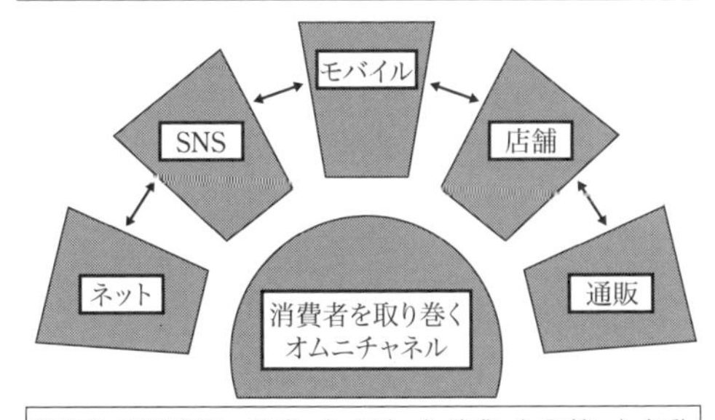

資料：波利摩星也「オムニチャネル時代に求められる物流サービス戦略」をもとに筆者作成．

ての」という意味であり，顧客にとっては，実在する店舗やオンラインショップで買物をしたという意識を持たせずにあらゆるチャネルから購入できるしくみである．そのオムニチャネルの概念を示したものが図**5･12**である．

オムニチャネルの構築は，顧客には商品の広告認知や口込み評価，購入店舗で使用できるクーポンの事前受信が可能となるのである．また，小売業者はある店舗での在庫切れ商品の有無を，系列他店舗での在庫を速やかに確認し，顧客が受け取るのに便利なコンビニエンスストアで受け渡しを行い，機会ロスを防ぐことにつながるのである*[1]．

---

*1 波利摩星也：オムニチャネル時代に求められる物流サービス戦略」，『NRIパブリックマネジメントレビュー』April, Vol.129.

6

外食・中食産業の展開

1　飲食業と外食産業・中食産業

(1)　外食産業，中食産業とは

2 章の家計における**食の外部化**でもみたとおり，現在の食のスタイルは，家庭内で食する**内食**（ないしょく，うちしょく）と，レストランなどの家庭外で食する「外食」，そして調理する人は外部の専門家であるが，消費する場所だけは家庭内であるという**中食**（なかしょく）とに大別される．

それらの食スタイルを分類するのは 3 つのキー概念である．1 つめはその食事がどこで調理されたか（調理の場所），2 つめは誰が調理したか（調理主体），3 つめはそれをどこで食べるか（消費の場所）である．

「内食」とは，調理する場所も，人も，それを消費する場所もすべて家庭内であり，「外食」は，そのすべてが家庭外であるということについては，とくに説明を要しないであろう．しかし，後掲の図 6·2 にみられるように，外食の停滞，料理

表 6·1　内食・中食・外食の範囲

<table>
<tr><td>調理の場所</td><td colspan="3">家　庭　内</td><td colspan="3">家　庭　外</td></tr>
<tr><td rowspan="2">調理主体
消費の場所</td><td rowspan="2">家庭内</td><td colspan="2">家　庭　外</td><td rowspan="2">家庭内</td><td colspan="2">家　庭　外</td></tr>
<tr><td>その他</td><td>ビジネス</td><td>その他</td><td>ビジネス</td></tr>
<tr><td>家　庭　内</td><td>内食</td><td>友人が来て調理してくれる
(内食)</td><td>出張パーティケータリング
(中食)</td><td>料理教室の料理の持込み
(内食)</td><td>友人の料理の持込み
(内食)</td><td>出前
テイクアウト
調理食品
中食</td></tr>
<tr><td>家　庭　外</td><td>自前の弁当
持込み料理
(内食)</td><td>—</td><td>—</td><td>ピクニックでの野外料理
(内食)</td><td>友人が持参した弁当
(内食)</td><td>外食</td></tr>
</table>

資料：岩淵道生「飲食業の特質と多店舗展開の基礎」『食品経済研究』（第 17 号）の図を一部修正．

品販売額の伸長がみられる1990年代後半以降，その「内食」にも「外食」にも当てはまらない食スタイルが増えている（表**6·1**）．

それは，調理する場所も調理する人も家庭外であるが，消費する場所だけは家庭内であるといったもので，前述のように，このところ一貫して増えている調理食品などがそれである．それには，スーパーやコンビニで購入する弁当・惣菜や調理パン，あるいは家庭のレンジで解凍して食べる冷凍調理食品が含まれるが，さらに，古くからある出前や，高度経済成長期に急成長したテイクアウトや持帰り弁当，宅配弁当などもこれに含まれる．これらは，「内食」とも「外食」ともいえず，その中間にあるということから，「中食」と呼ばれている．

食事形態のなかで，食べる場所は家庭内であるが，調理する場所，調理する人が家庭外であるものに，友人や知人が持参する手料理をいただいて家庭内で食べるというものもあり，また，調理する場所，消費する場所は家庭外であるが，調理する人は家族であるピクニックでの野外料理もある．ところが，これらは，ビジネスとして行っているものではないことから，「内食」の中に含めて考えるべきであろう．最近よくみられる**ケータリング**や出張パーティは，調理する場所も消費する場所も家庭内であるが，調理する人は家族以外で，しかもビジネスとして行われていることから，これらは「中食」と規定すべきであろう．

1970年代，わが国では「外食」が急速に伸びて，それまでの飲食店とは違う「外食産業」という新しい産業が確立していったように，1990年代にはこのような「中食」といわれる食事形態が急増し，**中食産業**という新しい産業が成立してきた．

前述のように，ここでいう「外食」と「中食」をあわせて「食の外部化」といっているが，両者に共通する点は，調理主体が家庭外の人で，いずれもビジネスとして展開していることである．しかし，この**食の外部化**という概念は，厳密にいえば「外食」は食材選び・仕込みからメニュー考案，調理，テーブルコーディネート，片付けの食に関わる一切を外部化することであり，「中食」は食べるまでに関わることの外部化であるという違いがある．

また，外食についても，それを産業としてみた場合，通常，広義の外食産業と狭義の外食産業との2通りに分けて定義づけられている．広義の外食産業とは，ホテルや集団給食を含めた飲食業全般と，持帰り弁当などのテイクアウトも含めた産業全体を総称するものであるのに対して，狭義の外食産業とは，そのなかから，1970年代以降，急速に発展していった**ファストフード**や**ファミリーレストラン**など企業化した業態のものだけをいう．後に述べるように，広義の外食産業は，それらファストフードやファミリーレストランなど狭義の外食産業の発展に牽引されて急成長を遂げてきたのであるが，ここではまず，広義の外食産業，すなわち集団給食や料亭・バーを含めた飲食業全体について，その市場規模をみておきたい．

（2） 外食産業と料理品（惣菜等）の市場規模

図**6･1**は，2019（令和元）年の外食産業全体の市場規模である．広義の外食産業を大きく給食主体と料飲主体に分け，また，前者を飲食店，宿泊施設などからなる営業給食と，学校・事業所等の集団給食，後者を喫茶店，居酒屋・ビアホール，料亭，バー等に分けて，それぞれ年間販売額が図示されている．

総額でみたその外食市場規模は，26兆439億円（欄外の料理品小売業も含めると33兆3,184億円）にもなっている．この約26兆円という規模は，わが国の輸送用機械器具製造業の68兆円（2019年製品出荷額：以下同）にははるか及ばないものの，食料品製造業（含む飲料・たばこ・飼料）38.6兆円，化学工業の28.7兆円に匹敵しており（4章の図**4･3**参照），生産用機械機器類の20兆円を超えているというように，その規模は予想以上に大きい産業である．

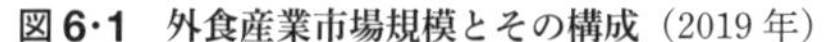

図6･1　外食産業市場規模とその構成（2019年）

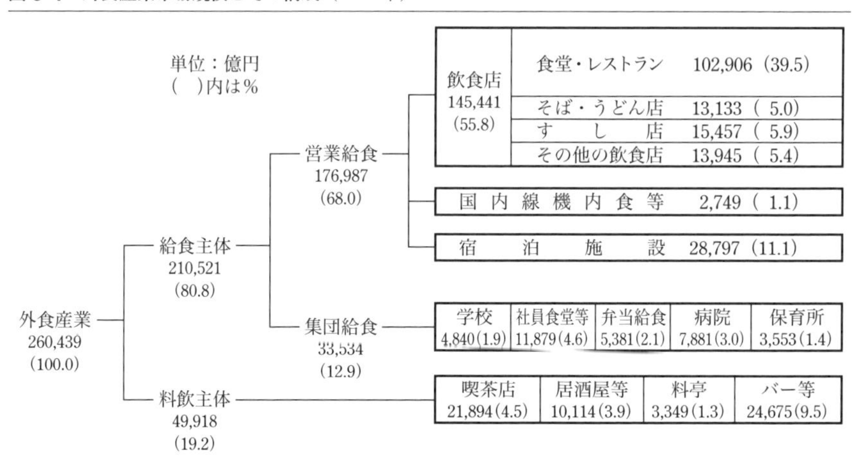

〔注〕 *料理品小売業には弁当給食は含まず，またスーパーや百貨店等の売上高のうちテナントとして入店している場合の売上高は含まれるが，総合スーパー，百貨店が直接販売している売上高は含まれない．

資料：（公財）食の安全・安心財団『外食産業データ集2020年版』

この外食産業の市場規模を過去にさかのぼってみると，図**6･2**に示すように，1976（昭和51）年，10兆円であったものが，10年間に倍増して1986（昭和61）年に20兆円に拡大，その後も1991（平成3）年の27兆円までは順調に成長し，この15年間の平均対前年比は7.0％という高い伸び率で，市場規模を2.7倍に成長させてきている．

図6･2　外食産業市場規模と料理品小売業販売額の推移

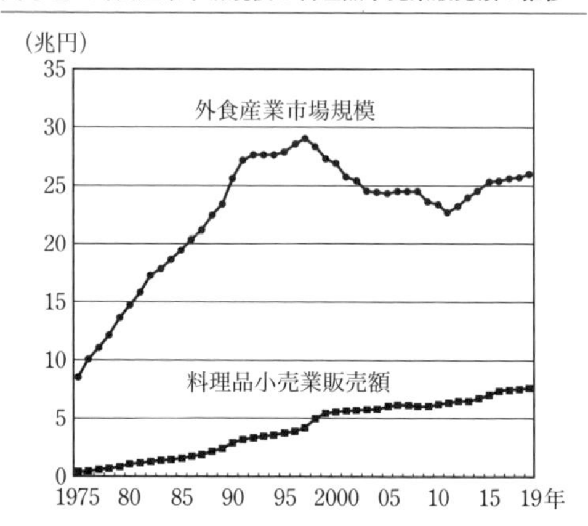

資料：（公財）食の安全・安心財団『外食産業データ集2020年版』より作成．

しかし，その外食市場規模の伸びも，それ以降，頭打ちとなり，1997（平成9）の29兆円をピークに減少に転じ，2011（平成23）年にはピーク時の22.5％減の22兆円水準に低下してきている．以降，若干回復傾向にあるとはいえ，外食産業も成熟期に入ったといわれている．

しかしながら，先にみた惣菜産業などの中食需要の増加に関連して，同図**6･2**に示した料理品小売業の販売額をみると，これは現在もなお順調に伸び，1976（昭和51）年に5,000万円規模だったのものが，1980（昭和55）年には1兆円，1991（平成3）年には3兆円，2005（平成17）年には6兆円，さらに2015（平成27）年には7兆円規模に達し，現在も微増し続けている．この3兆円から6兆円に達するまでの30年間の年平均成長率を試算すると，じつに8.8％という食品産業分野ではまれにみる高い伸び率で，成長の主軸は外食産業から中食産業に移行してきている．

2　外食産業の経営戦略の特徴

（1）チェーン展開の外食企業の進展と経営戦略

外食産業の市場規模は，前述のように，近年，全体として縮小傾向にあるが，それを構成する外食企業に焦点を当ててみると，若干違ったことがみえてくる．

図**6･3**は，先にみた外食市場全体の市場規模の伸びと，そのなかの大手外食企業上位10社の販売額の伸び，同100社の販売額の伸びとを比較したものである．

1976（昭和51）年を100として2019（令和元）年の指数をみると，外食市場全体では257の伸び（2.6倍）であるが，大手外食企業上位100社でみると916（9.2倍），最大手10社だけでみると，じつに1514（15.1倍）という値になる．しかも外食市場全体でみると，1991（平成3）年以降の停滞から若干持ち直しているとはいえ，それは微増に過ぎないのに対し，大手10社，100社はいずれもきびしい環境にありながら，その販売高を伸ばし続けている．

図6·3　規模別にみた外食企業販売額の伸び

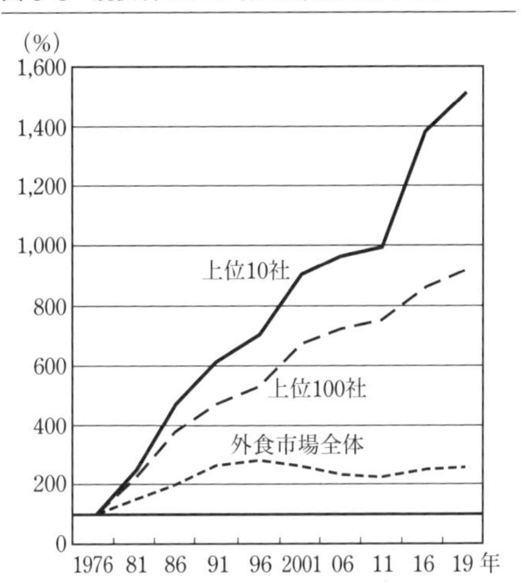

資料：日経流通新聞社「流通経済の手引」，（公財）食の安全・安心財団『外食産業データ集2019年版』より作成

それら大手外食企業は，それ以前から続いてきた一般の飲食店とは違うタイプの外食企業で，その多くは1970年代の初め，わが国に出現したものである．当時，高度経済成長によって1人当たり国民所得が2,000ドルをこえ，国民にも経済的余裕ができ，食品によるエネルギー摂取水準も充足し，また，団塊世代のニューファミリーの出現などを背景に，さらにまた，飲食業における100%の資本自由化に促されながら設立された．この業界をリードしてきた**ファミリーレストラン**の“すかいらーく”，“ロイヤルホスト”，**ファストフード**の“日本ケンタッキー・フライドチキン”，“日本マクドナルド”の1号店の開店は，いずれも1970（昭和45）年，1971（昭和46）年であった．

この1970年代に参入した**外食産業**は，その短い期間に，わが国の飲食業における産業革命とも呼べる一連のイノベーションを実現して，従来，家業にすぎなかった飲食業を産業として確立させていった．それら従来の飲食業にない新しいタイプの「外食産業」に共通する経営戦略の一つに**多店舗展開**がある．

表**6·2**は，大手外食企業の店舗数の推移を示したものである．1970（昭和45）年に1号店を出した“日本ケンタッキー・フライド・チキン”は，5年後の1975（昭和50）年に123店に，さらに1990（平成2）年には938店，2010（平成22）年には1,513店に達しており，また1975（昭和50）年，79店にすぎなかった“日本マクドナルド”は，30年後の2005（平成17）年に3,802店に，同様に大型店舗を展開する

表 6·2　上位外食企業の多店舗展開（店舗数）

年次	日本マクドナルド	すかいらーく	モスバーガー	日本ケンタッキー・フライドチキン	サイゼリア	デニーズジャパン	ロイヤルホスト
1975	79	20		123			92
1980	265	251	170	312		136	182
1985	534	542	387	540		249	315
1990	778	868	1,015	938		353	393
1995	1,479	1,178	1,388	1,182	112	480	443
2000	3,598	1,807	1,570	1,356	344	534	551
2005	3,802	2,513	1,505	1,501	748	583	368
2010	3,302	2,282	1,391	1,513	842	472 *	225 **
2015	2,954	3,030	1,405	1,155	1,316	391	225
2020	2,924	3,104	1,718	1,133	1,093	368	219

〔注〕　*　組織改編によりデニーズ以外の外食店舗を含む（2015 年 3 月）.
　　　**　組織改編により 2013 年 6 月のデータ.
資料：日経流通新聞社「流通経済の手引」各年より作成.

“すかいらーく” も，その間に 20 店舗から 2,513 店舗へと増加させたというように，急速な成長ぶりが読み取れる．しかし，2015（平成 27）年以降，その業態が成熟期に入ったことと，専門店が多様なメニューを揃えるなど**ファミリーレストラン**と顧客を競うようになり，ファミリーレストランの店舗数に縮小傾向がみられる．さらに 2020（令和 2）年から 2021 年にかけて続く新型コロナウイルスの感染拡大による影響も，店舗数の減少に影響しているといえよう．

多店舗展開する外食企業は，1980 年代に入ってさらに居酒屋，カジュアルレストラン，ディナーレストラン，和風レストラン，回転寿しといった業態の多様化のみならず，カラオケ，立ち飲み，個室など多様な顧客ニーズに対応したサービス展開を遂げている．しかし図 **6·2** でみたように，持帰り弁当などを含む広義の外食市場規模も頭打ちにあるなかで，大手外食企業の売上高シェアは，表 **6·3** に示すように，1976（昭和 51）年から 2019（令和元）年にかけて上位 10 社でそのシェアを 1.9％から 11.0％へ，上位 50 社では 5.2％から 22.7％へ，上位 100 社では 7.2％から 25.7％へと高めてきており，業界における大手企業への集中が進んでいる．

表 6·3　大手外食企業の販売高シェアの推移（％）

分　類	1976 年	1981 年	1986 年	1991 年	1996 年	2001 年	2006 年	2011 年	2016 年	2019 年
上位　10 社	1.9	3.0	4.4	4.3	4.6	6.4	7.6	8.3	10.3	11.0
上位　50 社	5.2	7.6	10.4	9.9	10.4	14.3	17.2	19.2	19.8	22.7
上位 100 社	7.2	10.3	13.6	12.9	13.8	18.4	21.9	24.2	24.7	25.7

資料：日経流通新聞社『流通経済の手引き』各年より作成.

（2） 外食産業の成り立ち
―― セントラルキッチン，仕様書発注とマニュアル方式

このような急成長を遂げた外食企業の秘密は，前述のような**多店舗展開**を可能にした一連のイノベーション（経営革新）にあった．もともと飲食業は，腕利きのコックや板前といった職人によって支えられていた．しかし，そのような職人に依存していたのでは多店舗展開は不可能であるし，たとえ多店舗展開ができたとしても，同じ味の料理をそのすべての店舗で提供することはできない．

大手外食企業でその問題を解決した第1の革新は，**セントラルキッチン**（central kitchen，集中調理拠点：以下 CK）の設置と，各店舗に配属される従業員の教育における**マニュアル方式**であった．チェーン化した各店舗に提供される食材は，あらかじめその CK で一次加工もしくは二次加工された調理済み食品を製造し，各店舗ではその食材をマニュアルに従って最終調理するだけで客に提供するのである．

すなわち，従来，各店舗の厨房で素材から調理していたものを分業化し，その相当部分を，すぐれた技術の調理人がいる CK で行い，仕上げ調理過程だけを各店舗で行うというシステムを編み出した．そのことによって，各店舗に年期をかけた職人が居なくても，マニュアルをこなし得る従業員さえいれば，それが学生アルバイトやパート従業員であったとしても，同一品質の料理を客に提供することができる．そのことによって急速な多店舗展開が可能となったのである．

このような CK による前処理食材の集中管理方式は，その後，外食企業と食品製造業との間の**仕様書発注**に発展し，一般化していった．外食企業が各企業の個性に沿った調理の仕様を書いたレシピをもとに食品メーカーに発注し，そこで前処理食材をつくってもらい，その食材をチェーン展開する各店舗に配送する．いいかえれば，CK によって企業内分業されていた食材を食品メーカーに外注し，企業間分業を通じてそれを調達することによって，多店舗展開を幅広く可能にしていった．

企業内分業であれ，企業間分業であれ，このような前処理食材の調達は，前述のような脱職人による多店舗展開と全国均一メニューの提供とを可能にしただけでなく，客に対して，注文から料理を提供するまでの時間を短縮するといったサービスを可能にし，また客席の回転率を高め，さらに各店舗の厨房面積を縮小できることから，客席を拡大させるというメリットをもたらした．それだけでなく，前処理食材の利用は，店舗での調理残渣を減らし，郊外の農村部に立地する CK や食品メーカーの食材工場では，その残渣を堆肥としてリサイクルさせるなど，ゴミ処理問題や環境問題にも貢献するという社会的メリットも生んでいる．

3 中食産業の多様性

(1) 多様な中食産業の担い手

先に定義づけたように，中食とは，調理する人，調理する場所は家庭外であるが，食べる場所は家庭内である食事のことで，惣菜，持帰り弁当，宅配ピザ，出前のすし，さらには調理冷凍食品なども含まれる．

これら**中食**を製造・販売する業者を総括して**中食産業**というが，必ずしもその定義や範囲は明確であるとはいえない．統計としても**家計調査年報**では“調理食品”としてそれなりに統括されているが，「商業統計表」では，その品目編で“料理品小売”だけで把握できる程度であり，「工業統計表」でもその産業編で“冷凍調理食品製造業”，“惣菜製造業”，品目編で“冷凍調理食品”，“惣菜”，“すし・弁当”，“調理パン・サンドイッチ”，“レトルト食品”が把握できるが，それでも断片的である．

しかし，2004（平成16）年から発刊された「惣菜白書」によれば，表**6･4**に示すように2019（令和元）年には米飯類の売上高が半数近くを占め，一般惣菜が3割余りを占めるものの，工業統計表では把握できない調理麺のシェアが伸びている点が注目される．また，この調理麺に関しては，図**6･4**に示した惣菜分類別

図6･4 惣菜分類別業態販売比率（2020年）

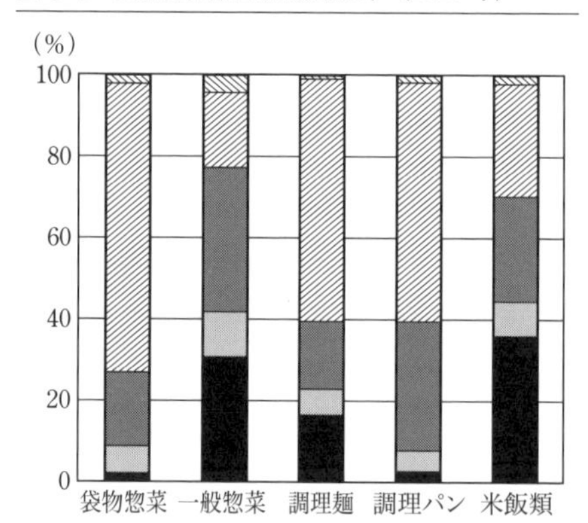

資料：日本惣菜協会「惣菜白書」2021年版

表6･4 分類別惣菜売上高の推移〔単位：億円，（ ）内は構成比％〕

年次	米飯類	調理パン	調理麺	一般惣菜	袋物惣菜
2012	39,978（45.9）	3,482（4.0）	4,561（5.2）	37,115（42.6）	1,996（2.3）
2015	48,816（50.9）	5,797（5.0）	5,172（5.4）	31,713（33.1）	5,315（5.5）
2019	47,123（45.7）	5,524（5.4）	6,878（6.7）	35,566（34.5）	8,110（7.9）

資料：日本惣菜協会「中食2030」ダイヤモンド社，2021年．

表6・5　業態別にみる惣菜市場と構成比の推移〔単位：億円，（　）内は構成比％〕

年次	惣菜専門店	コンビニ	食料品スーパー	総合スーパー	百貨店	合計〔　〕は2009年を100とした伸び率
2009	27,788(34.5)	20,490(25.4)	19,534(24.3)	8,955(11.1)	3,774(4.7)	80,541(100)〔100〕
2014	28,788(31.1)	27,928(30.2)	22,987(24.8)	9,203(9.9)	3,699(4.0)	95,814(100)〔118〕
2019	28,962(28.1)	33,633(32.6)	27,407(26.6)	9,639(9.3)	3,560(3.4)	103,200(100)〔128〕

資料：日本惣菜協会「中食2030」ダイヤモンド社，2021年.

業態販売比率でみると，コンビニでの販売比率がかなり高く，ほかの業態ではむしろマイナーな存在である.

コンビニでは調理麺のほかに，調理パン，袋物惣菜の販売比率が高く，1人分に特化したものの販売比率が高い傾向にある．また，専門店は米飯類と一般惣菜（パック入りや量り売り），食品スーパーは調理パンと一般惣菜（パック入りや量り売り）の比率が高く，消費者は用途に合わせて使い分けているといえるが，一般惣菜は専門店だけではなく，食品スーパーでも製造されている可能性がある.

中食産業の把握で厄介なのは，この点にある．表**6・5**に示すように，たとえば，惣菜の市場シェアでは惣菜専門店が全体の3割程度を占めているものの，残りの7割近くはコンビニ，スーパー，百貨店等が占めており，その場合，スーパーのバックヤードで最終加工されて販売されるものが少なくないことである.

そこで，専門店を除く各業態の惣菜について，直営とテナントとの販売比率をみたのが図**6・5**である．コンビニでは100％が直営なのに対し，百貨店は97.6％がテナントによる販売である．食料品スーパーや総合スーパーはコンビニの形態に近く，それぞれ87.6％，80.3％が直営となっている．百貨店の場合は，専門店などがデパートの地下にテナントとして入り，そこでの販売は専門店の販売額としてカウントされる.

図6・5　業態別の直営店，テナント販売比率（2020年度）

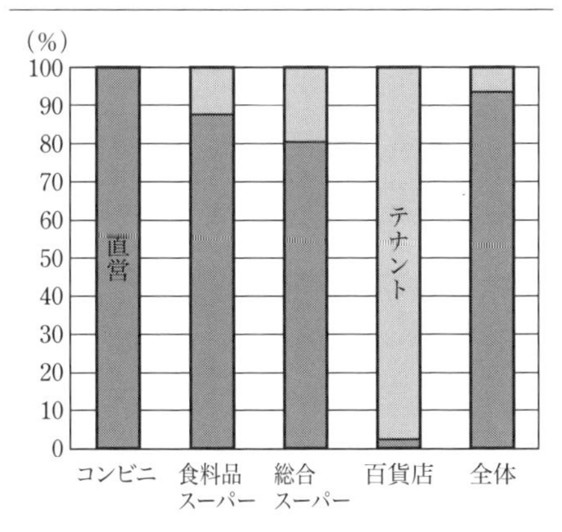

資料：日本惣菜協会「惣菜白書」2021年版

しかし，コンビニの場合でも，すべては直営店で販売されているとはいえ，惣菜そのものを仕入れて販売する場合と，一次加工，二次加工されたものを仕入れて，レジ周りで最終加熱したものを販売する形態もあるし，総合スーパーや食料品スーパーも同様に，専門店から仕入れたものもあれば，バックヤードで加工されたものもある．

小売店についての「商業統計」では，その主要な販売元である総合スーパーならびに百貨店の販売額は飲食料品に一括されていて，その詳細を把握できない．**中食産業**の実態把握でさらに重要なことは，コンビニのレジ周りのファストフードやスーパーのバックヤードで最終調理される惣菜の素材は，たとえば“かき揚げてんぷら”の場合，そこでホールの野菜から調理されるのでなく，「外食産業」で述べた仕様書発注と同様な方式により，取引先のカット野菜工場でカットされた数種の野菜が1人前ずつセットされたものを仕入れ，最終調理だけを買い手が待つスーパーのバックヤードで行う．このように中食産業においても，前処理食材を通じてカット野菜企業とスーパーマーケットとの社会的分業の下に**中食食品**が提供されるという，独自のフードシステムを形成していると考えられることである．

（2） 中食産業のフードシステム

こうした中食産業のフードシステムを概念図として表したのが，図**6･6**である．

図6･6　中食産業におけるサプライチェーンの概要

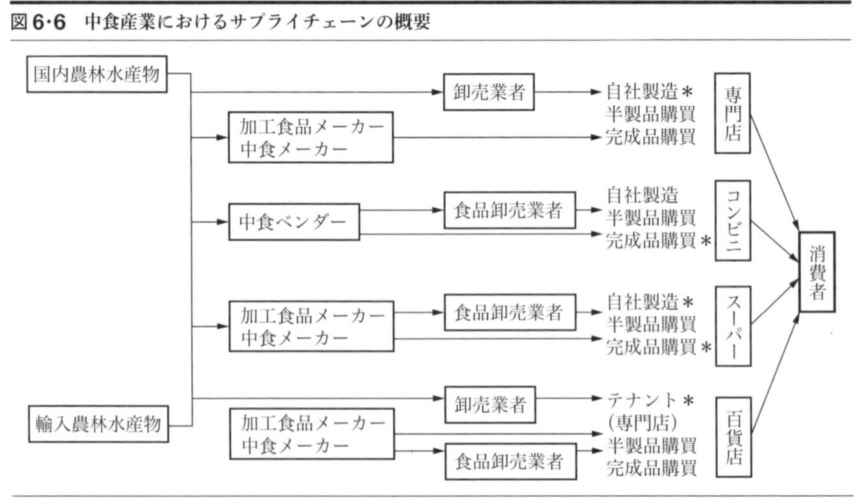

〔注〕＊：中心的な販売形態を示す．
資料：日本惣菜協会「中食2030」2021年より作成．

コンビニは，先に述べたように店頭で最終調理を施した食品も取扱っており，また，百貨店についても，テナントのほかにその食品売場において，加工メーカーの惣菜を販売している場合もある．

しかし，いずれにしても「中食」,「中食産業」や「惣菜」の明確な定義づけが求められ，それらにもとづいた統計表の設計など，その全体像の把握は今後の調査・研究を待たなければならない．

4 外食・中食産業の食材調達 ― **農産物の需要者としての食品産業** ―

以上のように，わが国では，1970（昭和 45）年以降，**食の外部化**が進み，それに対応して**外食産業**，**中食産業**を発展させてきた．そのことをフードシステムとのからみで考えると，まず,「みずうみ」すなわち最終消費における構造変化が,「川下」の飲食業界，食品小売業界に変化をもたらし，一連のイノベーションのもと，新しいタイプの外食・中食産業を企業として確立させていった．その外食産業の発展は，CK や仕様書発注などを通じて調理済み食材を生産する「川中」の食品メーカーに新たなビジネスチャンスを創出するといった流れをもたらした．この新たなフードシステムの変革の流れは，さらにさかのぼって,「川上」である農業にどのようにかかわっていったかについて，最後に考えてみたい．

まず,“食の外部化”の進展は，食材の消費において，家庭内で調理する量を減らし，逆に，外食用あるいは加工用として調理される量を大幅に増やすことになる．図 **6·7** は，1975（昭和 50）年から 2019（令和元）年にかけて，食肉（牛肉，豚肉，鶏肉）が外食（その他業務用含む）と加工用とに仕向けられる割合の推移をみたものである．

図 6·7　食肉の加工・外食等業務用割合の推移

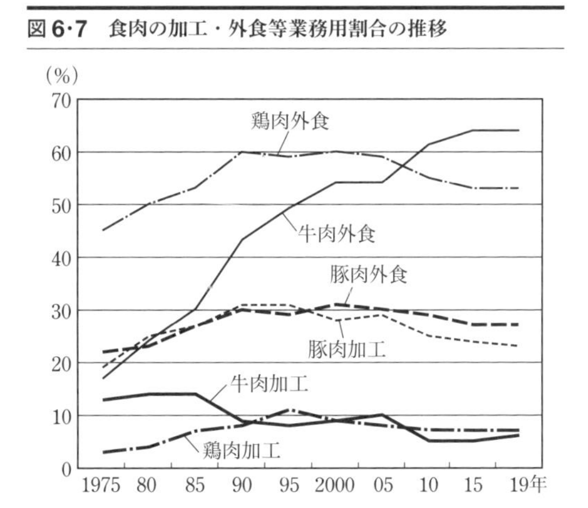

〔注〕 外食には加工以外の業務用を含む．
資料：農畜産業振興機構「畜産物需給の推移」

バブル崩壊の影響が見え始める 1990 年代半ばまでは，いずれも右肩上がりで上昇し，とくに顕著なのが鶏肉と牛肉の外食仕向け割合の上昇である．その後の停滞・微減の傾向は，食費の中でも外部化比率を抑えようとする傾向と一致するが，それでもここ数年の牛肉の赤身人気も手伝って，牛肉の外食仕向け比率は高まる一方である．2019年の牛肉の外食用と加工用の合計は70％，豚肉で50％，鶏肉で60％となっており，やはり牛肉と鶏肉で図示してはいないが，家計消費への仕向量をはるかに上回っている．

図 6･8　主要野菜の加工・業務用向け出荷割合

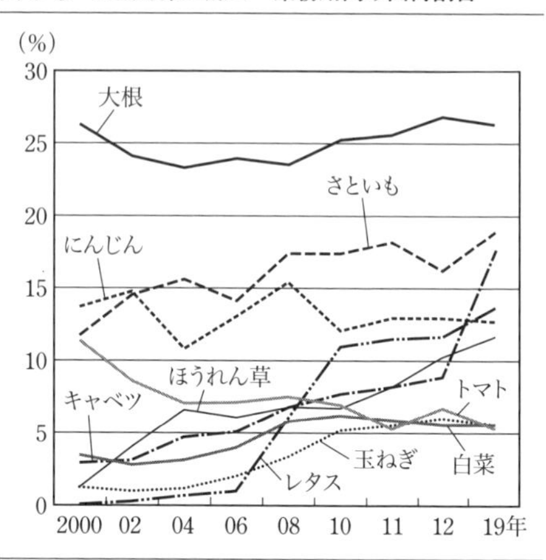

資料：農林水産省「野菜生産出荷統計」．

生鮮野菜についても，図 **6･8** でみるように同様のことがいえる．ここでの表記は図 **6･7** とは違い，生食用以外を一括して加工・業務用としているが，国産野菜の加工・業務用仕向け割合を主要野菜について示してある．とくに大根の加工・業務用比率が高いのは，漬け物業者への仕向け量が多いことによる．玉ねぎは順調に微増傾向が続き，全体としてはいずれも上昇傾向にあり，また，キャベツ，レタス，ほうれん草などの葉物野菜が近年伸びていることも特徴としてあげられる．食肉が近年停滞傾向にあることと比べると，野菜の加工・業務用比率はさらに上昇していくことが予測される．

図 6･9　食形態別輸入食材依存度

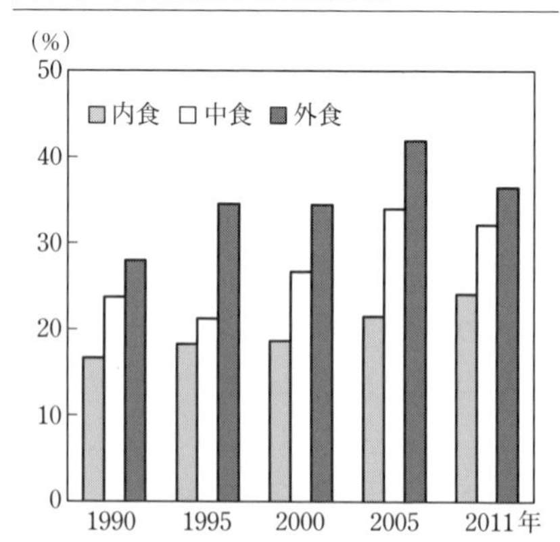

資料：草苅仁「グラフで読み解く食の外部化」（「食べ物通信」2019.2，p13 引用）
原資料：総務省「産業連関表」

また，こうした外部化は，家庭内の食が単に家庭外に依存するようになったというだけではなく，図 **6･9** に示したように，「内食」における輸入食材依存率に比べ，中食では 3 割ほど増加し，外食ではさらに 2 割ほど増加しているように，家庭外への依存率の上昇は，同時に輸入食材への依存率の上昇となっている点が注目される．家庭外の調理がビジネスとして行われている以上，可能な限り食材の欠品を避け，またいつでもある定番メニューのための食材を常備しようとすれば，国内での端境期には輸入食材を利用せざるを得ない．また，これまでみてきたように，いわゆる「外食産業」や「中食産業」の市場規模が拡大し，それだけ市場が飽和状態に近づくほど，比較的安価な輸入食材の利用によって，価格による商品の差別化戦略が選択されやすい．

このように，食品事業者による食材の業務用需要は，これまで述べてきた**食の外部化**に起因するフードシステムが，農産物の需要構造を大きく変えてきていることを物語るものであるが，その増加する業務用需要に対して，国内農業がどう対処してきているかについては，3章，4章で再度確認してほしい．

また，1章の食生活の変化でもふれたことであるが，2020年から続く新型コロナウイルスの感染拡大は，なるべく人と接触しないための「ステイホーム」が何よりも優先され，リモート授業やリモートワークの推奨，食生活でも外食を避けた家庭での「内食」や「持ち帰り」，「デリバリー」などの増加をもたらした．その結果，とくに外食産業における店内飲食の減少は，2020年の1回目の緊急事態宣言の際に大きな売上減をもたらしたが，その後，表6･6に示すように，デリバリーやテイクアウトといった店外飲食への業態の売上を伸ばしてきている

表6･6　すかいらーくの店外飲食売上高の推移（単位：億円）

年次	フードデリバリー		テイクアウト
	自社配送	宅配代行	
2018	215	0.6	71
2019	231	8	82
2020	299	33	172

資料：農林水産省「食料・農業・農村白書」

この新型コロナウイルスの感染拡大がもたらした食生活の変化は，感染の収束とともに感染前の状態に戻るのか，それともこの新しい形の食生活を取り入れた，次なる変容へと向かうのか，それは，私たちの働き方，食べ方や余暇時間の使い方，**外国人労働者**のあり方など，社会全体のあり方とともに姿を変えていく可能性をはらんでいる．

7

貿易自由化の進展と食料・食品の輸出入

1　グローバル化と食料貿易の転換点

（1）　貿易自由化の進展と食料・食品貿易

わが国はカロリーベースで食料のおよそ6割を輸入に依存する食料の輸入大国である．いま，仮に未曾有の天候異変や大規模な自然災害等によって食料品の輸入がストップしたら，食料品の価格がいっせいに値上りして，1億2千万人の国民がパニックに陥る可能性がある．食料品は必需品だから値段が2倍に値上がりしたからといって需要が急激に減るわけではない．しかも食料品は**供給の弾力性**が低い．生鮮食品などは値段が上がったからといって急に供給量を増やすことはできない．

だからといって，食料を自給するために多くの国民が急に田畑を耕し，牛や鶏を飼育する農業生産生活に戻ることは不可能である．さらにまた，2050年には97億人に達する世界人口の趨勢的な増加に対して，食料の生産能力を飛躍的に高める有効な方法は見つかっていない．人類は食料全体の量的生産を増やすこともさることながら，肉類などの動物性食料の消費を抑制することでしか来るべき**食料危機**を乗り切る有効な手立てを見出せないでいる．輸入食料に大きく依存したわが国の食生活は，不安定化する世界の食料需給の影響を大きくこうむる運命にある．

1970年代以降，日本の食料貿易は1988（昭和63）年の**日米農産物貿易交渉**（牛肉・オレンジ自由化）合意など大きな変化を経験してきた．とりわけ，1993（平成5）年に決着した**ガット・ウルグアイラウンド（GATT・UR）**の農業合意によって，世界の食料貿易は関税化による新たな自由化の段階に突入した．1995年には，GATT（関税および貿易に関する一般協定）に代わって新たに設立された**WTO（世界貿易機関）**のもとで，世界各国は2005年の一括合意をめざして新たな貿易秩序の確立に向けて激しい攻防を展開してきたが，2021（令和3）年になっても合意に至っていない．

加盟国の数が多く，各国の利害が複雑に絡み合って決着が難しいWTOに代わって，急速にその数を拡大しているのが世界で220を超える**自由貿易協定**（**FTA**）と**経済連携協定**（**EPA**）である．2018（平成30）年12月には，日本主導で交渉が進展してきた**環太平洋パートナーシップ協定**（**TPP11**あるいはCPTTP：2017年にアメリカが離脱）が，そして2019（令和元）年にはヨーロッパ連合との経済連携協定（日EU・EPA）の二つの経済協定が発効し，さらに2022年1月には，長年の懸案であった**東アジア包括的経済連携協定**（**RCEP**）（日中韓，ASEAN10か国，オーストラリア，ニュージーランド：15か国参加）が発効した．

なかでも，日本経済への波及効果が大きいといわれているのがRCEPである．RCEPは世界人口のおよそ3割，世界のGDPの3割（26兆ドル）を占める巨大な貿易経済圏であり，発効後10年目から21年目にかけて野菜，果物，酒類の輸入関税が撤廃されると同時に，菓子などの加工食品や水産物の関税が撤廃されることから日本からの食品・食材の輸出にとって追い風になる可能性がある．わが国が二国間・地域間で締結している経済連携協定は18に達しており，食料・食品の貿易と食品企業の**海外直接投資**を含めた経済自由化の流れは今後さらに加速化することが予想される．

わが国の戦後の食料輸入は，1955（昭和30）年のGATTへの加盟，1963（昭和38）年以降の段階的な輸入数量制限の撤廃による貿易自由化の下で一貫して拡大基調をたどってきた．その額は，1960年から1970年の10年間に2.4倍に，1970年から1980（昭和55）年の10年間に2.7倍となり，1884年には4兆4,000億円（186億ドル）に達した．その17年後の2001年（平成13）年には6兆229億円（584億ドル），さらに13年後の2014（平成26）年の輸入額は9兆2,407億円（924億ドル）となり，国内の農業生産額である9兆8,567億円（平成26年度）と肩を並べる水準にまで拡大した．

輸入額はその後も高い水準で推移しており，2015（平成27）年の輸入額は9兆5,209億円，2016年は8兆5,479億円と幾分減少したものの，2017年は9兆3,732億円，2018年は9兆6,687億円，2019（令和元）年も9兆5,197億円と9兆円台の高い水準で推移している．

（2） プラザ合意で急増した食料・食品輸入

食料・食材輸入と食品企業の海外直接投資に拍車をかけたのが，円とドルの交換レートが大幅に見直された1985（昭和60）年9月のいわゆる**プラザ合意**である．プラザ合意以降も円高が続伸した結果，安価な外国産農産物や食品が大量に日本市場に流入し，これを境にわが国の食料貿易は文字どおり地球規模で展開してゆくこととなった．

図7･1は，プラザ合意以降の円ドル相場と食料輸入額（円ベース）の相互関係を示したものである．これまで1ドル240円だった円の価値が1ドル160円に値上がりしたということは，これまで外国から240円で仕入れていた商品が160円で購入できるようになるわけだから，ドル建て価格が元どおりなら輸入価格が30％以上も低下することになる．そうなると，国内の輸入業者や外食事業者などが輸入品の使用割合をこれまでよりも増やそうとするのは当然である．

その結果，図のように円相場の上昇にともなって，わが国の食料輸入額が急速に拡大することになったのである．さらに，わが国はガット・ウルグアイラウンド農業交渉において，小麦，大麦，脱脂粉乳，バター，でんぷん，雑豆，落花生，こんにゃく芋，生糸などの国境措置をこれまでの数量制限から関税に転換し，さらに関税化を免れた米については，消費量の7.2％相当（76万7,000トン）の**最低輸入義務（ミニマム・アクセス）**が課せられることとなった．ガット・ウルグアイラウンド農業交渉，さらにはその後21の国・地域との間で締結された18の経済連携協定〔2020（令和2）年3月現在〕によって，わが国の食品市場は外国産の食料・食品に大きくその市場を明け渡すことになった．

図7･1　為替レートと食料品輸入額の推移

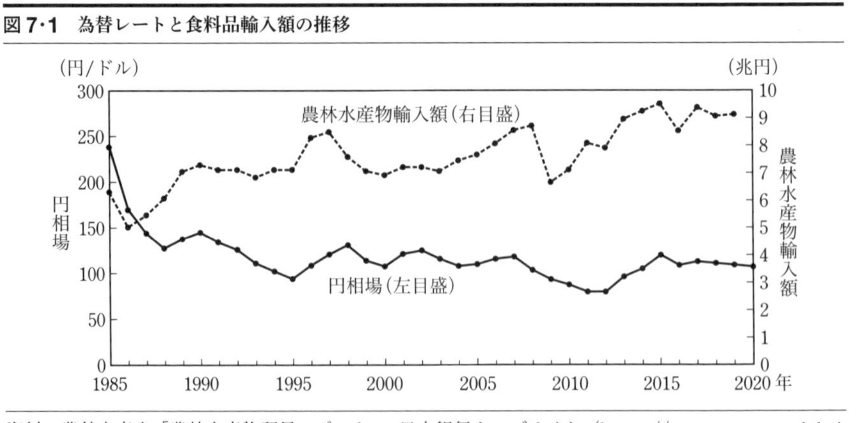

資料：農林水産省「農林水産物貿易レポート」，日本銀行ウェブサイト（http：//www.stat-search.boj.or.jp/）より作成．

さらに輸入食料の増加要因として，しばしば俎上に上がるのが，国産原料との内外価格差の問題である．**内外価格差**とは，原料農産物などの自国での調達価格と外国におけるそれを相対的に比較することによって，外国産の原料農産物の調達価格の比率が自国のそれよりも低い水準（割安）であれば，内外価格差が存在する，というふうにいうのである．

内外価格差をめぐってはさまざまな議論があるが，農産物に関しては各国間で農地資源と経営規模の格差が顕著であり，とりわけこの要因は油糧種子や穀物等の**土地利用型の農産物**にとってはきわめて重要である．このため，耕地資源に制約のあるわが国では，食品原料として大量の油糧種子（大豆，菜種等）と穀物（小麦，トウモロコシ等）を海外からの輸入に依存しており，その輸入量は優に2,500万トン以上に達している．

そのひとつである大豆は，国内産大豆と海外産大豆の価格差が大きいことから，直近の2019年には434万トン（国内需要量の95%，大豆粕を含む大豆換算輸入量は600万トン強）を，アメリカ（232万トン），ブラジル（56万トン），カナダ（33万トン），中国（3万トン）などからの輸入に依存しており，このうちの約308万トンがサラダ油などの製油用原料となり，残りのおよそ125万トン（28.8%）が豆腐，みそ，納豆，しょうゆなどの原料に使用されている．最大の輸入先であるアメリカ産大豆の近年の価格（シカゴ相場）はおおむね1ブッシェル当たり8ドル前後（1ドル110円換算で10kg当たりおよそ388円）で推移しており，これに対して2020年の国産大豆の平均価格は60kg当たり10,346円（10 kg当たり1,724円）になっている．

一方，パン，菓子，インスタントラーメン，讃岐うどん，みそなどの原料となる小麦の過去10年間（2010～2019年）の平均輸入量は年664万トンに達しており，おもな輸入先国はアメリカ，カナダ，オーストラリアの3か国である．原料用小麦は，現在も**国家貿易品目**として政府の管理下に置かれており，輸入商社に輸入量が割り当てられた外国産小麦は，輸入価格（買付価格に港湾経費を加算した価格）に，政府管理経費および国内産小麦の生産振興対策に充当される**マークアップ**と呼ばれる一定の金額を上乗せした価格（政府売渡価格）で実需者である製粉業者などに売渡されている．大豆と小麦は内外価格差が生じたことによって海外からの輸入が増大した典型的なケースである．

これらの結果，表**7･1**に示すように，食料品の輸入額は1985（昭和60）年の2兆6,272億円から2000年の5兆3,100億円に，そして2019（令和元）年の7兆7,771

表7·1 農畜水産物輸入額の増加率（億円，％）

品 目	1985年	2000年	2019年	2019/1985
農産品計	11,128	24,685	46,392	416.9
穀物・穀粉	3,926	4,409	7,591	193.4
果実・木の実・野菜	1,882	6,424	11,366	603.9
砂糖類・菓子類	309	460	4,040	1,307.4
コーヒー・ココア・茶	1,044	1,460	2,228	213.4
アルコール飲料	560	3,593	3,055	545.5
植物性油脂	2,094	2,568	1,354	64.7
その他農産品	1,308	5,771	16,758	12,811.9
畜産品計	3,384	11,075	19,531	577.2
肉類	1,878	8,580	11,650	620.3
酪農品・鳥卵	320	1,008	2,476	773.7
その他畜産品	1,186	1,487	5,405	455.7
水産品計	11,760	17,340	11,848	100.7
マグロ・カツオ・サケ・マス・カニ・イカ	−	−	5,270	−
その他水産品	−	−	6,578	−

〔注〕 計，合計には，蚕糸・天然ゴム・綿・羊毛ほかの食品以外の農畜産原料も含まれているが，表示されていない．
資料：財務省「貿易統計」

億円へとこの34年間に急拡大したのである．

2 高度化・多様化する食料・食品輸入

（1） 食料輸入構造の変化

1985（昭和60）年の**為替変動**を起点とするドラステックな輸入構造の変化は，それが単に量的な増加だけではなく，輸入品の品目構成にも劇的な変化をもたらしている点に注目する必要がある．従来，わが国の食料輸入は，小麦，大麦，トウモロコシ，グレーンソルガムなどの穀類や大豆，菜種などの油脂原料が，長年，輸入額の上位を占めてきた．しかし，1980年代後半以降になると，回転すしやてんぷらなどに使用されるエビ，サケ，マス，マグロ，カツオ，カニなどの生鮮魚介類や，ステーキや牛丼，トンカツなどの食材となる牛肉，豚肉などの肉類とそれらの加工品の輸入が急増し，1986（昭和61）年にはついにエビの輸入額が長年首位の座にあったトウモロコシと入れ替わった．

2019（令和元）年度の輸入食料の上位20品目は表**7·2**のようである．表にみるように，豚肉，牛肉が1位，2位を占めるようになり，トウモロコシは3位に後退し，大豆と小麦は11位と12位に大きく順位を下げている．

かつては，わが国の代表的な食品工業であった製粉，製油，飼料などの素材型部門の加工原料として小麦やトウモロコシなどの穀類，大豆，菜種などの油糧種子がアメリカ，カナダ，オーストラリアなどから大量に輸入されてきたのであるが，これらの素材型加工原料の輸入割合は相対的に低下する傾向にある．

これに対して，**加工型食品工業**の原料である農畜産物の輸入が増加する傾向にあり，また外食や中食産業で使用する半加工品や調製品などの食材の輸入が急増していることもあって，わが国の食料輸入は，従来の素材型食品工業の原料農産物から，以前は国内で自給していた野菜などの生鮮食品とその加工品，調整食料品などの輸入にウエイトを置きかえてきている．

表7·2　輸入食料上位20品目（2019年）

順位	品　目	輸入額（億円）
1	豚肉	5,051
2	牛肉	3,851
3	トウモロコシ	3,841
4	果実（生鮮・乾燥）	3,470
5	アルコール飲料	3,056
6	鶏肉調整品	2,638
7	サケ・マス（生鮮・冷蔵・冷凍）	2,218
8	冷凍野菜	2,015
9	カツオ・マグロ（生鮮・冷蔵・冷凍）	1,909
10	エビ（活・生鮮・冷蔵・冷凍）	1,828
11	大豆	1,673
12	小麦	1,606
13	ナチュラルチーズ	1,385
14	鶏肉	1,357
15	コーヒー生豆	1,253
16	菓子	1,174
17	穀物·穀物調整品（スパゲティ·マカロニ）	1,023
18	野菜（生鮮・冷蔵）	886
19	カニ（活・生鮮・冷蔵・冷凍）	648
20	イカ（活・生鮮・冷蔵・冷凍）	637

資料：財務省「貿易統計」

とくに近年は全国各地の食材やローカルフードなどを紹介する料理番組や，SNSなどによって国内外の食の情報が瞬時に入手できるようになったことによって，食が身近に感じられるようになるなど消費者の食に対する価値観や考え方が変化し，本物志向，エスニック志向，バラエティ志向の傾向が強まったことも輸入品目の変化に大きく影響しているものと思われる．

（2）　高まる高付加価値化品目の輸入割合

素材・原料，副食品，嗜好食品の3つのタイプの食料品の類型別の輸入額の変化をみたのが図**7·2**である．ここからもあきらかなように，消費者の高級志向，ブランド志向，ヘルシー・健康志向などを反映して，牛肉・豚肉・鶏肉調製品などの肉類，ワイン，ブランデー，スコッチウイスキー，ビールなどのアルコール飲料，

図7･2　主要輸入農産物・食品の類型別輸入比率（金額）の変化

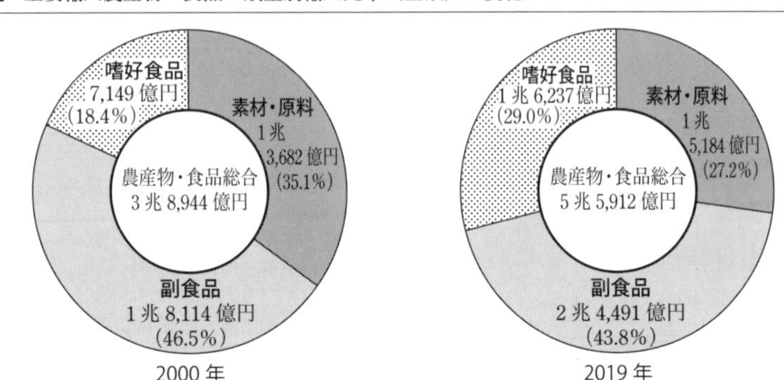

〔注〕 各類型の内訳は，
素材・原料型：穀類・砂糖類・植物性油脂原料など．
副食品型：肉類・酪農品・鳥卵・果実・野菜・野菜調製品など．
嗜好食品型：菓子・コーヒー・茶・アルコール飲料．その他調整品など．
水産物・水産加工品・林産物原皮・原毛・羊毛・蚕糸などを除く．
資料：財務省「貿易統計」2010，2019 より作成．

サケ，マス，カツオ，マグロ，エビ，カニなどの魚介類，ナチュラルチーズなどの酪農品，コーヒー豆，チョコレート菓子などの嗜好品が大量に輸入されるようになっており，そしてそれは食料品の輸入量が増えるのと同時に，輸入される食料品の内容が大きく変化していることを示している．

2019 年には嗜好食品の輸入額が 1 兆 6,237 億円となり，副食品の輸入額が 2 兆 4,491 億円になるなど，計 4 兆 728 億円もの加工食品，副食品，調整食料品が輸入されるようになっており，生鮮食料，水産物および水産加工品，林産物等を除いたこれらの加工食品・副食品などの輸入食料全体に占める割合も 72.8% と高い水準に達している．

近年になって，豚肉，牛肉，鶏肉調製品などの肉類の輸入割合が高まっているのは，2005（平成 17）年以降，メキシコ，タイ，オーストラリアといった畜産物生産国と日本との間で相次いで二国間の経済連携協定（EPA）が締結され，新たに牛肉や豚肉，鶏肉などの輸入枠が設定されたことも副食品の輸入を助長しているものと思われる．

図 **7･3** は，そうした輸入先国・地域別の食料輸入額の増加率を示したものである．従来，わが国の食料輸入は，小麦，トウモロコシ，大豆などの素材・原料農産物の輸入割合の高いアメリカ，カナダ，ブラジルなどにその過半を依存してきた

図7･3　輸入先国・地域別食料品輸入額の増加率
（2010〜2017年，円ベース，％）

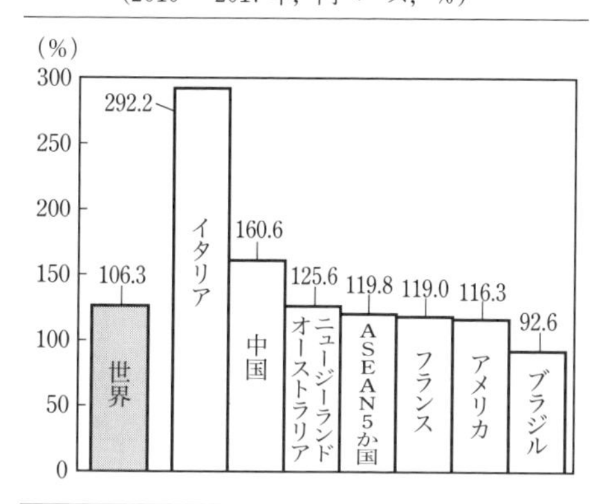

資料：財務省「貿易統計」より作成.

表7･3　国別食料輸入額の割合（2019年）

	輸入額（億円）	割合（％）
世界全体	95,198	100.0
アメリカ	16,470	17.3
中国	11,909	12.5
カナダ	5,695	5.9
タイ	5,661	5.9
オーストラリア	5,463	5.7
ブラジル	3,621	3.8
インドネシア	3,571	3.7
イタリア	3,033	3.1
ベトナム	2,965	3.1
その他	36,809	38.7

資料：農林水産省「農林水産物　輸出入概況」2019年（令和元年），令和2年3月27日より作成.

が，近年，これらの国々からの輸入増加率が低下傾向もしくは微増であるのに対して，2013（平成25）年以降では，イタリア，中国，オーストラリア・ニュージーランド，ASEAN5か国，フランスなどからの輸入の増加率が高まっている.

なお，表**7･3**は，2019（令和元）年の国別の食料輸入額とその割合を示したものであるが，全体としてはアメリカ，中国，カナダ，タイ，オーストラリア，ブラジルといった農業大国からの輸入割合が高くなっているが，近年，インドネシア，イタリア，ベトナムなどからの輸入割合が高まっていることが注目される.

（3）　食品企業の海外展開と食料品輸入

図**7･4**は，2005（平成17）年以降について，食品製造企業の海外直接投資の推移を図示したものであるが，2005（平成17）年から2013（平成25）年までの9年間に，わが国の食品製造業の海外直接投資は世界全体で533件に達し，そのおよそ7割がアジア地域に集中し，さらに3割が中国への投資であった.

食品企業の海外直接投資がアジア地域に集中していることに関連して，1990年代に最大の投資先であった中国への投資件数が経済発展による中国での賃金上昇などを背景に減少に転じる一方，2000年代以降はタイやベトナムなどのASEAN地域への投資件数が大きく増加している点に注目する必要がある．日本からの企業進出は投資受入れ国であるASEAN地域の食関連産業の発展はもとより，日本との食料貿易にも大きな影響を及ぼすことから，その意味では食品企業のアジア進出の問題は，わが国のフードシステム全体の問題でもある．

食品製造業の海外立地が進んだのは，食品製造企業が，**国内農業保護**のために割高になっている原材料価格を避け，あるいは国内の高い労賃を避けようとする戦略をとったためである．

とりわけ野菜加工品や水産加工品，鶏肉調製品といった労働集約的な製造プロセスの多くが中国や東南アジアに移転した．日本国内で失われた**比較優位**を求めて，次々に中国や東南アジアなどの低賃金国に立地先を移動させてゆくのが，わが国食品産業のグローバル化のパターンであり，投資先で製造した野菜加工品，水産加工品，肉調製品の大部分が外食産業や中食産業などの原材料や，スーパー・コンビニなどの食材として，日本に逆輸入されるケースが多いのがその特徴である．

図7·4　食品製造業の海外直接投資件数の推移

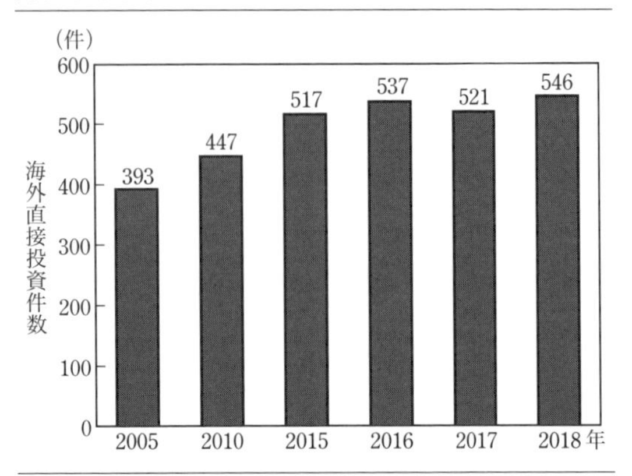

〔注〕 算定年度は2005年から2018年までの6回.
資料：経済産業省「海外事業活動基本調査」

日本からの直接投資の増大に呼応して，投資先である東アジアとの食料貿易にも大きな変化が生じている．1975（昭和50）年には，日本と北アメリカ，ならびに日本と東アジアとの食料貿易はほぼ同程度の大きさであった．ところが，1990年代に入ると，わが国と東アジアとの食料貿易が北アメリカとの貿易規模を大きく上回るようになり，貿易相手としての東アジア諸国のウエイトが大きく高まってきている（図**7·5**）．

同じように，中国との間で自由貿易協定を締結しているASEAN諸国と中国との間でも食料の相互取引が活発になり，北アメリカとの取引を上回るようになっている．このように，東アジアでは1980年代後半以降，経済の高度成長にともない域内でのフードシステムの平準化が進み，国・地域間のフードシステムの相互関係がより緊密になり，食料・食品の相互取引によって大きな利益が生じるようになっている．

2019（令和元）年現在，わが国はアジア地域から総計3兆2,100億円におよぶ食料品を輸入しているが，日本からは6,468億円の食料品が東アジア地域向けに輸出

図7·5　輸入食料品の国・地域別シェアの変化（2013年，2019年）（単位：100億円）

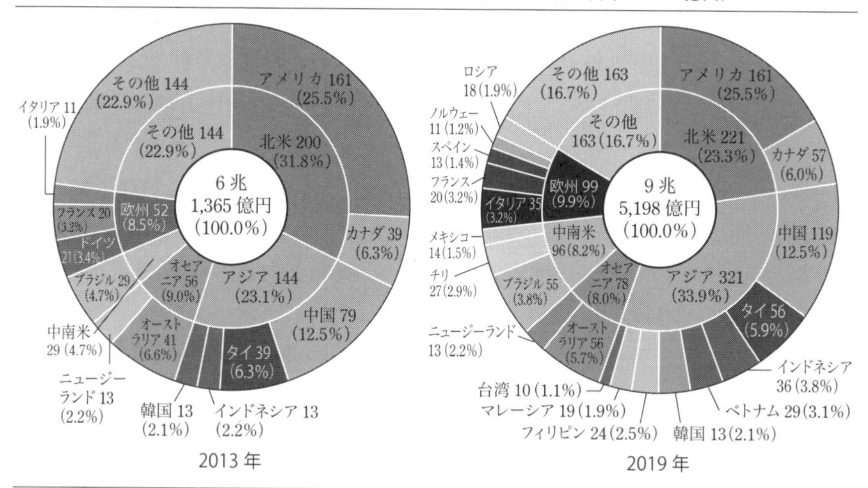

資料：日本貿易振興会「アグロトレードハンドブック2014」，財務省「貿易統計」2019より作成．

されており，その輸入/輸出比率は496%となり，輸入が輸出のおよそ5倍に達している．このうち，わが国食品企業の海外直接投資と連動した食料調製品・加工食品の輸入額は推計で1兆2,000億円あるいはそれ以上に達しており，アジアから輸入する食料全体の輸入/輸出比率が496%であるのに対して，食料調製品・加工食材の輸出の輸入/輸出比率も727%に達するというように，北アメリカやオーストラリアなどからの食料輸入に比べて，東アジア地域からの調整食料品などの加工品の輸入比率が極めて高いことを意味している．

表7·4は，2008年の**リーマンショック**と，2011年の東日本大震災の原発事故

表7·4　日本の対アジア食料品貿易の輸入/輸出比率（%）

年次	対中国			対ASEAN4			対韓国			対台湾		
	輸出(A)	輸入(B)	輸入/輸出(比率B/A)	輸出(A)	輸入(B)	輸入/輸出(比率B/A)	輸出(A)	輸入(B)	輸入/輸出(比率B/A)	輸出(A)	輸入(B)	輸入/輸出(比率B/A)
	億円			億円			億円			億円		
2013	507	12,124	23.9	763	12,887	16.9	372	2,061	5.5	—	—	—
2016	898	11,642	12.9	849	12,800	15.1	511	2,276	4.4	930	958	1.0
2019	1,399	11,909	8.51	1,026	14,606	14.3	436	2,891	6.6	831	1,019	1.2

資料：農林水産省国際部「農林水産物輸出入概況」2013年，2016年，2019年より作成．

によって大きく落ち込んだ日本からの食料品の輸出が増加に転じた2013年以降について，対アジアとの輸入/輸出比率を国・地域別に現わしたものである．2019年度の対中国への食料品輸出額が1,399億円であるのに対して，日本は中国から1兆1,909億円の食料品を輸入しており，これが2019年の対中国の輸入/輸出比率851%（8.5倍）と示されているものである．同様に，日本からASEAN4か国（タイ，ベトナム，インドネシア，フィリピン）に対して1,026億円の食料品を輸出し，1兆4,606億円を輸入している．その輸入/輸出比率は1.424%（14.3倍）である．

対韓国の輸入/輸出比率は663%（6.6倍）となり，対台湾の輸入/輸出比率は123%（1.2倍）となる．

その一方で，近年になって日本の対中国，対ASEANへの食料品の輸出が増加しており，それにともなって，対中国，対ASEANとの輸入/輸出比率がいくぶん低下する傾向にあることがうかがえる．

このようにして，わが国と東アジア地域との間では直接投資による相互交流，食料の相互取引を通じたフードシステム相互の結合・連携関係が強まっており，域内の食料需要とりわけ食料調製品などのかなりの部分が，域内市場（**東アジアフードシステム圏**）で調達されるようになっていることを示している．

さらに2001年の中国のWTO加盟や，2000年代以降，シンガポール，マレーシア，タイ，インドネシア，ASEAN, フィリピン，ベトナムなどとわが国との間で締結された二国間，多国間の経済連携協定（EPA）に加えて，2018（平成30）年に発効したTPP11，さらに2022（令和4）年1月には，日中韓，ASEAN10か国，オーストラリア，ニュージーランドの15か国が参加する東アジア包括的経済連携協定（RCEP）が発効したことによって，こうした流れはよりいっそう加速されそうな気配である．

以上のアジア域内市場の形成に関連して，ネスレ，カーギル，タイソンフーズ，コンチネンタル・グレインズ，コンアグラ，ダノン，ブンゲ，ハイ・ドレフィスといった**多国籍アグリビジネス**は，中国やASEAN地域に次々に現地法人を設立し，所得の上昇によって動物性食料，加工食品の成長性の高いアジア市場向けに飼料用穀物はもとより，肉類，酪農品，パスタ，菓子類，ベビーフードなどの加工食品，飲料の供給体制を強化するなど，巨大市場の開拓が着々と進められている．

3　新たな成長フロンティアの開拓と農産物・食品の輸出促進

多くの産業がそうであるように，急速なグローバル化の進展と人口減少社会の到来によって，わが国の農林水産業と食関連産業もまたいま重大な岐路に立たされている．とりわけ，移民の受入れを制限しているわが国の食市場は人口減少によって縮小に向かう運命にある．

人口減少と超高齢社会の到来によって，閉塞感が漂う農業，食関連産業の置かれた状況を打開するための新たな活路として注目されているのが，農林水産物・食品の輸出事業である．前節でもふれたように，わが国の農産物貿易は大幅な輸入超過に陥っており，それは今後も大きく改善されないことは確かである．

こうした中で，2003（平成15）年には3,402億円に過ぎなかったわが国の農林水産物・食品の輸出は，2007年に農産物の輸出史上初めてとなる5,000億円（5,160億円）の大台に到達した．

以後，2015年には7,451億円，2017年には8,071億円，2018年には9,068億円と順調に輸出額を伸ばしてきたが，2019（令和元）年と2020年の両年は，最大の輸出先である香港の政情不安や韓国での日本製品の不買運動などの影響を受けて，

図7·6　農林水産物・食品の輸出額の推移

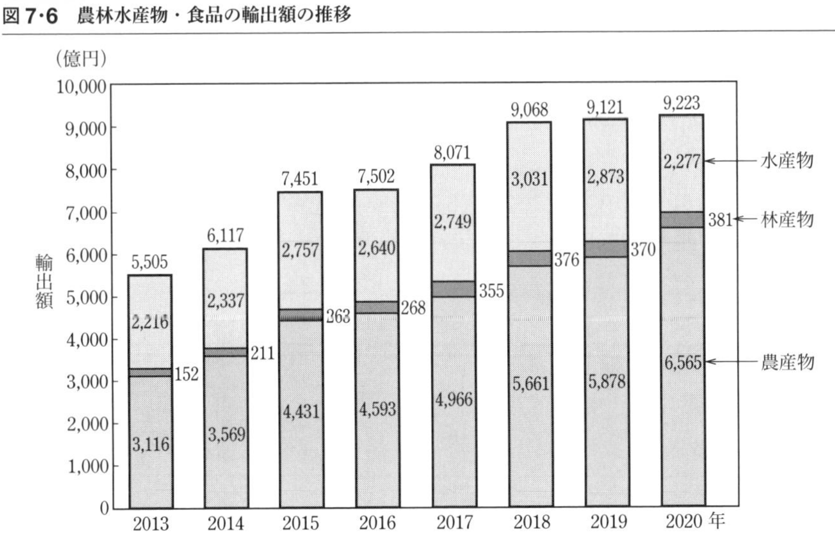

資料：財務省「貿易統計」をもとに農林水産省作成．

2019年度の輸出目標であった1兆円の達成には至らなかった（図**7･6**）.

こうしたなかで，政府は2019（令和元）年4月に，「農林水産物・食品の輸出拡大のための輸入国規制への対応等に関する関係閣僚会議」を開催し，6月には輸出拡大に向けた課題と対応方向を取りまとめ，同11月には，「農林水産物・食品の輸出促進に関する法律」（令和2年4月1日施行）が成立した．さらに，令和2年3月31日開催の閣議で，農林水産物・食品の輸出額を5兆円に引き上げる新たな輸出目標を決定した．これを踏まえて，「経済財政運営と改革の基本方針2020・成長フォローアップ」（同7月17日閣議決定）において，2025（令和7）年に農林水産物・食品の輸出額を2兆円とする中間目標が提示されるなど，さらなる輸出拡大に向けた体制整備と**アクションプラン**が矢継ぎ早に打ち出されている．

一般的に，農林水産物・食品の**所得弾力性**は小さいし，そのうえ人口減少と高齢化が進展していることから，国内市場での農産物・食品の需要の拡大は期待できないし，その可能性は小さいといえよう．それを補完できるのは経済発展と人口増加によって食料需要が飛躍的に増大している**アジア新興国**などの海外市場である．農林水産物・食品の輸出促進と食産業のグローバル化は安倍政権の成長戦略「**日本再興戦略**」の一環として，**農林水産業の輸出力強化戦略**などによって2019（令和元）年までに農林水産物・食品の輸出を1兆円規模に拡大することをめざしてきた．その成果は図**7･6**に示したとおり2020年で9,233億円であったが，それをさらに前述のように2025（令和7）年には2兆円をめざしている．

図7･7　農林水産物等の品目別輸出実績（2020年）

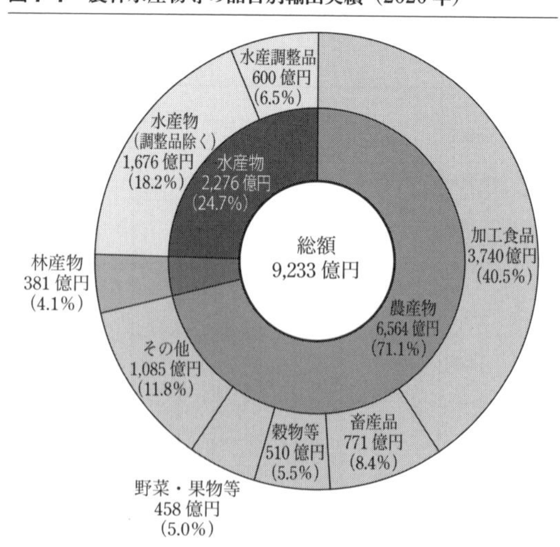

〔**注**〕図中（　）内の数値は輸出総額に占める割合.
資料：財務省「貿易統計」をもとに農林水産省作成.

図**7･7**および図**7･8**に示すように，そのおもな輸出先は香港，中国，台湾，韓国，ベトナム，タイ，シンガポール，フィリピンなどのアジア諸国であり，そのアジア地域への輸出が全体の

7割強を占めている．おもな輸出品は農産物で6,564億円，その内訳は加工食品が3,740億円(40.5%)，畜産物が771億円(8.4%)，穀物等510億円（5.5%），野菜・果物が458億円（5.0%）となっており，さらに水産物が2,276億円(24.7%)である．一方，きのこ類などの林産物は381億円（4.1%）にとどまっている．

図7·8　農林水産物等の国・地域別輸出実績（2020年）

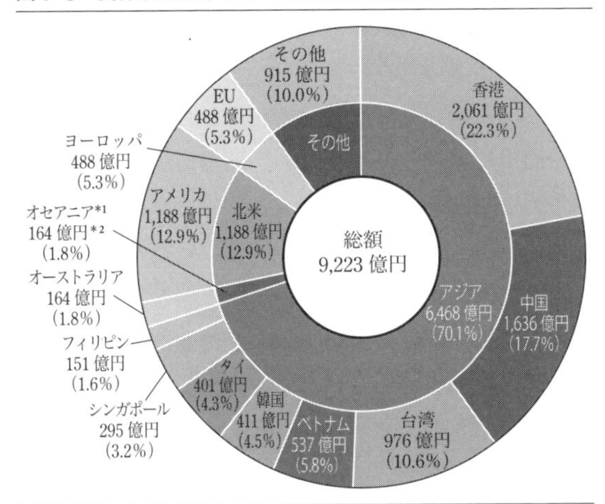

〔注〕図中（　）内の数値は輸出総額に占める割合．
*1　オーストラリア，ニュージーランド，その他を含む．
*2　オーストラリア以外は輸出額不明．
資料：財務省「貿易統計」をもとに農林水産省作成．

海外市場で日本食品・食材の需要が大きく高まっている背景には，2013（平成25）年12月に，“和食”が**ユネスコの世界無形文化遺産**に登録されるなど海外での日本食人気が高まり，海外の日本食レストランの数が大幅に増えたことも日本からの農産物と食材の輸出増加に拍車をかけている（表**7·5**）．

表7·5　世界の日本食レストラン数

国名＼年次	2013年	2019年	19/13（%）
アジア	27,000	101,000	374.1
北米	17,000	27,400	161.2
ヨーロッパ	5,500	12,200	221.8
中南米	2,900	6,100	210.3
オセアニア	700	3,400	485.7
ロシア	1,200	2,600	216.7
中東	250	1,000	400.0
アフリカ	150	500	333.3
世界計	65,500	156,000	238.2

〔注〕外務省，在外公館の調査協力により農林水産省が推計した店舗数．
資料：農林水産省推計

もうひとつは，人口減少と超高齢社会の到来によって，国内市場は，過去30年にわたって，みそ，しょうゆ，インスタントラーメン，日本酒などのアルコール飲料，菓子，水産加工品などの加工食品の需要が停滞し，多くの加工食品の市場が成熟化しつつあることから，縮小する国内需要を補完するために食品企業が生産や販売の拠点を海外に移すようになっていることである．いわゆる食関連産業のグローバル化の進展である．こうした状況を国際的な次元で考えてみると，加工食品の輸出と食品企業の海外進出の重要な促進要因になっているのが，**プロダクトライフサイクル**（product life cycle）と加工食品の需要が成長段階にあるアジア新興国などの多様な海外市場の存在である．

そこで，現在進展している日本からの海外市場への加工食品の輸出促進のプロセスを簡単に素描しておきたい．国内市場で加工食品の需要が停滞することは，市場内での企業間の競争を激しくし，売上高の増加や市場シェアの拡大のためには競争相手の市場シェアを奪うか，国外に新たな市場を開拓しなければならなくなる．このため，国内市場で製品の需要が停滞し，あるいは国内需要以上の生産能力をもった大企業は，国内で競争相手の企業とシェア争いをするよりも経済発展で加工食品の需要が拡大しているアジア新興国などへの輸出に活路を見出すようになっているのである．ちなみに，2000（平成12）年に274億ドルに過ぎなかったアジアの加工食品の市場規模は，2018年には1,653億ドルと6倍に拡大しており，今後も大幅な需要の増加が予測されている（Euromonitor International）．

こうした日本国内での加工食品需要の停滞と，日本から海外への加工食品の輸出と食品企業の海外生産の動きを図示したのが図**7･9**である．加工食品のプロダクトサイクルの成長過程を現わす導入期→成長期→成熟期→衰退期へと変化することによって，横軸の年次を示すt値が$t1$から$t2$，$t3$へと移動していくことになるが，現時点では$t2$から$t3$の中間点にあり，国内需要の縮小によって輸出額と海外生産

図7･9　プロダクトサイクルと多市場

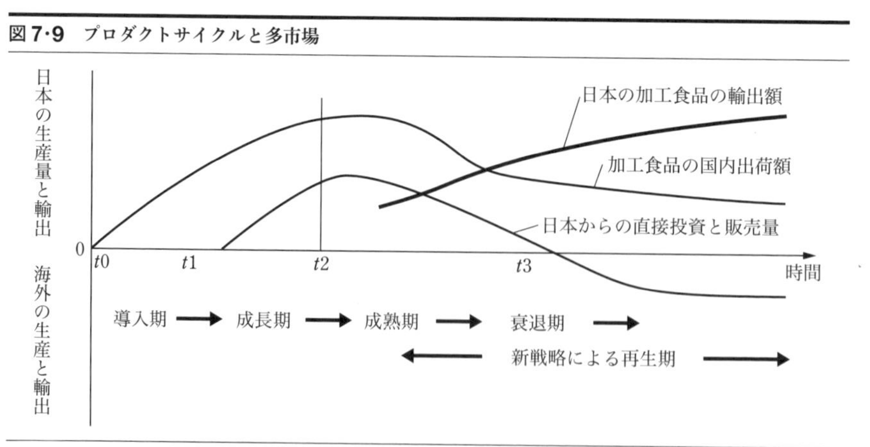

資料：食品産業のグローバル化と国際分業の新展開，フードシステム研究第19巻2号，2012年9月（p.82，図6改変）．
原資料：宮崎義一，現代資本主義と多国籍企業，p.46，岩波書店，1982．

が増加し，$t3$ からさらに右方向へ動くことが予想される．

つまり，日本国内での加工食品需要の停滞は加工食品輸出と食品企業の海外進出の誘因となって，今では企業戦略の重要な手段になっているのである．加工食品輸出の重要な促進要因になっているプロダクトライフサイクルという考え方は，ある製品が成熟期を過ぎて，衰退期に入った場合でも，海外でその製品が成長期であるならば販路の拡大が可能であり，その製品のライフサイクルを引き延ばすことが可能であるという説である．**R. バーノン**の**プロダクトサイクル仮説**は，国内市場における商品のライフサイクルなどの分析はもとより，早くから企業の国際化や多国籍企業生成の分析方法としても広く用いられている．

4 世界規模での食料の需要拡大と食料貿易の将来

1972（昭和47）年の異常気象に端を発した**世界食糧危機**から50年の歳月が経過しようとしているが，次章で詳述するように，いま世界の食料問題はこれまで経験したことのない新たな課題に直面している．

過剰基調で推移してきた世界の穀物需給は，1980年代末から一転して引き締まった状態で推移しており，さらに近年における中国やアジア新興国などでの食料需要の増大や，バイオ燃料としての穀物需要の高まりや，世界的な気候変動と地下水や農地などの自然資源の減少によって，ふたたび世界の食料危機が顕在化しており，世界中で40億人以上の人々が十分な食料と水を摂取できない状況にあるといわれている．この点については次章でくわしく論じられるので，ここでは今後の食料貿易の課題と展望のみについて述べるにとどめたい．

21世紀の食料貿易は，小数の輸出国が余剰農産物のはけ口を求めて競争した時代から，経済発展によって急速に食料需要が拡大している新興国を含めて100以上の輸入国が，限られた量の食料を奪い合う時代に突入している．2000年代以降，**五大穀物メジャー**のカーギル，コンチネンタル・グレーン社，ADM，ブンゲ，ルイ・ドレフユスなど多国籍アグリビジネスが，世界の食料品貿易において急速に輸入のウエイトを高めている中国などの新興国に事業戦略の拠点をシフトさせており，その結果，これまで日本国内で賄ってきた大豆の搾りかすなどを中国からの輸入に代替せざるを得なくなるなど，中国および新興国市場の動静は日本と世界の食料貿易に大きなインパクトを与えている．これらを含めてわが国の食料の海外依存がよりいっそう高まる可能性がある．

以上の諸事実を考え合わせると，今後とも，わが国の1億人のいのちを支える食料資源を安定的に確保してゆくためには，日本国内はもとより地球規模で，気候変動による自然災害や自然資源の保護と保全活動に全力で対処してゆくことが重要であることはいうまでもない．

食料輸入大国日本は，いま国内での食料の生産振興と同時に，その一方では，環太平洋パートナーシップ協定（TPP）や東アジア包括的経済連携協定（RCEP）や日EU経済連携協定やアメリカなどとの二国間協定による貿易自由化の要求を調整しつつ，いかにして両者をバランスよく組み合わせるかについての，大きな国際的な試練に立たされているといってよい．いいかえると，いまわが国の食料システムは，これまでの**Intra型の食料システム**から国際的なバランスに重点をおいた**Trans Nationalな食料システム**への構造転換が進展しつつある（図7·10）．

図7·10　Intra型の食料システムからTrans Nationalな食料システムへの構造転換

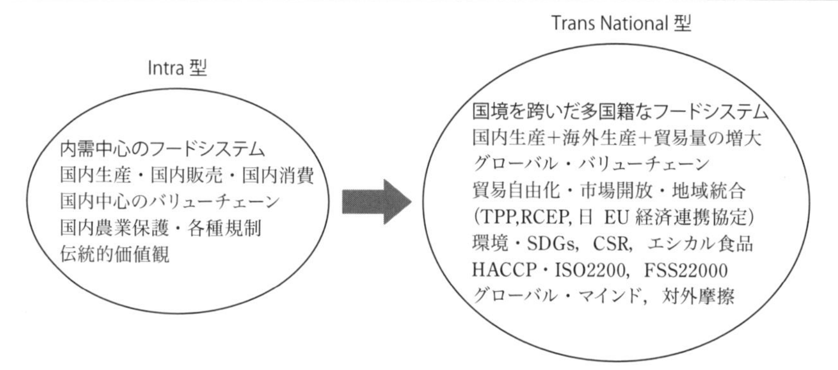

中長期的にみて，わが国の食料生産が否応なしに外国産の輸入食料との競争が避けられなくなる状況の中で，日本からの農産物・食品の輸出を含めて，場合によっては，自由貿易の考え方からみれば反教科書的な政策を推進しなければならないことが起こり得る可能性がある．日本の食料自給率が，農業大国であるアメリカやカナダやフランスは別としても，イタリアやイギリスなどの先進国と比較しても37%と極端に低い水準にあることを考えると，国際分業に対する食料供給の安全性の問題について再考する必要もあろう．10年後，20年後に迫りくる地球規模での食料不足時代に備えて，場合によっては輸入品に代替するような農産物を国内で育成しようとする農業保護政策が必要になるかも知れない．これらを含めて，今後の**食料安全保障**のあり方を見直す時期にきているといえよう．

3編 食の安全・安定確保

8

世界の食料問題

1 “過剰”と“不足”の併存

（1） よみがえるかマルサスの“人口論”

18世紀の末，人口と食料問題とのかかわりについて論じた**マルサス**の**『人口論』**は有名である．マルサスは，そこで，人口は幾何級数（等比級数）的に増加するが，食料の生産は算術級数（等差級数）的にしか増加しない．そのため，食料生産をこえて増加しようとする人口の増加は，社会に悪徳や貧困を発生させるが，逆にまた，それらによって，人口は自然的に抑制されるとした．事実，産業革命期にあった当時のイギリスでは，人口増加と食料不足のなかで，食料品価格が高騰し，産業革命によって生まれた工場労働者の生活は窮乏化していた．

この所説は，人口増加に対して食料供給が不足し，**食料問題**が恒常的に生ずるという悲観的な考え方であった．しかし，幸いにも，このマルサスの予想は先進諸国では当たらなかった．出生率の低下によって人口増加率が低下したことと，食料生産が，農業の技術革新によって持続的にその供給力を拡大し続けたからである．

しかしながら，第二次世界大戦後に植民地から独立した**開発途上国**では，人口爆発と貧困とによって，人口とのかかわりにおける食料問題がまた，大きな克服すべき重要課題となっている．もともと開発途上国の多くは，出生率も高かった．しかし，衛生や医療の不備のため死亡率も高かったことから，急激な人口増加をもたらさなかった．それが，その後の医療制度などの飛躍的な向上などによって乳幼児の死亡率が低下し，急激な人口増加となった．先進諸国でのゆるやかな人口増加とは異なって，開発途上国の多くでは，食料生産の増加が人口の増加に追いつかずに，食料問題が深刻化している．とくにこうした開発途上国では，経済発展が遅れていることから，食料生産のための農業技術革新への投資が不足しており，その生産力が相対的に低位にとどまっていることも問題である．こうした社会経済の発展段階と人口動向を関連づけた理論は**人口転換理論**と呼ばれる．先進諸国で克服したマルサス的考え方が，現在また，開発途上国において現実の問題となり，それが，いわゆる南北問題ともからんで，世界的な視点で解決されることが急がれている．

（2） 先進国の“過剰”と開発途上国の“不足”

現在，地球上には，一方で，このような開発途上国の深刻な食料不足と，それにともなう**飢餓**が発生しているのに対して，他方では，豊かな食生活のもとに資源浪費的な“**飽食**の時代”を謳歌している先進諸国がある．

先進国では，国民の食料消費の水準が飽和状態に達しており，食料の生産過剰が，経済問題としてだけではなく，農産物貿易をめぐっての国際社会における政治的問題にまでなっている．アメリカの穀物生産，EU 諸国の牛乳・乳製品，日本の米などにみられるように，先進国では，主要農産物の多くが生産過剰に見舞われ，それら農産物の**生産調整**すなわち作付制限が長く行われてきた．

他方，前章でみたように，日本では，外国からの輸入食料に依存する度合いを高めており，日本にかぎらず先進国では，豊かな経済力を背景とした食料輸入を拡大している国ぐにも多い．しかし，その一方で，開発途上国の多くは貧困にあえいでおり，国内の食料不足を輸入によって補完するには，それに必要な外貨が不足している国ぐにも少なくない．

このことは，人類として同じ時代を共有する地球上で，先進国における食料の深刻な“過剰”と，開発途上国における深刻な“不足”とが併存していることを示し，今日の世界の食料問題の根源的な姿を端的に表しているといえる．

表 **8･1** は，経済協力開発機構（OECD）・**国連食糧農業機関（FAO）**の統計から，先進国ならびに開発途上国における近年の穀物需給を示したものである．2017～2019（平成 29～令和元）年では，先進国で 10.9 億トンの穀物を生産し，食用・飼

表 8･1　世界の主要穀物の生産・消費・純輸出量（100 万トン）

年　次	先　進　国			開発途上国		
	生産量	消費量	純輸出量	生産量	消費量	純輸出量
2017～2019 年平均	1,091	901	196	1,589	1,783	−192
2029 年（予測）	1,209	950	258	1,845	2,090	−251

〔**注**〕 小麦，トウモロコシなどの粗粒穀物および米の合計．純輸出量のマイナスは純輸入量を示す．
資料：OECD/FAO「Agricultural Outlook 2020−2029」（2020）により作成．

料用を含めた消費量が9.0億トンで，2.0億トンの純輸出となっており，一方，開発途上国では，15.9億トンの生産に対して17.8億トンの消費で，毎年1.9億トンの純輸入を行っている．先進国の過剰分が開発途上国に供給されて，地球規模の穀物需給がバランスしているのである．

しかし，同表の2029年の予測をみると，先進国での純輸出量が2.6億トンに増えるのに対して，途上国の純輸入量は2.5億トンへと増える見通しであり，先進国の過剰，途上国の不足という傾向は今後も続くとされている．

図8･1　先進国・開発途上国別の1人当たり消費熱量

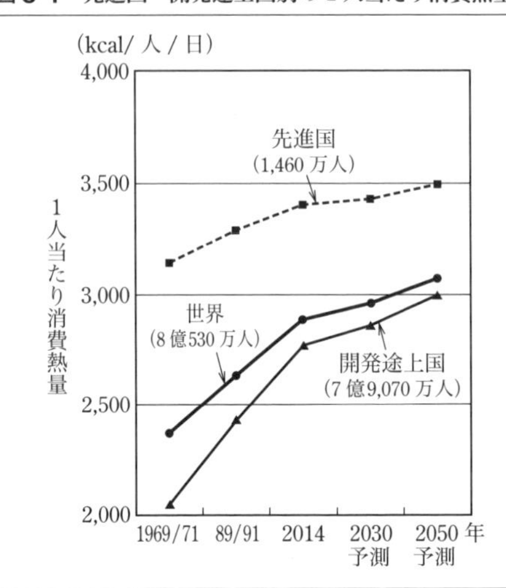

〔注〕図中の数値は飢餓人口．
資料：FAO「WORLD AGRICULTURE TOWARDS 2030/2050, The 2012 Revision」(2012) および FAO「Food and Nutrition in Numbers」(2014)

図**8･1**は，その先進国と開発途上国の1人当たり食料からの消費熱量の推移をみたものである．両地域とも消費熱量は増加し，その差はやや縮小しつつあるが，それでも依然として格差があり，2014（平成26）年でみて，先進国の3,399kcalに対して開発途上国は2,769kcalと，630 kcalもの大きな開きがある．

この図で注目すべきは，図中の（　）内の数値である．これは，FAO（国連食糧農業機関）が公表した2014（平成26）年の世界の**飢餓人口**（1日1,800 kcal以下）8億530万人の内訳である．開発途上国が7億9,070万人であるのに対して，先進国は1,460万人と，飢餓人口は圧倒的に開発途上国に集中している．

このように，現在の世界の食料問題は，先進国における“過剰”・“飽食”，開発途上国における“不足”・“飢餓”を併存させながら展開してきている．以下，爆発する人口増加，それに加えて途上国における経済成長が，その人口増の数倍のテンポで世界の穀物需要を増大させ，今世紀の半ばには，想像を絶する地球規模での食料危機が起きるのではないかと懸念されている，その食料の需給見通しについて考えていきたい．

2　地球規模の食料需要の増大

2章で学んだように，食料の需要を規定する要因は，① 人口，② 所得，③ 価格，④ 嗜好の4つである．ここでは，人口，所得の2つの要因について論じ，嗜好の問題は，それを論ずるなかで，国や地域による食パターンの違いに関連して言及するにとどめ，読者それぞれが考えてもらうことにする．また，近年の価格変動については最終節で述べる．

（1） 世界人口の増加とその見通し

まず人口であるが，人口の増加にともなってそれが比例的に食料需要の増大に結びつくことは，とくに説明を必要としないであろう．であるから，ここでの問題は，世界の人口が今後どのようなテンポで増加するかにかかってくる．

図**8·2**は，国連による世界人口の推移と将来推計を示したものである．1950（昭和25）年，地球上に25億4,000万いた人口が，2019（令和元）年には77億1,000万人に増えている．この69年間に51.8億人，じつに3.0倍もの増加である．単純に平均して，1年間に7,507万人，毎日20万人余りの人口が増えている計算となる．

図示していないが，さらにさかのぼって，20世紀初頭の人口をみると16億6,000万人，19世紀初頭ではわずか9億7,000万人しか地球上に人間が住んでいなかったことを考えれば，その急増ぶりは目を見張るものがある．

今後，この世界人口はどこまで増えるか，再び図**8·2**にもどって2020（令和2）年以降の人口予測をみると，2050年には，中位推計値では97億3,500万人，高位推計値では105億8800万人と，100億の大台にのることが予測されている．20世紀の後半の50年に36.1億人増えたとほぼ同様，21世紀の前半の50年にも35.9億人（高位推計では44.4億人）も

図8·2　世界人口の増加と将来推計

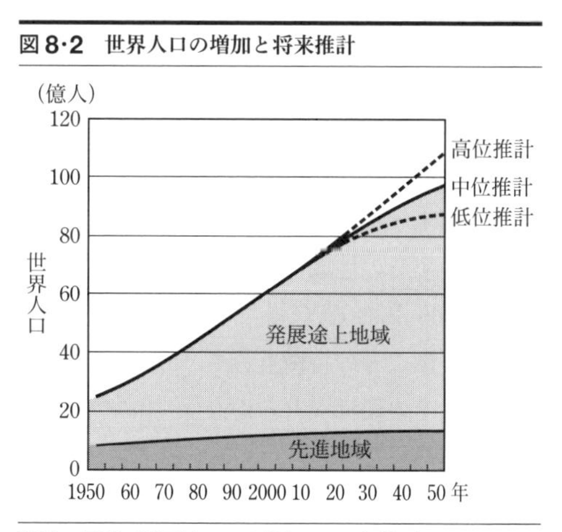

資料：国連「世界人口の予測」2019年修正．

の増加が見込まれているのである．

後に述べる所得増による穀物需要の増加を考えなくても，31年後には，現在（2019年）の1.26倍（高位推計では1.37倍）もの食料の生産拡大を図らなければならないことになる．

（2） 途上国における所得増加が穀物需要を数倍化させる

欧米に遅れて近代化したわが国の場合，1960～70年代にかけて高度経済成長を遂げ，1人当たり国内総生産（GDP）は，1960（昭和35）年の479ドルから1980（昭和55）年の10,000ドル，2000（平成12）年の36,790ドルと大きな伸びを示し，2019（令和元）年には4万791ドルとなっている．

その間のわが国における食生活の変化については，すでに**1**章でくわしく述べたところであるが，概していえば，それは，それまでの**植物性由来食品**から**動物性由来食品**へのシフトであったといえる．

経済成長，すなわち1人当たりGDPの増加にともなう，食生活の変化にかかわるそのような変化の傾向は，世界共通の流れであるといえる．図**8･3**は，総務省とFAOの統計から，1人当たりのGDPと動物性食品由来の供給熱量を国別にドットしたものである．体格や食パターンの違いがあることから，ヨーロッパ・北アメリカ・オセアニア諸国を×，アジア・中東を●，中南米・アフリカを△で示し，それぞれに傾向線を描いている．20,000ドル以上の国がない中南米・アフリカを別にして，いずれの地域においても，10,000ドル近くまでは急増し，国ごとの特徴もみられるが，その後はなだらかな上昇線を描いている．

図8･3 1人当たりGDPと動物性食品由来の供給熱量（2018年）

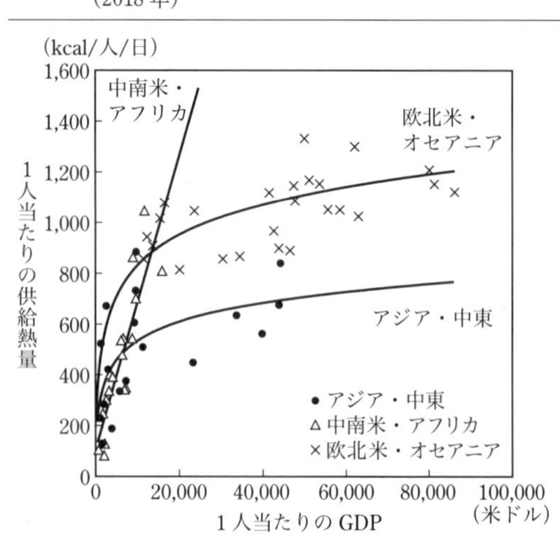

資料：FAOSTAT「New Food Balance」，総務省「世界の統計2021」より作成．

図でみるように，地域によるパターンの違いがあり，欧米諸国とアジア諸国とで急増から漸増に変化するレベルに差があるが，いずれの場合も，経済成長にともなって所得が増加するにつれて，**動物性食品**の消費が増加することになる．

生活が豊かになると，それまで，**植物性食品**の摂取から，より美味で栄養価の高い動物性食品の摂取に切り替わっていくのであるが，重要なことは，その動物性食品を生産するのに，その餌（飼料）として大量の穀物が必要になるということである．

表8·2　畜産物1 kgの生産に要する穀物量（kg）

項　目	鶏　卵	鶏　肉	豚　肉	牛　肉
ブラウン試算	2.6	2	4	7
農林水産省試算	3.0	4	7	11

〔**注**〕　農林水産省の場合，部分肉ベースでトウモロコシ換算の数値である．

資料：レスター・ブラウン「飢餓の世紀」p.54，農林水産省「食料・農業・農村基本問題答申参考資料」1998年，p.23.

表**8·2**は，その著『飢餓の世紀』で，世界の食料危機について重大な警鐘を鳴らした**レスター・ブラウン**（後に詳述），ならびにわが国の農林水産省で試算した，食肉1 kg生産するのに必要な穀物の量で，このように多くの飼料穀物が必要になるのである．ブラウンと農林水産省の試算に違いが少なからずあるが，これは，農林水産省の場合，部分肉のトウモロコシ換算であるのに対して，ブラウンの場合，明記されていないが，牛肉，豚肉では枝肉基準，鶏肉では骨付き肉であると理解される．なお，この章でもっぱら使っているFAOの統計が枝肉基準であることから，ブラウンの試算をもとに，以下，説明していきたい．

先にわれわれは，図**8·3**で，経済成長にともなって1人当たりのGDPが増加すれば，急速に動物性食品由来の熱量が急増していくということが，世界共通の流れであることを学んだ．その増加の勢いは，1人当たりGDPが20,000ドルをこすような先進国では確かに低下するが，重要なことは，人口14億3,400万人の中国の2019年の1人当たりGDPが10,004ドル，人口13億6,600万人のインドのそれが2,116ドル，人口2億7,100万億人のインドネシアのそれが4,136ドルというように，1人当たりの動物性食品由来の熱量が急増しつつある位置に，これらの人口の多い新興国があることである．

表**8·3**は，多少古いがFAOの統計から，世界の先進国と開発途上国について，動物性食品の1人当たり供給量を比較したものである．上段の1日当たり熱量についてみると，植物性食品由来ではほとんど差はないが，動物性食品由来の熱量では，先進国は途上国の実に2.4倍となっている．これを下段の動物性食品別の年間

表 8·3 先進国・途上国別 1 人当たり動物性食品の供給量（2003 年）

種別		単位	先進国		開発途上国	
			実数	比率	実数	比率
供給熱量	植物性食品	kcal/人/日	2,454	106.7	2,299	100.0
	動物性食品	kcal/人/日	877	237.3	370	100.0
動物性食品	牛肉	kg/人/年	22.3	360.9	6.2	100.0
	豚肉	kg/人/年	29.1	243.2	12.0	100.0
	鶏肉	kg/人/年	25.5	307.9	8.3	100.0
	その他の肉	kg/人/年	3.5	137.7	2.5	100.0
	動物性油脂	kg/人/年	8.5	415.7	2.0	100.0
	牛乳	kg/人/年	201.7	416.8	48.4	100.0
	鶏卵	kg/人/年	12.8	169.8	7.5	100.0
	魚介類	kg/人/年	24.0	171.8	13.9	100.0

〔注〕 先進国の比率は開発途上国を 100 とした指数.
資料：FAO「Food Balance Sheet」(2003) より作成.

供給量でみると，魚介類，鶏卵で 1.7 倍，豚肉で 2.4 倍，鶏肉で 3 倍，牛肉で 3.6 倍，牛乳，動物性油脂で 4 倍以上という差がある．この差が，途上国の経済成長，すなわち，1 人当たりの GDP の増加によって徐々に埋められ，地球規模で動物性食品，とくに畜産物の消費増が見込まれるのである．

そのことを端的に示したものが図 **8·4** である．これは経済成長が著しい，日本

図 8·4 アジア諸国の 1 人当たり GDP の伸びと動物性由来の熱量

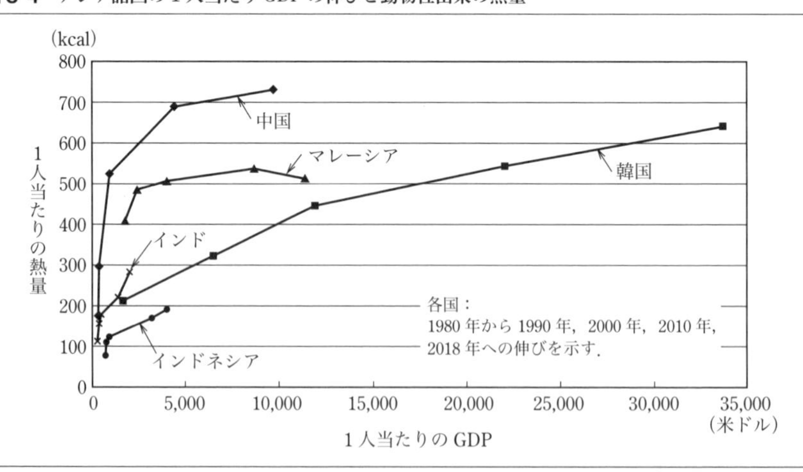

資料：FAO「FAOSTAT」(http://faostat3.fao.org/download/FB/FBS/E, http://www.fao.org/faostat/en/#data/FBS)，IMF「World Economic Outlook Database」および総務省「世界の統計 2021」より作成.

を除くアジアの主要国の1980（昭和55）年から1990（平成2）年，2000（平成12）年，2010（平成22）年，2018（平成30）年にかけての1人当たりGDPと，1人1日当たり動物性食品由来の供給熱量との相関を図示したものである．

この間に，韓国の場合，1人当たりGDPは1,704ドルから3万3,705ドルに20倍に急増し，それにともなって，1人1日当たり動物性食品由来の供給熱量も212 kcalから636 kcalに3倍となっており，中国の場合も，GDPが313ドルから9,733ドルへ31倍，動物性食品からの熱量は174 kcalから732 kcalへと，じつに4.2倍にも増えている．インド，インドネシアの場合は，GDPの伸びはそれぞれ7.7倍，5.5倍に対して，動物性食品からの熱量はそれぞれ2.5倍，2.5倍という大きな増加をみている．

中国，インド，インドネシアといった**人口大国**での，このような動物性食品由来の供給熱量の増加は，主として畜産食品による増加であることを考えれば，地球規模の穀物需要は，人口増加に輪をかけて，経済成長，すなわち1人当たりGDPの増加にともなう動物性食品へのシフトによって，急増させていくことになる．そのような動物性食品の増加が，さらにまた，先の表**8･2**でみたように，その数倍の穀物供給を必要とすることになるのである．

表**8･4**は2018（平成30）年のFAOのデータにもとづいて，主要国の1人当たりの**食用穀物**と**飼料穀物**の使用量を試算したものである．食用穀物だけをみると，アメリカ，日本が少なく，イタリア，中国，インドが多くなっているが，1人当たりの食肉・鶏卵供給量からそれに必要な飼料穀物を算出すると，アメリカの528 kgに対して，日本が242 kgで，食肉・鶏卵をほとんど消費しないインドに至ってはわずか21 kgとなり，食用穀物と飼料穀物を合わせた1人当たりの穀物必要量は，アメリカの638 kg，イタリアの520 kg，中国の465 kg，日本の382 kg，インドの

表8･4　主要国の1人当たり穀物使用量の比較（kg，2018年）

国　名	食用穀物	食肉・鶏卵供給量				飼料穀物計	穀物合計
		牛　肉	豚　肉	鶏　肉	鶏　卵		
アメリカ	110.8	37.2	28.0	56.6	16.2	527.5	638.3
イタリア	161.0	16.6	43.6	18.9	11.7	359.0	520.0
中　国	193.6	5.5	38.3	14.2	19.7	271.3	464.9
日　本	139.7	9.6	21.5	18.8	19.8	242.1	381.8
インド	178.8	1.0	0.2	2.3	3.3	21.3	200.1

〔注〕所要飼料穀物は，表**8･2**のレスター・ブラウンの数値を各食肉・鶏卵供給量に乗じて計算した．
資料：FAOSTAT「New Food Balances」（http：//www.fao.org/faostat/en/#data/FBS）より作成．

200 kg ということになる．

地域や国による食パターンの違いもあるが，経済成長にともなう畜産物の需要増が，このように大幅な穀物需要を促していくのである．

3 成長の限界が懸念される食料供給

（1） 増加が続く穀物生産量

以上述べてきたように，世界人口の爆発的増加，加えて経済成長にともなう畜産物需要の拡大は，飛躍的に穀物需要を増大させていく．それに対応した世界の穀物生産の見通しはどうであろうか．図**8･5**は，国連の食糧農業機関（FAO）の統計をもとに作成した世界の**穀物生産**の推移である．

図によると，1961（昭和36）年に8億8,000万トンであった世界の穀物生産量が，2019（令和元）年には29億8,000万トンと3.4倍に増えている．しかし，その増加傾向をみると，1985（昭和60）年ころまでは，順調で直線的に増加していたものが，その後やや減速し，1997（平成9）年に21億トン近くに到達してから2003（平成15）年まではしばらく頭打ちとなった．その後再び増勢に転じたが，これは，**バイオ燃料**の原料としての新たな穀物需要と，それを見越した**穀物価格**の高騰によるものである．

図8･5　世界の穀物生産量の推移

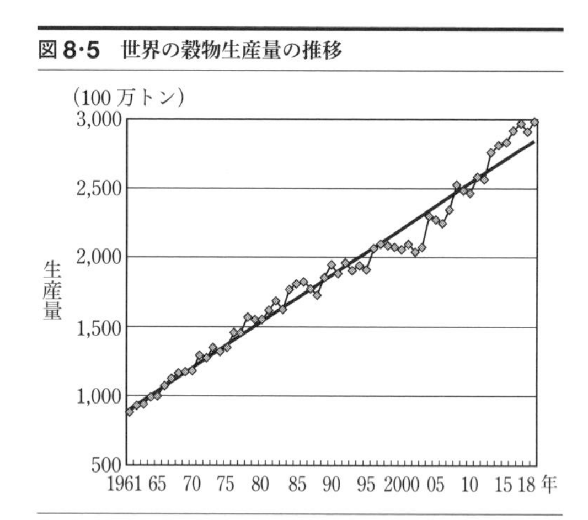

資料：FAO「FAOSTAT」（http://www.fao.org/faostat/en/#data/QC）より作成．

（2） 世界の穀物生産を規定する要因
―― 収穫面積と単収

このような長期的にみた世界の穀物生産の推移は，いかなる要因によるものであるか．図**8･6**は，この間の穀物収穫面積，ならびに単位面積（ha）当たり収量の推移をみたものである．まず収穫面積からみると，1961（昭和36）年の6億4,800

万 ha から 1981（昭和 56）年の 7 億 2,700 万 ha までは順調に伸びているが，それ以降，傾向的に減少し，2002（平成 14）年には 6 億 6,200 万 ha と，40 年ほど前の水準にまで低下している．しかし，それ以降，再び収穫面積は増加に転じ，2017（平成 29）年には 7 億 2,900 万 ha と過去のピーク（1981 年）を超えるまでに回復し，2019（令和元）年には 7 億 2,400 万 ha となっている．

図 8·6　世界の穀物生産の推移（収穫面積と単収）

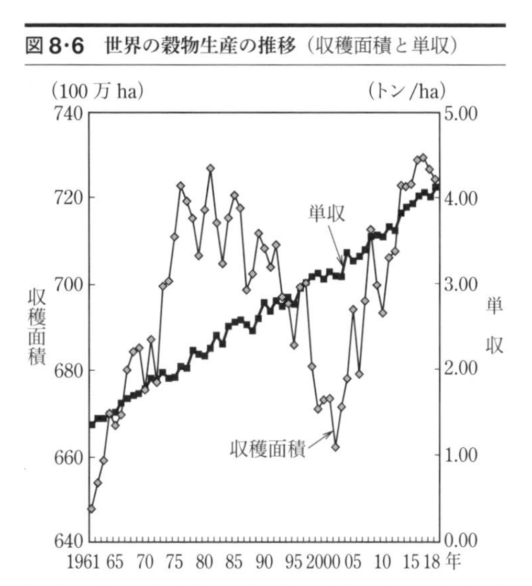

資料：FAO「FAOSTAT」（http://www.fao.org/faostat/en/#data/QC）より作成．

収穫面積が，このように 1980 年代の初めから 20 年間にわたって減少したにもかかわらず，先の図 **8·5** でみたように，穀物生産量がおおむね増加した理由は，図 **8·6** でみるように，単位面積当たり収量（以下**単収**と略す）がこれまでのところ着実に伸びてきていることによる．すなわち，1 ha 当たりの穀物収穫量が，1961（昭和 36）年の 1.35 トンから 2019（令和元）年には 4.11 トンへと，3.0 倍に増えている．これは，**品種改良**，**肥料**の多投，**灌漑**などの耕地条件の整備などによってもたらされた成果であるが，しかし，この単収も，直近のバイオ燃料向けの穀物生産の影響を別にして，長期的には停滞傾向が懸念されている．

そのことは「**食料・農業・農村白書**」でも取り上げられ，表 **8·5** のように，1960 年代（昭和 35 ～ 44 年）平均の 1.42 トンから 2010 ～ 2017 年（平成 22 ～ 29 年）平均の 3.47 トンまで，倍増以上の伸びをみているのであるが，その間の 10 年ごとの伸び

表 8·5　世界の穀物生産における単収の伸び率の動向

項　目	1960 年代	1970 年代	1980 年代	1990 年代	2000 年代	2010～17年
穀物単収（トン/ha）	1.42	1.82	2.22	2.63	2.99	3.47
単収伸び率　（年率）	2.78%	1.89%	2.18%	1.30%	1.49%	1.40%

資料：平成 29 年度「食料・農業・農村白書」より作成．

率（年率）をみると，1960 年代は年 2.78％の増加があったものが，変動しつつも低下傾向を示し，2010 ～ 2017 年には 1.40％にまで大幅に落ちている．

なお，図 **8·6** で，世界の穀物の収穫面積が，2003（平成 15）年以降増加しているのは，前述のようにバイオ燃料向けの穀物生産の増加が大きく影響したものである．

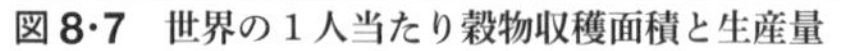

図 8·7　世界の 1 人当たり穀物収穫面積と生産量

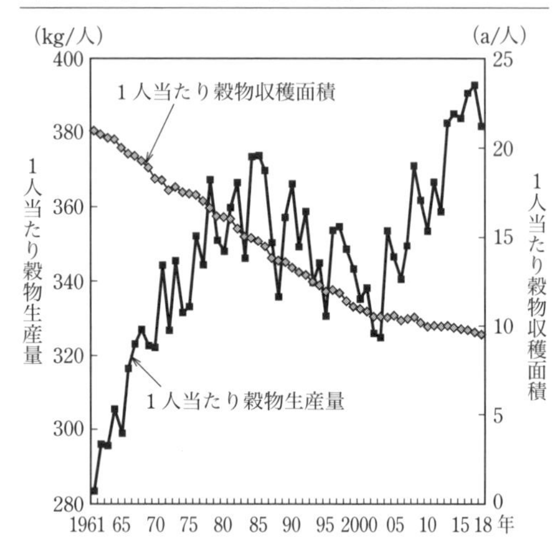

資料：FAO「FAOSTAT」（http：//www.fao.org/faostat/en/#data/QC, http：//www.fao.org/faostat/en/#data/OA）より作成．

前節でみたように，その間の人口増は顕著である．したがって，世界の穀物生産を世界の人口 1 人当たりに換算してみると，図 **8·7** でみるように，1 人当たり穀物収穫面積は，1961（昭和 36）年の 21.0 a（1 a＝100 m^2）から 2018（平成 30）年の 9.5 a へと 55％の減である．

一方で，1 人当たり穀物生産量は複雑な動きを示し 1961（昭和 36）年の 284 kg から，1980 年代の中ごろまでは増加するが，1985（昭和 60）年の 374 kg をピークに減少に転じ，2003（平成 15）年には 325 kg へと，大きく減らすこととなる．しかし，収穫面積の回復を背景に 2017（平成 29）年には 393 kg と新たなピークに達する．なお，この年のバイオ燃料向けの**穀物消費量**は 1 人当たり 22 kg 程度と推計[*1]される．

4　世界食料の需給バランスと新たな要因

（1）　世界の穀物需給

本章 **2** 節で，人口増と所得増にともなう世界の**穀物需要**の増大について検討し，前節で，その穀物生産が，主として単収増加によって，1980 年代までは順調に生

[*1]　バイオエタノール生産量と FAO「WORLD AGRICULTURE TOWARDS 2030/2050 The 2012 Revision」におけるバイオ燃料向け穀物消費量をもとに筆者推計．

産量を拡大してきたが，その後，頭打ちの時期を経て近年は再び生産の増大が確認された．そこで，その需要と供給のバランスはどうであったか，図**8·8**で確認してみたい．

図は，アメリカ農務省（USDA）のデータをもとに農林水産省がまとめた，世界の穀物（小麦・米・粗粒穀物）の生産量，消費量の推移を図示したものである．折れ線グラフは，実線が生産量，破線が消費量である．いずれも右上がりで，需給がほぼバランスをとりながら，1970/71年の11億トン前後から2018/19年の26億トン余りへと，生産量，消費量とも伸ばしてきているようにみえる．

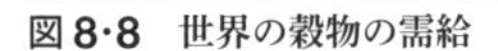

図8·8　世界の穀物の需給

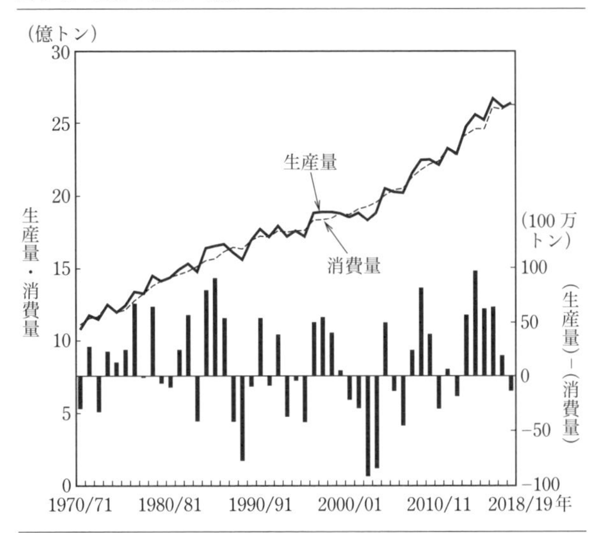

資料：農林水産省「海外食料需給レポート」年報，月報，農林水産省公表資料より作成
原資料：USDA「World Agricultural Supply and Demand Estimates」，「Grain：World Markets and Trade」，「PS & D」．

しかし，厳密にみてみると，ある時期は生産量が消費量を上回り，ほかの時期にはその逆となっている．そこで，各年の生産量と消費量との差を棒グラフで示してみた．それによると，年による変動も多いが，概していうと，1980年代後半や2000年代初めに生産量が消費量を大きく下回る年が多く，それは在庫量の変動で調整されてきた．とくに，2000年代初頭には，旺盛な需要の結果として，図示してはいないが在庫量や在庫率が減少し，とくに，在庫率は**食料危機**が問題とされた1970年代前半以来初めて20%を下回る水準に落ち込んだ．

ただし，図**8·8**が示している穀物の需給は，人類全体の食料需要を正確に反映しているものではないことに注意する必要がある．同図が示す世界全体の生産量は，国別の生産量を合計したものであり，消費量についても国別の消費量を合計したものである．その国別の消費量は，（国内生産量±純貿易量±国内在庫変動量）

を合計したものである．国別の純貿易量を合計すると理論値はゼロであるから，世界全体の消費量は国別の（国内生産量±国内在庫変動量）の合計に等しい．つまり世界全体でみて，消費量は（生産量±在庫変動量）に等しい．在庫が**食料需給**の緩衝機能をもつことはいうまでもないが，在庫量や在庫率が低い水準にあると，食料価格は大きく高騰し，それによって消費量が抑制されるという関係にあることを十分に理解しなければならない．

先進国のように所得水準が高い国では影響を受ける度合いが相対的に小さいが，途上国や低所得国では食料価格の高騰は人々の暮らしに大きく影響する．そこでは，購買力の不足により食料需要の縮小＝消費量の縮小がおこり，それによって世界食料の需給が調整されるというメカニズムが働くのである．

以下，その世界の食料需給の展望について考えていきたい．

（2） 世界の食料生産の将来展望①
―― 環境問題からの制約

先にみたように，農業生産量の拡大は，耕地面積の増加と，単位面積当たりの収量（単収）の増加によってもたらされる．しかしながら，その両面とも，**環境問題**からきびしくチェックされ，その増加が抑制されてきているし，今後，ますます制約されることが予測されている．

まず，耕地面積の拡大の可能性について，国連食糧農業機関（FAO）では，地球上の土地表面（134億ha）のうち42億haの栽培適地があるが，現在，15億haしか耕作していない，したがって，まだ27億haもの拡大余地があると述べている．しかし，その大部分は，人口希薄な南アメリカとサハラ以南のアフリカに集中し，アジア，中近東，北アフリカなどの人口稠密地域では，現実的には余分な土地はほとんど残されていないという（FAO協会「世界の農業と食料確保」p.215)．それだけでなく，これから先，農地を拡大していくためには，どうしても，森林を潰してそれを転換しなければならない．しかし，これ以上の森林の破壊は，地球上のCO_2濃度を高め，生物多様性確保の問題など**地球環境問題**から，大きく制約されることになる．

他方，単収の増大についても，まず，肥料の増投が環境問題から制約されている．図**8･9**の折れ線グラフは，これまでの単位面積当たりの肥料使用量を，先進国，途上国別に5年おきに示したものである．世界の119か国が含まれる開発途上国の場合，ha当たりの肥料使用量が，1961（昭和36）年の5.8 kgから急増し，

2000（平成 12）年には 109.6 kg と，20 倍近くに増えている．先に図 **8･6** でみた世界の穀物生産における単収増加は，この肥料の増投によるものである．

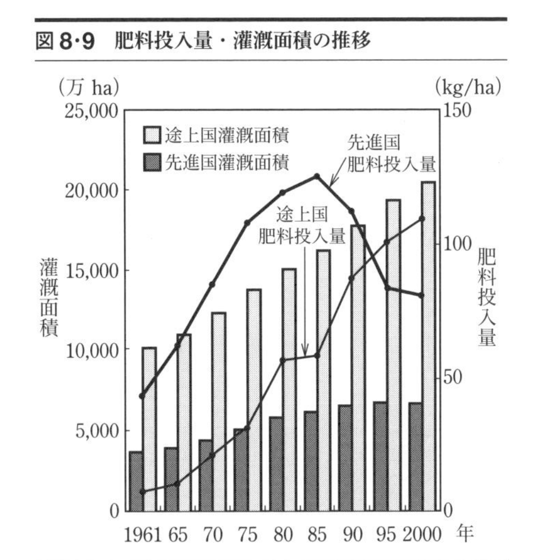

図 8･9　肥料投入量・灌漑面積の推移

資料：FAO「FAOSTAT」より作成．

しかしながら，先進国の肥料使用量をみてみると，1961（昭和 36）年の 42.5 kg から 1985（昭和 60）年の 125.7 kg までは，着実にその使用量を伸ばしてきているが，それ以降は減少に転じ，2000（平成 12）年には，15 年前の 3 分の 2 の 81 kg まで落としているのである．これは，窒素肥料の多投が，地下水を汚染するだけでなく，土壌生態系を乱すことなどから，多肥農業を反省し，**環境保全型農業**への関心が高まっていることによる．

図 **8･9** に示すように，1995（平成 7）年以降，途上国の肥料投入量のほうが先進国のそれよりも多くなっている．しかし，この途上国の肥料投入量も，近い将来，同様の理由から抑制されることも十分考えられる．このような傾向を受けて，世界全体の肥料投入量は 2017（平成 29）年に 124 kg のピークに達した後，2019（令和元）年には 122 kg に低下した（FAOSTAT, http：//www.fao.org/faostat/en/#data/EF より算出）．

さらに，農林水産省の資料によると，1950（昭和 25）年から 1995（平成 7）年にかけて，世界の水の使用量は，その 70％を占める農業用水を中心に増加し，そのテンポは，同期間の人口増加 2.2 倍を上回る 2.6 倍に達している．その結果，開発途上国を中心に，水不足に苦しむ国が大きく拡大し，2025 年までに，世界人口の半数に及ぶ 40 億人が“水ストレス”に直面するだろうといわれている（農林水産省「危機に直面する世界の水と食料生産」）．

単位面積当たりの収量（単収）の増加に寄与した要因は，ほかに**緑の革命**を演じた多収品種の開発とその普及がある．1960 年代後半，日本の農学者も深くかかわったフィリピンの国際稲研究所（IRRI）や，メキシコの国際トウモロコシ小麦改良センター（CIMMYT）は，熱帯に適した稲や小麦の新品種を開発し，開発途上国における農業生産量を飛躍的に増大させた．しかし，この多肥多収品種の導入は，先に述べたような，先進国を中心に展開する多肥栽培に対する反省や，それを可能にする農地整備への投資の遅れなどから，それによる増収も頭打ちとなり，期待された“緑の革命”も色あせたものになった．

そこで登場してきたのが，**遺伝子組換え**（GMO）による増収品種の開発である．しかし，これも，ヨーロッパや日本などの消費者を中心とした遺伝子組換え食品に対する不安から，一部の食品を除いて，その導入は抑制されている．ただ，急増する人口と，近い将来に懸念されている食料危機に対処するため，安全性をより厳密に検証したうえで，この遺伝子組換えによる飛躍的な増収効果を期待する向きも少なくない．

（3） 世界の食料生産の将来展望②
―― 地球温暖化による食料生産への影響

将来の食料供給に対する懸念は，以上の諸要因だけでなく，地球環境の劣化，具体的には**地球温暖化**にともなう**異常気象**の影響がある．

地球上では，産業の発展や人間活動の拡大によって，石炭や石油（化石燃料）を大量に消費するようになったことから，大気中の二酸化炭素（CO_2）濃度が，200年前に比べて30％も増加し，それが温室効果ガスに吸収され，地球から放射される赤外線が宇宙に放出されずに，その熱が地表にもどされることから，地球温暖化が進行するといわれている．その結果，2100年には，1990（平成2）年に比べて平均気温が1.4～5.8℃も上昇することが予測されている．

その地球の温暖化は，

① 北極圏，南極圏の氷山を溶かし，“海面水位”を上昇させる．もし，平均気温が1.4～5.8℃上昇するとしたら，海面は9～88 cm上昇すると予測されている．その結果，海岸付近に多く存在している標高の低い農地が水没する可能性がある．

② 気温が上昇することによって，現在の穀倉地帯の多くが乾燥して，高温障害，雑草や害虫が増加し，収量が低減することが予測されている．一方，現在，高緯度で栽培不適地であった寒冷地が，気温上昇によって栽培適地となる．しかし，そこでの農地開発が，さらなる地球環境の破壊につながる懸念もある．

③ 地球温暖化の影響として，すでに現実の影響があらわれているものに，異常気象がある．このことについて，よく話題となるものがエルニーニョ現象とラニーニャ現象である．**エルニーニョ現象**とは，南米ペルー沖の広い海域で海面水温が高

くなり，その状態が1年程度続く状況で，逆に，同じ海域で海面水温が低い状態が続く状況は**ラニーニャ現象**といわれている．

これらの現象は以前から起きていたが，とくにエルニーニョ現象が，1970年代中ごろ以降，より頻繁に発生し，いったん起きると，それが長期化し，地球規模の集中豪雨や洪水，低温多雨，あるいは干ばつなどによる作物への被害が出ていることなどは，地球温暖化によるものである．

これまで，地球温暖化による食料生産への影響に関する知見は確立されていなかった．しかし，2014（平成26）年，デンマークのコペンハーゲンにおいて**気候変動に関する政府間パネル（IPCC）**の第40回総会が開催され，第5次評価報告書統合報告書が採択された．この報告書は地球温暖化によって作物収量が減少すること，とくに，中南米，アフリカ，オーストラリア，アジアでの収量減少が見込まれるとしている．今後，地球温暖化がさらに進むとすれば，人類への食料供給が厳しいものとなるということが，国際社会の共通認識となったのである．国連は2015（平成27）年の第70回総会において，2030年を目標年次とする**持続的開発のためのアジェンダ**を採択した．このアジェンダでは17の開発目標（**SDGs**）を設定し，その2番目の目標は飢餓を終わらせることである．地球温暖化が食料生産に負の影響を及ぼすことが人類共通の認識となったいま，飢餓撲滅に向けた国際的な取組みの強化が求められている．

（4） 世界の食料需給予測とレスター・ブラウンの警鐘

以上のような世界の食料需給の将来展望はどうなるのか，食料経済を学ぶものにとって大きな課題である．国連を含め多くの機関や研究者が，計量経済学のモデルを作成して，そのための需給予測を行ってきた．それらの文献資料を包括的に検討した中川光弘は2001（平成13）年に刊行された『農林水産文献解題No.29 国際食料需給と食料安全保障』（農林統計協会）の総括で，以下のように述べている．

「世界には種々のモデルを使った世界の食料需給予測があるが，概していうと，1990年代前半までに公表されたものの多くは，国際的にみて今後の食料需給は過剰基調で推移するという観測が多く，楽観的な見通しのものが支配的であった．しかし，1990年代後半になると，FAO，OECDもわが国の農林水産省も，国際食料需給が変化し，実質国際価格が上昇するという予測が相次いで公表され，国際食料需給が逼迫基調に転換したということが共通認識になりつつある．」

この結論は，21世紀の最初の10年間で世界穀物価格と食料価格の高騰が起き，その後も高価格が維持されていることで裏付けられた．詳細は次節で示されるが，その悲観的ともいえる予測の先駆けとなったのがアメリカのアースポリシー研究所の設立者であるレスター・ブラウンである．同氏は，1994（平成6）年に刊行した『FULL HOUSE』（日本語訳『飢餓の世紀』ダイヤモンド社，1995年）で，次のような警鐘を打ち鳴らしている．

すなわち，世界の1人当たりの穀物生産が，1980年代の後半から低下し始めたこと，ヘクタール当たりの穀物収量の伸びも低下していること，一方，世界人口は，毎年9,000万人，1日に25万人増え，2030年には89億人となることが予測されていること，途上国の経済発展にともなって畜産物の消費が伸び，そのための飼料穀物を含めた穀物需要が急増し始めたことなどから，世界の食料は絶対的不足に見舞われるであろうという．

そして，結論として，レスター・ブラウンは，2030年に予測されている穀物収穫予想量21.5億トン〔1990（平成2）年は17.8億トン〕で，はたしてこの地球はどれだけの人口を養うことができるかを試算し，アメリカやイタリア並みの食生活では増加する人口を養えないことを示し，警告を全世界の人びとに発するのである．

レスター・ブラウンの「**人口保養力**」は，1990年時点での1人当たり穀物使用量を前提に，2030年の穀物収穫予測21.5億トンで何人の人口が養えるかを計算したものである．たとえば，アメリカの1人当たり穀物使用量を800 kgと見積もり，21.5億トンで何人が養えるかをみる．それによると，21.5億トン÷800 kg＝約25億人となるが，これは2030年の世界の予測人口89億人に遠く及ばない．同じような試算で，イタリアの場合（1人当たり穀物使用量400 kg）では50億人，中国（同前300 kg）については70億人，日本（同前320 kg）は67億人と，それぞれの穀物使用量を前提とすると「人口保養力」は2030年の予測人口を下回る．穀物使用量の少ないインド（同前200 kg）については100億人養えるが，その他の国については穀物使用量を減らさない限り2030年の人口を養えない．

以上のレスター・ブラウンの「人口保養力」の概念を使い，新しいデータを用いて再計算をしてみたものが表**8･6**である．FAOの見通しでは2050年の穀物生産は30.1億トンである（FAO「World Agriculture Towards 2030/2050（2012年改訂）」）．また国連によると2050年の人口見通しは97億人である（国際連合「World Population Prospects; The 2019 Revision」の中位予測）．FAOの公表データによって，アメリカをはじめ，いくつかの国について1人当たりの畜産物と穀物の消費量，さらに畜産物生産に必要な穀物量を推計して示したものが表**8･6**である（2018年現在）．

表 8·6　地球上の人口保養力の試算（2018 年基準）

国名		1 人当たり畜産物および穀物使用量（kg）							2050 年穀物収穫予測（億トン）	保養可能世界人口（億人）	2050 年予測人口（中位：億人）
		食用	牛肉	豚肉	鶏肉	鶏卵	牛乳	合計			
アメリカ	消費量	110.8	37.2	28.0	56.6	16.2	253.8	727	30.1	41	97
	穀物換算消費量	110.8	260.4	112.0	113.2	42.1	88.8				
イタリア	消費量	161.0	16.6	43.6	18.9	11.7	231.3	601		50	
	穀物換算消費量	161.0	116.2	174.4	37.8	30.4	81.0				
中国	消費量	193.6	5.5	38.3	14.2	19.7	26.1	474		63	
	穀物換算消費量	193.6	38.5	153.2	28.4	51.2	9.1				
インド	消費量	178.8	1.0	0.2	2.3	3.3	108.4	238		127	
	穀物換算消費量	178.8	7.0	0.8	4.6	8.6	38.0				
日本	消費量	139.7	9.6	21.5	18.8	19.8	55.0	401		75	
	穀物換算消費量	139.7	67.2	86.0	37.6	51.5	19.2				

〔注〕レスター・ブラウンが「飢餓の世紀」で行った試算にならい，表 8·2 の食肉・鶏卵生産に必要な穀物量（各 1 kg の食肉生産に必要な穀物量を牛肉 7 kg，豚肉 4 kg，鶏肉 2 kg，鶏卵 2.6 kg とする）をもとに，各国の食肉・鶏卵消費量をもとに必要な穀物量を計算．牛乳については，バター 1 kg，生クリーム 1 kg に必要な牛乳量をそれぞれ 12.3 kg，5.6 kg（日本乳業年鑑の生乳換算率）として換算して牛乳消費量に加算．そのうえで牛乳 1 kg 生産に必要な穀物量を，畜産物生産費をもとに乳牛 1 頭当たり給餌穀物量〔大麦，その他，麦，トウモロコシ，飼料用米，配合飼料，TMR（× 0.48）〕と生産乳量から，牛乳 1 kg 生産に必要な穀物量を 0.35 kg とみなして試算．

資料：レスター・ブラウン「飢餓の世紀」，FAOSTAT “New Food Balances”（http://www.fao.org/faostat/en/#data/FBS），塩谷ら「発酵 TMR の飼料特性と利用の展望」栄養生理研究会報 51（2）2007 年，日本乳業協会「日本乳業年鑑」2020 年版，農林水産省「畜産物生産費調査」（2019 年）

レスター・ブラウンの推計に比べると，アメリカの 1 人当たり穀物使用量は 800 kg → 727 kg とやや減っているが，イタリアは 400 kg → 601 kg，中国は 300 kg → 474 kg，インドは 200 kg → 238kg，日本でも 320 kg → 401 kg と増大している．このため，収穫予測が 2030 年の 21.5 億トンから 2050 年には 30.1 億トンに増えると予想されているものの，保養可能な人口は全体として必ずしも増えない見通しである．

前述のとおり，2050 年の予測人口は 97 億人と 2030 年予測の 89 億人より増えるため，インド水準（127 億人）を除いたアメリカ（41 億人），イタリア（50 億人），中国（63 億人），日本（75 億人）ともに保養可能人口が予測人口を大きく下回る．インド水準以外の国のレベルでは穀物使用量を減らさない限り 2050 年の人口を養えない．

レスター・ブラウンが発した警告はいまなお生きている．われわれは，このレスター・ブラウンの警鐘を十分，噛みしめ，それを回避するための何らかの行動を起こしていかねばならない．

5 世界の食料需給の展望

（1） 21世紀初頭の穀物国際価格の急騰とその影響

2006年～2008年の予想を絶する穀物価格の騰貴

21世紀を迎えて数年後，世界の**穀物市場**において，それまで予想もしなかった大変動が起きた．それは，図**8·10**に示す**穀物価格**の急騰である．それまでトン当たり100～200ドルの範囲で推移していた小麦価格が，2006（平成18）年から上昇し始め，2008（平成20）年3月には403ドルにまで上昇した．同様に，それまで100～150ドル前後であったトウモロコシが，2008年6月には287ドルに，200～300ドル前後であった大豆が，7月に554ドルの最高値をつけたのである．

図8·10 穀物等の国際価格の推移

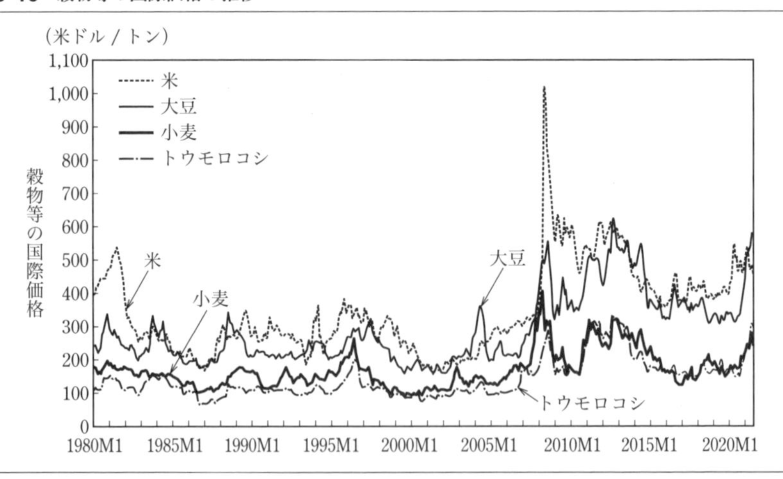

〔注〕 月平均データ．
資料：IMF「Primary Commodity Prices」（https：//www.imf.org/en/Research/commodity－prices）

これまで述べてきたように，世界の**穀物需給**は逼迫し，潜在的にその国際価格が高騰することは予測されてはいたが，この間の急騰ぶりは，予想を絶するものであった．従来の論議の延長線上にない何かの要因がその背景に潜んでいるものと考えざるをえない．そのことについてはすぐ後で述べるが，その前に，この穀物価格の急騰の地球規模での影響について述べておきたい．

20か国で発生した食料価格高騰による暴動等

地球上には，2008（平成20）年時点で，**開発途上国**を中心に，1日1ドル以下の生活を送っている貧困層が10億人以上いたが，彼らにとって，食料価格の高騰は深刻であった．当時の穀物価格の急騰を受けて，2008（平成20）年10月，FAOは，**食料安全保障**上の危機に直面している国が36か国（うちアフリカ20か国）あると発表した（「政府開発援助（ODA）白書」）．

同年4月，カリブ海のハイチの首都ポルトープランスでは，米・大豆などの食料品価格の高騰に市民が抗議し，10日以上の暴動が続いて7名が死亡し，首相が解任される事態が発生した（「ODA白書」）．2009（平成21）年3月の農林水産省「海外食料需給レポート2008」には，**食料価格高騰**などによる抗議運動・暴動などが起きたハイチを含む20か国が紹介されている．それによると，暴動などが起きて死者も出た国は，アフリカのカメルーン，コートジボアール，ソマリア，モーリタニア，エジプトなどであるが，アジアでも，インドネシア，ウズベキスタンで暴動，フィリピン，バングラデシュでも抗議デモが発生しているし，中米の大国メキシコでも暴動が起きている．

世界銀行による**貧困人口**の定義は2015（平成27）年から1日1.9ドル以下で暮らす人々と改められ，2018（平成30）年に世界人口の9.3％が貧困状態に陥っているとされる（同年の世界人口国連推計が76.3億人なので，実数では7.1億人と推定）．食料価格の高騰は，今なお極めて多くの人々の死命を制しているのである．

世界各国で農産物の輸出規制

穀物価格の高騰は，国際市場での穀物の調達を困難にする．あるいは，穀物の確保をめぐって，国家間でその激しい争奪戦が展開する．自国で生産した農産物の自国での消費を優先させるため，農産物の**輸出規制**が，2007（平成19）年末から2008（平成20）年にかけて各国で実施された．

先の農林水産省「海外食料需給レポート」にその実態が紹介されている．2009（平成21）年1月段階で撤廃したもの（6か国）も含めてそれは19か国に及んでいる．農産物の輸出大国では，ブラジルで米，アルゼンチンで小麦・トウモロコシ，ロシアで小麦，ベトナムで米の輸出禁止，また，中国で米・小麦・大豆・トウモロコシ，ウクライナで小麦・トウモロコシの輸出枠や輸出税の設定などによる輸出規制が実施されている．一方，人口大国のインドでも小麦・米・トウモロコシ，インドネシアで米，パキスタンで小麦，エジプトで米が輸出禁止されている．

穀物の国際価格がその後低下したこともあって，輸出規制は撤廃されたものも多い．しかし今後，また穀物価格の高騰があった場合，このような輸出禁止がいつ再燃してもおかしくないという事態をわれわれは，この機会に学習した．**食料自給率**が極端に低いわが国として，このことは無視できない事実である．

（2） 国際価格の騰貴の新たな要因

2008年穀物価格の高騰について4つの要因

「**食料・農業・農村白書**」（平成21年版）では，この時期の国際価格の高騰の要因について，

① 中国やインドなどの開発途上国の経済発展による食料需要の増大，

② 世界的なバイオ燃料の生産拡大にともなう食料以外の需要の増大，

③ 地球規模の気象変動の影響，

④ これら中長期的に継続する構造的要因に加え，輸出国の輸出規制による影響，さらに穀物市場への投機資金流入の影響，

という4つをあげている．

このうち①については，本章でくわしく論じてきた要因であり，③についても，すでに指摘してきた要因である．ただ，2006（平成18）年，2007（平成19）年には，穀物輸出国のオーストラリアで大干ばつがあり，小麦・米が凶作，同年，EU・ウクライナでも干ばつによる小麦の不作，アメリカでも2007年の高温乾燥気候による大豆の減収など，異常気象の影響が続き，この時期の穀物相場に影響した．地球温暖化による食料生産への悪影響は，IPCCの第5次報告書が述べているように，今後も頻度を増しつつますます大規模化することが確実である．

さらに，今回の国際価格の急騰で無視できない新しい要因は，②のバイオ燃料の原料としての新たな農産物需要の増大と，④の穀物市場への**投機資金**の流入である．

自動車燃料に代替するバイオ燃料需要の増大

それまで，ブラジルを中心に，サトウキビを原料とした**バイオエタノール**がガソリンに代替する燃料として利用されていた．それに対して，穀物であるトウモロコシを原料とした“**バイオ燃料**ブーム”の引き金となったのは，2005（平成17）年に成立したアメリカのブッシュ政権の“包括エネルギー法”で，そこでは，地球温暖化対策として，また，エネルギーの中東依存脱却を目的に，アメリカ国内でのエタ

表 8·7　バイオ燃料生産の動向（100 万キロリットル）

年　次	バイオエタノール				バイオディーゼル		
	世界計	アメリカ	ブラジル	EU	世界計	EU	アメリカ
2005 年	48.4	16.9	15.7	2.9	4.9	3.6	0.3
2010 年	99.4	48.5	26.7	6.2	19.8	9.9	1.0
2017 ～ 19 年平均	124.9	60.2	32.7	6.1	43.1	14.7	8.4
2029 年見通し	140.1	63.5	39.0	6.2	45.6	13.0	8.3

資料：食料・農業・農村白書参考統計表，OECD-FAO「Agricultural Outlook 2015－2024」・「Agricultural Outlook 2020－2029」

ノール使用量を 6 年間で 2 倍にするよう，各種の助成政策が打ち出されたことによるといわれている．

バイオ燃料の生産増加は表 **8·7** でみるように，ガソリン代替のバイオエタノール，軽油代替の**バイオディーゼル**ともに顕著であり，また今後も増加を続けると予想されている．なかでもアメリカでのバイオエタノール生産は急増しており，アメリカで生産されるトウモロコシのエタノール原料向け比率は，2019/20（令和元 /2）年に 35.7％に達している．

それまで，穀物といえば，人間や家畜の食料としてだけ利用されていたものが，この時期から，自動車などの燃料としても大量消費され，人間と自動車が，限られた量の穀物を奪い合う時代となったのである．なお，このような趨勢がどのように展開するか，現時点では電気自動車・燃料電池車などの開発・普及と，各国政府が実施すると予想される規制策により不透明となっている〔EU は 2035 年にガソリン車の新車販売を禁止する案を発表（「朝日新聞」2021 年 7 月 15 日）〕.

穀物市場に参入する投機マネーがさらなるかく乱要因に

先の図 **8·10** でみたように，穀物・大豆の価格は，2008（平成 20）年の 3 ～ 7 月をピークに急落した．まさに乱高下したのであるが，その理由は，それまで金融市場に集中していたヘッジファンドなどの投機マネーが，アメリカのサブプライムローンの破綻を契機に，株式市場から原油市場へ，そして穀物市場に乗り換えたことによって，原油ならびに穀物価格を急騰させ，そしてその投機マネーが，今度は，これまたアメリカの**リーマンショック**による世界金融不況の下で，それら市場から離脱したことによって，価格が急落したのである．

農産物の国際価格は，このように，従来は予想もできなかった新しい要因によって市場がかく乱され，不安定な価格が日常化するような事態が現実のものとなった．図 **8·10** にみたように，急落した穀物などの価格が，近年，また上昇し始めている．

図 **8･11** は，食料全体の価格動向を示す指数である（2016 年＝ 100）．2006（平成 18）年頃から，**食料価格**全般が急騰したこと，リーマンショックに端を発した世界金融・経済危機の影響でいったんは価格が急落するが，2011（平成 23）年に再び高騰，その後やや落ち着きを示すが，2020 年末頃から穀物価格上昇と軌を一つにして再度高騰しつつあることが示されている．

図 8･11　食料価格指数の推移（2016 年＝ 100）

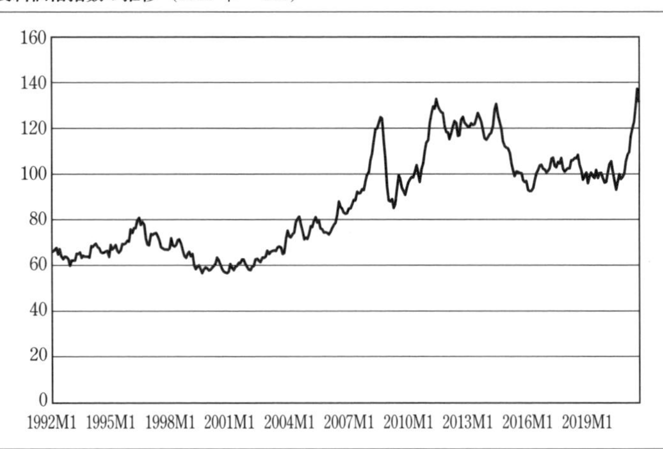

資料：IMF「Primary Commodity Prices」（https：//www.imf.org/en/Research/commodity－prices）

これには，本章でくわしく述べた農産物の構造的な需給逼迫がその背景にあり，さらに，それにバイオ燃料需要が新たに加わった以上，中長期的には，穀物などの価格上昇は避けられないものと考えなければならない．そして，そのような背景がある以上，いつ，また投機マネーが穀物市場に参入してきてもおかしくない状況にある．

2008（平成 20）年に起きた穀物価格の急騰は，食料経済を学ぶものにとって，現実の満ち足りた食生活を反省し，その背後に潜む食料安保にかかわる問題の重要な教訓として，深く記憶に刻み，とどめおくべき事柄である．

9

日本の食料政策

1　食料政策の課題

食料は人間の生存に欠かせない．それだけに，食料の安定的な供給は人間の生命と社会の存続を保障する基本的条件である．このため，世界各国の政府は自国民への食料の安定供給を確保するためにさまざまな制度を定め，政策を実施している．本章ではわが国の食料政策を概観し，直面する諸問題について考える．

食料政策は，きわめて広い分野にまたがる政策である．フードシステムを構成する川上から川下に至る各産業分野とその主体，すなわち，農林水産業，食品製造業，食品流通業，外食産業とその関係者，ならびに農林水産物・食料の需給と貿易，そして食料消費行為と消費者を政策対象とする．政策の目的としては，食料の安定供給確保を根幹にすえ，フードシステムに関わる産業の振興と持続性確保，食料の需給調整，食料価格の安定と適正価格の実現，食料・食品の品質保証・安全確保などがある．

フードシステムの「砂時計構造」にみられる（4 章の図 4･4 参照）ように，川上に位置する農林水産業には多数の零細な生産者が存在し，農林水産物の安定供給のためには，生産活動と生産者の経営安定のための生産・経営支援，農林水産技術の開発・普及，農林水産物の価格安定，農協・漁協・土地改良区など農林水産業関係団体支援など多方面にわたる対策も課題となる．

また，食料の安全確保のためには，生産・流通過程における品質保証システムの確立と支援，表示制度を始めとする公正取引条件の整備などが必要となる．さらに，消費者の食料に関するリテラシー向上など消費者教育（食育）推進，食料に関する消費者主権の確立なども重要な政策課題である．加えて，食料の輸出入を管理する貿易政策が，グローバル化が進むもとで食料の安定供給にとってきわめて重要となっている.

1999（平成11）年に制定された**食料・農業・農村基本法**では，第1条に目的を掲げたうえで，第2条「食料の安定供給の確保」において，

1. 食料は，人間の生命の維持に欠くことができないものであり，かつ，健康で充実した生活の基礎として重要なものであることにかんがみ，将来にわたって，良質な食料が合理的な価格で安定的に供給されなければならない.

2. 国民に対する食料の安定的な供給については，世界の食料の需給及び貿易が不安定な要素を有していることにかんがみ，国内の農業生産の増大を図ることを基本とし，これと輸入及び備蓄とを適切に組み合わせて行われなければならない.

3. 食料の供給は，農業の生産性の向上を促進しつつ，農業と食品産業の健全な発展を総合的に図ることを通じ，高度化し，かつ，多様化する国民の需要に即して行われなければならない.

4. 国民が最低限度必要とする食料は，凶作，輸入の途絶等の不測の要因により国内における需給が相当の期間著しくひっ迫し，又はひっ迫するおそれがある場合においても，国民生活の安定及び国民経済の円滑な運営に著しい支障を生じないよう，供給の確保が図られなければならない.

としている.

すなわち，良質な食料の合理的価格による持続的・安定的供給，国内農業・輸入・備蓄の組み合わせ，高度化・多様化する食料需要に対応した農業・食品産業の生産性向上と発展，必要最低限度の食料確保（＝**食料安全保障**）を図るとしている.

本章では，食料・農業・農村基本法の掲げた政策課題を踏まえ，以下では食料政策の根幹をなす「主食」政策，食料の安定供給の基本である国内農業生産の存続に関わる貿易政策，フードシステムを構成する川上から川下までの食料生産に関わる産業振興政策（産業政策）を取り上げ，最後に世界的にみて異例ともいえる低い食料自給率について，食料安全保障との関連で考える.

2 「主食」政策 — おもに米政策を対象として —

（1） 米政策の歴史

「主食」という概念

日本や中国南部（華南）では米，中国北部（華北）では小麦などの穀物が**主食**とされ，食事から摂取するエネルギーの基幹を構成する．しかし，欧米では主食概念

が希薄で the staple（principal）food（主要食料），a staple（diet）（必需食料）というものがそれに近い概念である.

このような食のあり方は，主要な食べ物の細かな区分や名称に反映する.

たとえば，米の区分にうるち（粳米）ともち（糯米）があり，日本語ではそれぞれ固有名詞をもつが，英語では glutinous rice（粘る米）か nonglutinous rice としか区分されない．さらに，米の加工品となると多くの種類と名前がある．米粉だけをとっても，うるち米から作る上新粉・米粉（だんご，柏餅，草餅の材料，和菓子の材料，米粉パンの材料），もち米から作るもち粉，白玉粉（寒ざらし粉ともいう．大福，だんご，求肥の材料）がある．さらにこのほか，もち米からは寒梅粉（豆菓子，粉菓子の材料），しん粉，道明寺粉（桜餅の材料），みじん粉（微塵粉，上早粉，和菓子の材料）があり，みじん粉はまたうるち米からもつくられる（並早粉）.

なお，反対に肉食ベースの西洋では，たとえば豚を表現する言葉としては pig（豚，子豚，豚肉），swine（豚），hog（去勢雄豚，食用豚，豚），pork（豚肉），boar（去勢しない雄豚，雄豚の肉），sow（成熟した雌豚），gilt（若い未経産の雌豚）があり，「豚」に母，子，雄，雌などの形容詞的名詞を付して表現する日本語とは大いに異なる．さらに羊は ewe（成長した雌羊，雌羊），lamb（1 歳以下の子羊，子羊，子羊肉），ram（去勢しない雄羊），sheep（羊），mutton（羊肉）の区分があるという具合である.

食文化・生活様式・産業構造の特徴が，主要な食べ物でもある米や家畜の名称（対象の細区分化）に反映されている．本節では以下，おもに，わが国の主食概念の中核をなす米について政策の歴史をみていこう.

家計に占める高い米支出割合と米価の高騰

わが国の主食である米は，現在，**食糧法**によって需給調整が図られている．この食糧法の前身で，長くわが国の米政策の根幹となっていた**食糧管理法**は，第二次世界大戦中の 1942（昭和 17）年に公布されたものであるが，それを知るためには，その背景にあった米価の乱高下に対する長い政策努力の歴史にまでさかのぼる必要がある.

わが国の米の取引は，明治維新以降，自由経済の下で行われていた．米価は自由取引（各地の**米穀取引所**）で決められ，政府は基本的に放任の姿勢をとっていた．このような状況下での米価は，その年の作柄の影響による供給の過不足，それに，米が投機の対象にされていたこともあって，図 **9·1** のように，大きな価格変動を繰り返していた．とくに，1910 年代後半における米価の高騰が著しく，1917（大正

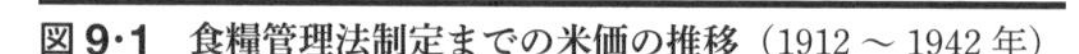

図 9·1　食糧管理法制定までの米価の推移（1912 ～ 1942 年）

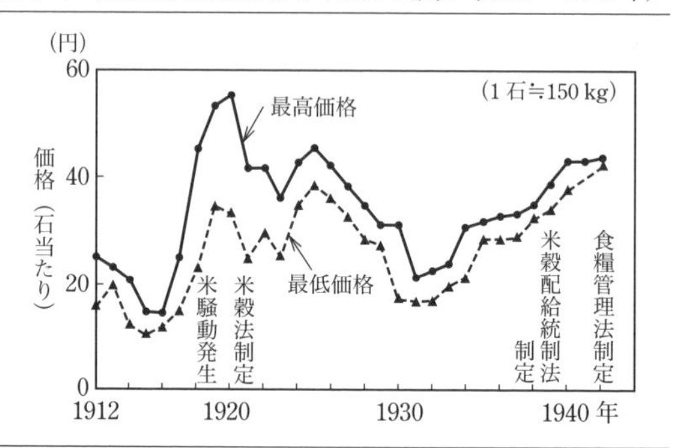

〔注〕 1. 価格は東京深川正米市場の内地玄米中米標準相場による．ただし，1939 年 10 月以降は東京米穀市場深川分市場の相場による．
2. 最高価格と最低価格は年度内日別相場による最高値と最低値である．

資料：食糧管理局「食糧管理統計年報」1948 年度版より作成．

6）年 2 月に 15.8 円（1 石当たり：重量換算で約 150 kg）であった米価が，翌年の 10 月には，約 3 倍の 44.4 円に高騰している．

当時の家計に占める米の購入費のウエイトは，表 **9·1** でみるように，1912（大正元）年で，食料費の 37 %，家計費全体でも 24%を占め，そのような米価の高騰は，直接，国民生活に大きな打撃を与えた．1918（大正 7）年 7 月に発生した**米騒動**は，米価が騰貴するなかで，富山県の漁師の主婦たちが，県外への持出し米の船積み中止を求め，米価高騰に対する抗議行動に出たことに端を発し，全国各地に波及していったのである．

その後，米購入費の家計に占める割合は徐々に低下するが，日中戦争開始前年の 1936（昭和 11）年においても食料費の 30%，家計支出の 15%を米購入費が占めていた．このような状況は第二次世界大戦後に大きく変化し，1970（昭和 45）年には食料費の 13%，家計費の 4%に，2000（平成 12）年にはそれぞれ 4%，1%，2018（平成 30）年には 2.6%，0.7%と大きく低下した．現在では米購入費は家計費全体に対してだけでなく，食料費に占める割合も著しく低下し，経済的にみて米は家計支出においてマイナーな品目となった．

表 9·1　米購入費の家計支出および食料費支出に占める割合の推移（%）

	1912 年	1936 年	1970 年	2000 年	2018 年
家計支出に占める割合	24.0	14.9	4.4	1.1	0.7
食料費支出に占める割合	37.3	29.7	12.9	4.2	2.6

〔注〕 2 人以上の世帯．2000 年以降は農林漁家世帯を含む（それ以前は農林漁家以外の世帯の集計）．

資料：1936 年までは一橋大学経済研究所「長期経済統計（LTES）」（https：//webltes.ier.hit-u.ac.jp/repo/repository/LTES/，原資料は篠原三代平「長期経済統計」）による．それ以降は総務省「家計調査年報」．

とはいえ，1993（平成5）年に**平成米騒動**が起きたように，米が入手できないとなると現在でも社会はパニック的様相を容易に示す．平成米騒動は同年の米作況指数が74となり，前年の収穫量1,055万トンが781万トンへと274万トン減少したことが原因であった．大正時代の米騒動以来，食料政策の根幹として**米政策**が重要視されてきたが，現在でも米政策の重要性は失われていない．

米価安定と食料不足に対する配給制度

本格的な米政策は，米の価格安定のために制定された1921（大正10）年の**米穀法**にさかのぼる．同法により，政府が適宜，米の買入れ・売渡しを行うことを通じて米穀の需給調整を実施する，いわゆる**間接統制**によって米価の安定を図った．

1931（昭和6）年に満州事変が始まり，それから日中戦争〔1937（昭和12）年～〕へと戦争が進むにつれて，農業労働力と資材が戦争に駆り出され，わが国の農業生産基盤は弱体化していった．そして，それを補うものとして，台湾，朝鮮（現在の韓国と北朝鮮）の植民地で生産された米が移入されるようになり，その**移入米**によって，ようやく食料自給が確保されていた．ところが，1939（昭和14）年，その朝鮮と西日本一帯が大干ばつに見舞われ，食料の供給不足が急浮上した．

そこで，政府は，限られた食料を均一に配分するために，**米穀配給統制法**〔1939（昭和14）年〕を公布し，米穀商を許可制にするとともに，それまで主要都市にあった米穀取引所を廃止して，国策会社の日本米穀株式会社を設立し，そこを通じて一元配給するという配給統制体制をとるようになった．

さらに，朝鮮，台湾からの移入米の減少が恒常的なものとなり，国民に対する食料の供給不足はより深刻となった．そして，戦争がよりいっそう進み，1941（昭和16）年に太平洋戦争へと突入した．その翌1942（昭和17）年，前述のような統制措置を整理統合し，より拡充した“食糧管理法”が公布される．そこでは，米だけでなく限られた主要食糧を国民に平等に配分するための配給制度が，この食糧管理法の下で展開したのである．

第二次世界大戦後の極度の食糧不足と食糧管理制度

終戦の1945（昭和20）年は，米が大凶作であった．加えて，外地にいた軍人ならびに一般邦人の引揚げによって人口が急増する一方で，外国からの食料輸入は閉ざされ，極度の食料不足に陥った．都市の消費者に対する食料の配給は，遅配，欠配が相次いだ．そこで，多くの消費者は，不足する食料を補うため，ヤミ食料を争って買い求めた．1946（昭和21）年における米の平均ヤミ価格は，1石（約150 kg）当たり4,840円であったのに対して，政府が農家から買入れる価格（供出価格）は，その約9分の1の550円にすぎなかった．そのような背景の下，農家からの供出は，“ジープ供出”と呼ばれるように，進駐軍（占領下の駐留米軍）の力を借りた強権発動であった．このように，終戦直後の食糧管理制度は，とくに農民に対して低米価を強いるなかで，消費者のための食料を確保する重要な手段となったのである．

1950年代に入ると，戦後の経済復興が進み，農業の生産力も徐々に回復し，食料の供給が満たされるようになり，食料の統制もゆるめられていった．まず，いも類が1950（昭和25）年に，雑穀が1951（昭和26）年に解除され，1952（昭和27）年には，麦類が直接統制から間接統制に移行された．しかし，主食の米は，まだ供給不足であったため，直接統制は続けられた．

ところが，この時期になると，占領下で行われていた強制割当てによる供出はできなくなり，それに代わって，経済的誘導による供出を行わざるをえなくなった．すなわち，米価の算定方式が物価にスライドする**所得パリティー方式**に変更され，それに，早期供出，超過供出，供出完遂の一連の奨励金が加算されるなどして，米価が引き上げられた．その結果，農民の生産意欲が刺激され，凶作の年が幾度かあったものの，1955（昭和30）年には，米はこれまでにない大豊作となり，この年を境にして，米供給が不足基調から抜け出すようになった．

（2） 米の生産調整（減反政策）の開始

以上のような変遷をいま一度，古くさかのぼって，わが国の米経済の動向を跡づけてみたい．図**9·2**は，明治以降の140年近くの期間について，10年おきに，米の需給と米生産のための作付面積の推移をみたものである．1880（明治13）年のわが国における米の消費量は440万トンであった．その後，人口増にともなって米の消費量も増加するが，1910（明治43）年の800万トン程度までは，その需要増に対応して国内生産も伸び，米の国内自給は実現できていた〔じつは日本も，1896（明治29）年までは米の純輸出国であった〕．しかし，大正年代（1912～26年）に入って生産量の伸びが止まり，需給バランスが崩れ，わが国の米経済は，前述のように，植民地であった台湾，朝鮮からの移入米でその不足を補った．

第二次世界大戦が終結した1945（昭和20）年，植民地の移入米による補完ができなくなり，わが国は極度の食糧不足に陥り，図でみるように消費量は激減する．しかし，その後の農家と農業関係者の努力によって，1960（昭和35）年には，生産量は1,200万トンの大台にのせ，念願であった米の自給を再び達成し，米経済は新たな局面に移行する．

図 **9･2** の折れ線グラフの1970（昭和45）年をみると，米の生産量が消費量を上回っている．この時代から，わが国の米経済は，米の生産過剰に悩まされることになる．折れ線グラフのその後をみると，過剰基調の下，消費量，生産量ともに減少させながら，どうにか需給バランスをとっているのであるが，そのことは，図の棒グラフでみる米の作付面積の減少，すなわち1960（昭和35）年の331万haから2018（平成30）年の147万haへと生産調整（減反）させることで，その需給バランスを維持させてきているのである．

図 9･2　明治以降の米の需給と作付面積の推移

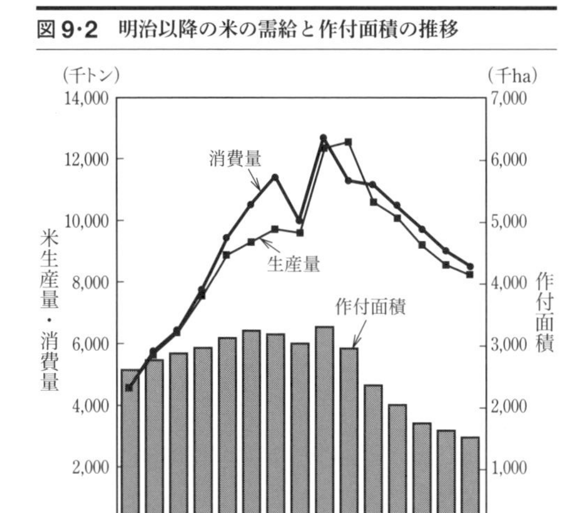

〔注〕 年次変動を避けるため前年，後年の3か年平均．
資料：加用信文「日本農業基礎統計」，農林水産省「食料需給表」，「作付面積統計」．

このように，1970年代以降のわが国の農政は，米の生産過剰対策を機軸に展開していった．表 **9･2** は，その**米の生産調整**の推移を示したものである．米の生産調整が正式に始まった1971（昭和46）年からおおむね5年おきの水田面積，生産調整面積，水稲作付面積が表示されているが，当初，水田面積の17.3%の減反割合であったものが，2003（平成15）年には41.9%と，全国の水田のほぼ4割が，米をつくらずに他の作物に転作することを強いられている．こうした**減反**は，2004（平成16）年から，政府が面積を割当てる方式を改め，米の販売実績を基礎に生産数量を配分する方式に，さらに，2007（平成19）年からは，農業者，農業団体が需給調整を行う方式に移行している．この間，ほぼ一貫して水田面積は減り続け，その減少した水田面積に対する水稲作付割合も，2019（令和元）年には61.0%にまで低下している．

水田における水稲作は連作が可能であり，しかも，面積当たりの穀物生産量がほかの作物に比べてきわめて高いことから，今世紀に入って明らかになってきた地球規模での食料危機に対応するうえでも，水田は貴重な生産施設であり，水稲は貴重な作物である．しかしながら，なぜ，その水田での水稲の作付けがわが国で制限さ

表 9･2 米の生産調整面積，作付面積の推移

年次	水田面積（千 ha）	生産調整面積		水稲作付面積		1人当たりの米消費量（kg）
		面積（千 ha）	割合（%）	面積（千 ha）	割合（%）	
1971	3,134	541	17.3	2,626	83.8	93.1
1975	2,959	264	8.9	2,719	91.9	88.0
1980	2,858	584	20.4	2,350	82.2	78.9
1985	2,766	594	21.5	2,318	83.8	74.6
1990	2,672	593	22.2	2,055	76.9	70.0
1995	2,579	665	25.8	2,106	81.7	67.8
2000	2,485	969	39.0	1,763	70.9	64.6
2003	2,440	1,022	41.9	1,660	68.0	61.9
2005	2,410	—	—	1,652	68.5	59.4
2010	2,355	—	—	1,580	67.1	57.5
2015	2,310	—	—	1,406	60.9	53.1
2019	2,261	—	—	1,379	61.0	51.4

〔注〕 1. 1人当たり米消費量のもっとも多い年は 1938（昭和 13）年で 140.2 kg.
2. 2004（平成 16）年から生産調整面積の設定は行わず，生産目標数量を示すこととなった．水稲作付面積は主食用米作付面積を示す．
3. 2005 年以降の 1 人当たり米消費量は，飼料用・米粉用などの新規需要米を除いた数量．水田面積はけい畔を除く本地面積．

資料：農林水産省「米麦データブック」，「耕地及び作付面積統計」，「米をめぐる関係資料」，「食料需給表」

れなければならないか．理由は，表 **9･2** の右端の欄に示した 1 人当たりの米消費量の減少，すなわち，1971（昭和 46）年に 93.1 kg であったものが，2019（令和元）年には 51.4 kg へと，45％減っていることによる．表示していないが，さらにさかのぼって 1938（昭和 13）年をみると 140 kg となっており，当時に比べると米消費量が 4 割以下になっているのである．

（3） 米政策の現状

―― 直接統制から間接統制へ，さらに自由経済へ

自由経済 ― 間接統制 ― 直接統制 ― 部分管理・間接統制 ― 政府備蓄・自由経済

このように，米をめぐる情勢は大きく変化している．それに対して，米管理にかかわる国の農政も大きく変貌してきている．多少繰返しになるが，概観すると，明治・大正期は，基本的に自由経済の下に取引が行われ，大阪の**堂島米穀取引所**などで取引されていたが，図 **9･1** でみたように，その米相場は乱高下していた．当時は，これまた表 **9･1** でみたように，家計に占める米支出金額の割合は高かったため，時の政府は，まずは米価安定のための米穀法〔1921（大正 10）年〕を制定し，

安値のときに買入れ，高値のときに売渡すという間接統制の方式で米市場に介入していた．

太平洋戦争に突入した翌年の1942（昭和17）年，米をはじめとした主要食糧を国が全量買上げ，販売するという食糧管理法が施行されて，直接統制の時代に入る．農家から買入れる生産者価格も，政府が売渡す消費者価格も国が決定するという統制が，米だけは長く続き，食糧管理法が廃止され，それに代わる食糧法が制定される1994（平成6）年まで，なんらかの形で続くのである．

新たに制定された食糧法では，米の流通を，それまでの政府管理から民間流通（**自主流通米**ほか）に移行させ，価格も，“自主流通米価格形成センター”で入札によって決定されるよう，市場原理を導入した方式に切り替えた．極端な価格変動を避ける意味から，自主流通米価格形成センターでの価格形成機能に一定の枠をはめたとしても，米流通を民間流通にあずけ，一部残された政府米は，それを運用した需給調整，あるいは政府主導による**備蓄米**の管理を行うという，部分管理，間接統制となった．

米政策改革大綱と食糧法の改正 ― 間接統制から政府備蓄・自由経済へ ―

このように，部分管理，間接統制の食糧法に移行したにもかかわらず，消費の減少が続いていたことから，米をめぐる情勢は一段ときびしいものとなった．すなわち，米の生産調整に限界感が出てきたことと，米の過剰基調が継続して，米価の低下などを引き起こし，米の担い手を中心とした水田農業経営が困難な状況に立ち至った．

このような状況から，2002（平成14）年末に，農林水産省は**米政策改革大綱**を公表，2004（平成16）年には食糧法を改正した．これにより，米政策は，① 従来の全国一律的な転作奨励金による生産調整を，それぞれの市町村が，“地域水田農業ビジョン”を策定して，地域自らの発想・戦略で生産調整をもとにした産地づくりを展開する．② 米の流通では，政府米の備蓄機能を維持しつつ，計画流通米（自主流通米と政府米）のうちの自主流通米と，食糧法で自由な販売を認めた計画外流通米（それまでの“ヤミ米”）との区別をなくし，民間流通米として一本化する．

そのため，自主流通米価格形成センターを“米穀価格形成センター”に組織替えするとともに，従来の取引規制を大幅に緩和して，自由経済の原則をより多く取り入れる．そこで予想される米価の価格変動に対して，国と米生産農家が拠出する基金をもとに，国が運営する**担い手経営安定対策**などで生産者に補てんするという体制を整えた．その後，米流通は民間の相対（あいたい）取引への移行が進み，米穀価格形成センターへの上場が急速に減少し，同センターは2011（平成23）年に解散した．

この間，2009（平成21）年の総選挙で政権交代が起き，民主党を中心とする新政権は，農家の戸別所得補償を2010（平成22）年度から実施し，水稲作に10 a当たり1万5,000円が給付され，この政策は大規模経営を含めた農家経営の安定に結び付いたという見方が多い．その後，2012（平成24）年の総選挙で自民党政権が成立すると，政策名称が米の直接支払交付金と変更され，金額が半分に引き下げられるとともに，2017（平成29）年産米でこの政策は廃止されることとなった．この政策が米価に与えた影響については，所得補償金を織り込んだ取引価格がみられることから，米価抑制的に作用したとする見方が多いようである．

現在の米流通は，不作時の対応として政府が買入れて備蓄する**政府備蓄米**（約100万トン）以外はすべて自由に流通し，価格も市場の実勢に任されている．

なお，以上は国内産米の流通であるが，GATTウルグアイラウンド合意を受け，1995（平成7）年以降，**ミニマム・アクセス米（MA米）**と呼ばれる外国産米の輸入がわが国に義務づけられている．2000（平成12）年以降の輸入義務は年77万トンで，2020（令和2）年にはおもにアメリカとタイから輸入されている．しかし，主食用に使われるのはごく一部で，大半が飼料用に，残りの多くは加工用（みそ・焼酎・せんべい等）に使われている．

（4） 麦政策の現状

日本人の主食としては米がゆるぎない地位を占めてきた．しかし，麦もまた主食の一つである．表**9·3**は，1930（昭和5）年以降の，米，麦類，雑穀，いも類，豆類そしてでんぷんの国民1人当たり供給量を表している．エネルギー供給の軸となる主食ないし主食に近い品目を選んでいる．植物性エネルギー摂取という観点からみると，米がもっとも重要な食料であることはいうまでもないが，麦類，いも類もまた重要な地位を占めてきたことがわかる．

第二次世界大戦後の食糧危機では一時的な変動がみられるが，それを別にすると，米の趨勢的な減少にともなって麦類の地位が相対的に上昇したことがわかる．麦類の中身でいうと，1930年頃は**小麦**が4割ほどで残りは大麦，裸麦だったが，現在ではほぼ全量が小麦である．日本ではうどん，冷や麦，そうめん，そばのつなぎとして伝統的に小麦が食されてきたが，現在ではラーメン，即席めん，パン，菓子，お好み焼き等，多様な小麦食品向けの需要が伸び，主食ないし準主食としてそ

表 9·3　米，麦類，いも類等の国民 1 人当たり年間供給量の推移（kg）

年次	米	麦類	雑穀	いも類	豆類	でんぷん
1930	132.8	23.4	2.9	29.6	7.7	0.7
1939	138.7	21.9	2.9	23.7	8.0	2.6
1950	110.1	50.3	1.5	49.6	1.7	1.1
1960	114.9	33.9	0.8	30.5	10.2	6.5
1970	95.1	32.3	1.1	16.2	10.0	8.1
1980	78.9	32.9	1.0	17.3	8.5	11.6
1990	70.0	32.0	1.5	20.6	9.2	15.9
2000	64.6	33.0	1.0	21.1	9.0	17.4
2010	59.5	32.9	1.0	18.6	8.4	16.7
2019	53.0	32.7	1.2	20.1	8.8	16.4

〔注〕 米は主食用以外の数値を含む．戦時体制の 1940 年はデータが欠けていて 1939 年を表示．
資料：加用信文「改訂　日本農業基礎統計」，農林水産省「食料需給表」

の重要性はむしろ高まっている．そこで，主として小麦について現在の需給と政策をみておこう．なお，でんぷんが伸びてきたのは，外食・中食の増加にともなう加工原料・素材としての需要が拡大したものである．

麦は水田の**裏作物**（冬期間に栽培）として，また畑の基幹作物として栽培されてきた．1954（昭和 29）年には麦類の収穫量が 514 万トンのピークに達した（同年の米収穫量は 911 万トン）．しかしその後，**農業基本法**〔1961（昭和 36）年〕施行にともなう選択的縮小品目となり，輸入自由化で輸入麦が大幅に増加したこと，また兼業化や農業労働力の流出による労働力不足で水田裏作が衰退したこと，収益面で魅力が薄れたことなどの理由が重なり，急激に栽培面積が減少した．

麦類のうち小麦を例にとると，第二次世界大戦後の収穫量ピークは農業基本法が公布された 1961（昭和 36）年の 178 万トンで，それが 1973（昭和 48）年には 20 万トン余りとなり，同年の小麦自給率は 4%にまで低下する．その後は米生産調整政策で麦などへの転作が推進され，作付面積の増加と単収向上によって，2020（令和 2）年産の収穫量は 95 万トン，自給率 16%〔2019（令和元）年〕にまで回復した．政府は現在，**国産麦**の増産を図っているが，生産面，品質面で課題を抱えているため，その実現は必ずしも容易ではない．

麦の流通は輸入麦と国産麦では異なるしくみで運用されている．麦の輸入は国が管理（**国家貿易**）しており，製粉業者などいわゆる**実需者**の希望を踏まえて国が一元的に輸入し，輸入・保管等経費と一定のプレミアムを加算して実需者に売渡される．

これに対し，国産麦の流通は自由流通であるが，価格は**民間流通入札**で品種・銘柄ごとに毎年の入札で決定される．この民間流通は 2000（平成 12）年産の麦から始まっており，それ以前は**政府買入制度**が行われていた．すなわち，麦は旧食管法〔1942（昭和 17）年制定，1995（平成 7）年廃止〕下の 1952（昭和 27）年に間接統制に移行していた．それ以来，麦の販売は自由となっていたが，一方で政府買入制度が運用されており，市場価格より高い価格で政府買入価格が設定されたため，生産された麦のほぼ全量が政府に売渡されていた．

政府が買入れた国産麦は，消費者家計の安定を図りつつ，輸入麦の売渡価格（これは国際価格に応じて上下する）を勘案して決定され，実需者に販売されていた．政府買入制度は民間流通制度が導入された後もしばらく存続したが，2006（平成 18）年に廃止された．その結果，現在は国産麦のおよそ 3 割が「民間流通麦」として入札に上場され，そこでの落札結果・価格をもとに残りの麦が**相対取引**で流通するというしくみとなっている．

小麦の場合，最大の実需者は**製粉業者**であり，輸入麦と国産麦がそれぞれの経路で製粉業者に売渡される．製粉業者は小麦から小麦粉等を製造し（一次加工），その小麦粉等が製パン業者，製めん業者などに売渡され，パンやめんなどの製品となる（二次加工）．そのようにして製造されたパン類，めん類などを，小売業者を経由，あるいは外食・中食業者を経由してわれわれ消費者が購入し，消費するという流れとなっている．米に比べると少し複雑なフードシステムといえよう．

3 食料をめぐる貿易政策

（1） 農産物貿易政策

いつの時代でも農産物および食料の貿易に対しては政策的介入が行われ，それを律する制度が厳格に実施されてきた．これはわが国でもほかの国でも同じである．この理由として，農産物は生存に不可欠な物資であり，その安定確保が自国民の生命維持に直接結びついていること，また農業が多くの国において多数の人々の生活基盤となっている産業であることによると考えられる．

このため，**農産物貿易政策**は，生産振興や経営安定など国内農業振興と同様にきわめて重視されてきた．明治維新以降しばらく発展途上国であったわが国は，農業とくに養蚕業が輸出産業として外貨獲得に貢献した．しかし工業の発展とともにしだいに食料の輸入国となり，とくに第二次世界大戦後は国内農業保護を目的とする貿易政策がすすめられた．

まず農産物貿易政策とはどういうものかをみておこう.

貿易の管理を行ううえで，もっとも代表的な政策手法は**関税**である．輸出品に課税する輸出税も関税の一種であるが，関税が議論される場合はほとんどが輸入品に対する課税としての関税である．関税には重量や容積に対して課税する**従量税**（例：わが国の玄米の輸入基本税率は402円/kg）と，輸入価格に対して課税する**従価税**（例：トマトの基本税率は5%）がある．また，従量税と従価税の両方が課せられる「複合税」もある（例：バターの基本税率は1159円/kg＋35%．以上はいずれも2021年4月1日現在の実行関税率表による）．関税には基本税率が定められているほか，国内政策や国際協定との関連で基本税率とは異なる税率（暫定税率，WTO・EPA協定税率など）があり，また詳細な品目の区分があって，きわめて複雑なしくみで運用されている．

なお，実際に適用される関税率は，WTO協定，経済連携協定（EPA）により規定された関税率が多い．たとえば，トマトのWTO関税率は3%，EPA関税率は無税である．

また貿易の制限としては，**数量規制**（**輸入数量制限**：IQ）が行われることもある．これは後述するGATTやWTOなどの国際協定を通じて原則的に認められなくなっているが，発展途上国では現在でも例外的に認められている．わが国のかつての例でいえば，1994（平成6）年まで米の輸入枠はほぼゼロで，実質的に輸入禁止措置がとられていた．

なお，単純な数量規制ではないが，関税において数量規制がともなうことがある．**関税割当制度**がそれである．これは，一定の数量までは無税もしくは低い関税率（一次税率）が課され，それを超える輸入に対しては一段高い関税率（二次税率）が課されるものである．たとえば，こんにゃくの原料であるこんにゃくいもの一次税率は40%であるが，二次税率は3,289円/kgとなっていて，一次税率適用数量を超える輸入は事実上不可能である．このようにして，特定産品に依存する産地を保護する機能を持たせる場合もある．

このほか，しばしば貿易制限的と輸出国から名指しされる制度として，病虫害・健康被害防止を目的とした**防疫制度**がある．植物性の農産品および食品に対しては**植物防疫制度**（植物防疫法）があり，植物防疫所が設置され，国内向けや輸出にともなう病害虫防除の業務も行うが，おもに海外からの病虫害の侵入を防ぐための検査を行っている．また，この制度の下では，あらかじめ輸入先国・地域や農産品目ごとに輸入の可否が定められている．たとえば，オレンジなどかんきつ類は害虫予防のため，多くの国からの輸入が禁止されている．

また動物および動物性食品に対しては，**動物検疫制度**（家畜伝染病予防法等）があり，動物検疫所が設置され，動物の病気の侵入を防ぐため，動物や肉製品などの畜産物を対象に輸出入検査を行っている．かつて**牛海綿状脳症（BSE）**の発生にともなう発生国からの牛肉輸入を停止したことがあったが，それもこの制度に基づく措置である．

これらの制度は，自国の産業を病虫害から守り，また国民の健康被害を防止するための措置であるが，運用をめぐって農産物輸出国から**非関税障壁**，すなわち実質的な貿易制限措置として批判されることもある．アメリカとEUの間での，家畜に投与される肥育ホルモンをめぐる紛争がよく知られた例である．

（2） 農産物貿易の自由化 — GATT体制と多角的交渉

GATTと主要な貿易交渉

私たちの豊かな生活を支える重要な要因として，国際貿易の進展がある．現在の地球規模での国際貿易の枠組みは，**ガット（GATT）**と，その後継組織である**世界貿易機関（WTO**：World Trade Organization）によって協議・決定されている．

ガット（GATT）は**関税および貿易に関する一般協定**（General Agreement on Tariffs and Trade）の略称で，1947（昭和22）年，アメリカを中心に23か国で発足し，日本は，1953（昭和28）年に仮加盟，1955（昭和30）年に正式に加盟した．

ガット創設以来，とくに大規模で組織的な交渉が行われたのは，まず1962（昭和37）年に始まり，1967（昭和42）年に平均35％の関税引下げが調印されたケネディラウンドでの関税一括引下げ交渉である．

ついで，1973（昭和48）年から交渉が行われ，1979（昭和54）年に妥結した東京ラウンドでは，関税が，鉱工業製品で33％，農産物では41％，それぞれ段階的に引き下げられることになり，非関税障壁問題では，製品の規格・基準が国際貿易の障害にならないように国際規約が調印された．

さらに，1986（昭和63）年，南アメリカのウルグアイで開催されたガットの閣僚会議で，ウルグアイラウンド新多角的貿易交渉の開催が採択された．これは，関税・非関税措置，熱帯産品，農業，セーフガード（緊急輸入制限），知的所有権，貿易関連投資など，物の貿易に関する交渉のほかに，ガットの枠外であったサービス貿易に関する交渉も取り上げられた．

わが国における農産物貿易自由化の推移

ガット加盟後，その下での交渉を通じて，わが国は，順次，輸入制限品目の減少や関税の引下げなどの国境障壁を取りはずし，市場の開放を進めてきた．国家貿易に次いで強い国境障壁措置は，**輸入数量制限**（IQ）である．わが国においてこれまで開放されてきた農林水産物の輸入数量制限品目数の推移を図**9·3**でみると，現在までに，3回にわたって大幅に開放してきている．

第1回目は，わが国がガットの11条国，すなわち国際収支の不均衡を理由に輸入制限が認められない国になった1963（昭和38）年前後のことである．この時期に，バナナ，粗糖，レモンなどの市場を開放している．第2回目は，わが国が高度経済成長を成し遂げ，国際収支の黒字が定着し始めた1970年代初頭である．この時期には，アメリカから貿易ならびに資本の自由化が強く要求され，じつに50品目におよぶ輸入数量制限を撤廃した．その結果，1962（昭和37）年に103品目あった農林水産物の輸入数量制限品目が，1974（昭和49）年には22品目となっている．

図9·3　わが国の農林水産物輸入数量制限品目数の推移

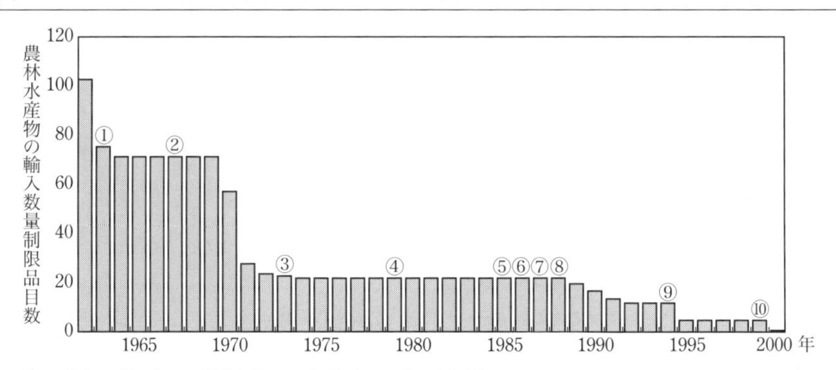

① 日本，ガット11条国となる．ケネディラウンド開始
② ケネディラウンド調印（関税一括引下げ）
③ 東京ラウンド開始（多角的貿易交渉）
④ 東京ラウンド調印
⑤ 市場開放のための“アクションプログラム”発表
⑥ アメリカが輸入制限12品目についてガット提訴．ウルグアイラウンド開始
⑦ 日米，牛肉オレンジ交渉決着（1992年までに自由化決定）
⑧ 10品目についてガット違反として勧告（8品目の自由化受入れ）
⑨ ウルグアイラウンド締結
⑩ 米の関税化措置への切換え

〔**注**〕 品目数は関税分類番号4桁をベースに区分したもの．
資料：農林水産省調べ．

さらに，1980年代に入って，再びわが国の貿易収支の黒字が増大するにつれて，貿易摩擦が表面化し，諸外国，とくにアメリカからの圧力が強まった．そのような背景の下，1986（昭和61）年，アメリカは，わが国が輸入数量を制限している22品目のうち12品目がガット違反であるとして，ガットへ提訴した．1988（昭和63）年，ガット理事会でその裁定が採択され，12品目のうち10品目がガット違反であると勧告され，牛肉，オレンジを含むそれらの品目も，1992（平成4）年までに段階的に自由化された．

ウルグアイラウンドの農業合意

ウルグアイラウンド交渉は，じつに7年半におよぶ交渉の末，ようやく1994（平成6）年4月に終結した．このように交渉が長期化したのは，農業部門の交渉が難航したからである．アメリカを中心とした農産物の輸出諸国は，品目別に制限を加えないですべてのものを関税化するという包括的関税化（貿易障壁の撤廃）を主張した．また，EU（欧州連合）の輸出補助金撤廃を強く要求したのである．そのなかで，日本を含む農産物の輸入諸国は，食料安全保障などの観点から，米などのような基礎的食料については，必要な国境措置は認めるべきだと，国境保護措置の必要性を主張した．

歴史的な長い交渉の結果，市場アクセスでは，関税を農産物全体で平均36％（品目毎で最低15％）削減するとともに，輸入数量制限（非関税措置）の面では，基本的には包括的関税化とし，例外として，一定基準に当てはまる農産物（実際は米のみ）は，ミニマムアクセス（最低輸入義務）として消費量〔基準年次1986～88（昭和61～63）年平均〕の4～8％を輸入すれば，1995（平成7）年から6年間は関税化しなくてもよいというものであった．

ウルグアイラウンドの最終合意では，合意事項を実施するための制度的な枠組みとして，WTOを設立することが盛り込まれた．これを受けて1995（平成7）年1月，WTOが発足し，ガットは発展的に解消した．

（3） WTO体制とFTA・EPAの進展

WTO体制下の農業交渉

ガットからWTO体制への移行後，新たな交渉開始が宣言されたのが，2001（平成13）年にカタールのドーハで開催された閣僚級会合においてである（**ドーハラウンド**：正式名称はドーハ開発アジェンダ）．農業分野の交渉課題は，前回のウルグアイラウンドで合意された，市場アクセス，輸出補助金，国内助成の3分野で削減された保護水準について，さらにどの程度の削減をするかというものである．今回の交渉でも，外貨収入の多くを農産物輸出に頼っている国々によって結成された**ケアンズグループ**（オーストラリア，カナダなど）とアメリカは，農業と他産業とを区別することなく，あらゆる関税と国内助成の大幅な引下げと輸出補助金の撤廃を求めている．これに対し，わが国とEUは，管内農業の重要品目（日本は米など，EUは乳製品など）については，大幅な関税引下げにつながる“上限関税”に反対しており，また，開発途上国の一部と先進国との間で特別セーフガード（緊急輸入制限措置）をめぐって対立が続いた．こうしてWTO交渉は決着の見通しが遠のいたままで，2021（令和3）年7月段階でも交渉妥結の見通しは立っていない．

交渉における対立軸が，これまで，どちらかといえば先進国を中心として食料輸入国と食料輸出国との間であったものが，現在のWTO交渉では，さらに，先進国と開発途上国の間でも対立が明確となり，交渉の行方をより複雑なものにしている．

進むFTA（自由貿易協定），EPA（経済連携協定）の締結

難航するWTOとは別に，先進各国では，途上国を含めた関係する2国間または複数国の間で，関税や輸出入を制限する貿易障壁を撤廃して貿易を拡大し，関係国の経済発展を進めようと，**自由貿易協定**（**FTA**：Free Trade Agreement），**経済連携協定**（**EPA**：Economic Partnership Agreement）を締結しようとする動きが，1990年代以降，急速に活発となった．

北米自由貿易協定（NAFTA），欧州連合（EU）などが地域的統合の例であるが，わが国でも，シンガポールとの間のEPAが2002（平成14）年に締結，メキシコとのEPAが2005（平成17）年に発効するなど，2021（令和3）年1月段階で，メキシコ，タイ，インドネシア，ASEAN，ベトナム，インド，オーストラリア，EU，イギリス，アメリカなど合わせて21の国・地域との間のEPA・FTAが署名もしくは発効している．

環太平洋パートナーシップ（TPP）協定

2015（平成27）年，アメリカのアトランタで行われていたTPP交渉が大筋合意された．TPPとは，2006（平成18）年に，シンガポール，ニュージーランド，チリ，ブルネイによって締結されたEPAである．この枠組みに2008（平成20）年，アメリカが加わる意向を表明，わが国も2011（平成23）年に交渉参加の意向を表明した．その後，当初加盟4か国に加えて8か国（アメリカ，日本，オーストラリア，カナダ，メキシコ，ベトナムなど）の12か国で加盟交渉が行われていた．この大筋合意を受け，交渉参加国で批准手続きを進め，わが国も2017（平成29）年1

月に国内手続きを終え，協定が締結された．

このTPPは，広範な内容を含み，国内世論を二分する議論を巻き起こし，農業分野ではかなり厳しい合意内容となっていた．ところが，2017（平成29）年1月に就任したアメリカのトランプ大統領がTPP離脱を宣言した．このため，アメリカを除く11か国で新たに交渉を進め，2018（平成30）年3月，「環太平洋パートナーシップに関する包括的及び先進的な協定（TPP 11協定）」を署名，12月に発効した．

なお，TPPから離脱したアメリカとはその後，日米貿易協定（2020年1月発効）が締結された．日豪EPA〔2015（平成27）年1月発効〕ですでにオーストラリアからの牛肉関税が引き下げられており，TPPから離脱したアメリカ産牛肉の関税が高いままであったことから，貿易上の不利を解消するためにアメリカの要請で締結されたものである．また，イギリスのEU離脱（2020年1月）にともなう貿易上の不利を補うため，イギリスからの積極的な働きかけで，日英EPA（2021年1月発効）が締結されている．

このように，WTO交渉という，世界共通の貿易ルール作りが暗礁に乗り上げたなかで，各国はそれぞれの国内事情，政治・経済上の必要，指導者の考え方などで国の利益を追求する状態に陥っている．WTO交渉や，アメリカを含めた当初のTPP交渉において，関税の大幅引き下げなど日本にとって厳しい自由化要求が行われたが，結果的にはそれが一息ついている状況にある．

一連のFTA，EPA，TPPの締結は，関係国の経済関係の強化に結びつくもので，経済のグローバル化という大きな潮流の一環を構成している．しかし**8**章で述べたように，21世紀の世界食料需給はそれまでと大きく異なる状態に転換した．これまでのような野放図な自由化は，国内農業の大幅縮小につながりかねない．

グローバル化自体が反転することは予想しにくいが，新型コロナ感染症の発生・拡散（パンデミック）という大事件も起きており，直線的なグローバル化の進展は停滞局面を迎えた可能性がある．国際情勢を見極めたうえ，食料安全保障を確保する農産物貿易政策の確立が，以前よりも重要性を高めている．

4 食料産業政策

（1） 産業政策と食料産業

産業政策とは，「経済発展や経済近代化の促進，産業構造の高度化，国際競争力の強化，技術開発の促進，雇用の確保，地域経済の均衡的発展などの経済・社会目的を達成するために，政府が個々の産業もしくは企業の活動に干渉し，生産物市場や生産要素市場に介入する政策」（岩波書店『経済学辞典 第3版』）であるとされる．

政府はそのような目的を達成するため，さまざまな産業で財政・金融的手段，法令の制定や改廃，時に「指導」や圧力をもって介入してきた．**食料産業**（食品製造業・食品流通業・外食産業の総称として使っている）においてもそれは例外ではない．しかし，食料産業においては，かつての通商産業省（現在の経済産業省）が行った，企業合併をともなう産業再編策のような強力な産業政策は実施されてこなかった．

わが国にはこれまで，体系的な**食料産業政策**は存在しなかったといってよい．それでもまったくなかったわけではない．その一つが，中小企業対策としての産業政策であり，産業構造の転換・「高度化」をめざすものである．世界的にみれば，食料産業には他産業と比べて引けを取らない大企業が存在し（食品製造業のネスレなど），わが国でも売上高2兆円を超えるような食品製造業（飲料製造業のサントリーなど）が存在する．しかし，そうした一部の分野・企業を別にして，食料産業では一般的に中小企業が多い．同時にそれらの企業は地域食文化の担い手であり，地方における有力な事業体であり雇用先であるなど，経済とくに地域経済において重要な存在である．

そこで，**中小企業政策**が食料産業においても重要となる．わが国の中小企業政策は，中小企業の定義や国の取り組むべき責務・基本方針を掲げている中小企業基本法〔1963（昭和38）年〕を基盤としている．基本法を受けて，中小企業新事業活動促進法〔2005（平成17）年〕などの個別法が中小企業支援策を具体的に定めている．

この中小企業新事業活動促進法は，中小企業近代化促進法〔1963（昭和38）年〕を起源に持ち，中小企業の生産性向上，設備近代化の支援を主な目的として始まり，現在は新規事業創出・異業種連携支援に重点が置かれるようになっている．担当する官庁は経済産業省中小企業庁で，食料産業だけでなく全産業の中小企業が対象である．食料産業における支援の例としては，製粉業を対象とした中小企業近代化促進法に基づく小麦粉製造業改善事業（1998～2002年度）がある．これにより，中小製粉企業の合併や事業廃止の支援を通して企業・事業規模拡大が進められた．

もう一つは，農業生産関連事業者（農業資材の生産・販売，農産物の卸売・小売，農産物を原材料として使用する製造・加工を行う事業者）を対象に，農業資材価格の引き下げや農産物の流通・加工事業の合理化を目的とする政策である．この分野での政策展開は比較的新しく，農業競争力強化支援法〔2017（平成29）年〕がその嚆矢である．

同法では，対象とする事業者に対し，税制面での優遇，金融支援を行う．これは，固有の産業政策というよりは，農業の競争力向上を支援するため，農業部門で使用する生産資材価格の低廉化，農産物流通の効率化，加工コストの引き下げを支援・促進するしくみである．これが実現すれば，農業生産コストが引き下げられ，また消費者の手元に届く農産物・食品価格の引き下げをもたらし，国産農産物の海外産農産物に対する競争力が強まることになる．わが国のような食料自給率が低い国における食料産業政策として，一定の合理性をもつ取組みである．

このほか，青果物流通における**卸売市場制度**の整備も広義の産業政策としてよい．直接の目的は，零細な農業生産者の保護であり，流通近代化と公正取引，適正価格形成等をめざす政策である．近年は，大型量販店の成長にともなう流通構造の変化がみられ，市場外流通の拡大によって卸売市場制度の存続が懸念されるとともに，卸売業者，仲卸業者の経営不振が生じている．それを踏まえ，卸売市場の統合（卸売業者の合併），取引規制の緩和が進められている．

（2）　農業における産業政策

農業を対象とする政策は多岐にわたる．農業は食料を生産する産業で，生産者は零細・小規模経営が多くいわゆる大企業は存在しない．しかも法人ではなく家族経営・個人経営が生産の担い手という特徴がある．以上の特徴は，わが国だけでなく，世界的に見てもほぼ共通である．

それゆえ，農業政策は農業保護の性格を帯びてきた．価格政策によって農産物価格の維持を図ることで生産者の収益を底上げし，需給調整によって消費者価格の安定と同時に農業経営の安定を図ってきた．また生産支援として，土地改良などのインフラ整備における公共投資，国公立の試験研究機関における技術・新品種の研究開発が行われてきた．さらに，食料の安全・安心確保を図るため，農薬等生産資材の登録制，食品添加物の規制，産地・使用原料の表示制度などを充実させてきた．そして食料安全保障の観点から，国内生産を維持するため関税をはじめとする国境措置を行ってきた．

以上の政策に加え，生産・経営規模が零細で，生産性の向上に制約があり，国際競争力に課題があることから，**構造政策**と呼ばれる産業政策が比較的早くから実施されてきた．第二次世界大戦後では1961（昭和36）年制定の農業基本法が最初のものといってよい．生産基盤の整備と経営規模の拡大による生産性向上を図ったのである．経営規模の拡大は達成されなかったが，その後も構造政策は継続的に実施された．

1970（昭和 45）年の農地法改正，1980（昭和 55）年の農用地利用増進法制定，2009（平成 21）年の農地法改正による株式会社の農地借入承認などは，すべて農地流動化（農地の売買・貸借）を促進し，経営規模の拡大を実現しようとするものであった．その結果，図 **9·4** が示すように，徐々に農地流動化が進み，2020（令和 2）年には経営耕地を借り入れた農家数は全農家数の 35%，全経営面積に占める借地面積割合は 39% に増えた．また，借地のある農家 1 戸当たり借地面積も拡大を続け，2020（令和 2）年には 3.3 ha となった．

図 9·4　耕地借入の推移

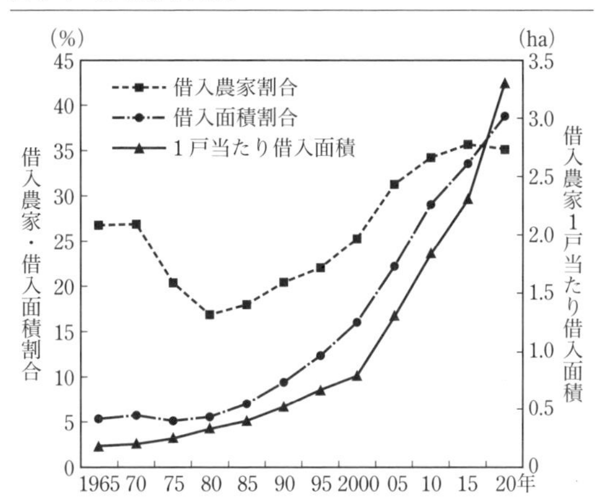

〔注〕 2005 年より農家数は農業経営体数．
資料：農業センサス

このように**農地流動化**はある程度進んだが，4 章でみたように，アメリカなどの新大陸諸国だけでなく，ヨーロッパ主要国に比べても経営規模の零細性は解決され

表 9·4　経営規模別の経営耕地面積シェアの推移（都府県・北海道）

年次		経営耕地面積計 (ha)	経営面積規模別（%）										
			0.5 ha 未満	0.5～1.0	1.0～2.0	2.0～3.0	3.0～5.0	5.0～10.0	10.0～20.0	20.0～30.0	30.0～50.0	50.0～100.0	100.0 ha 以上
都府県	2005 年	2,620,804	6.3	18.1	**26.2**	14.6	13.4	10.3	5.3	1.9	1.5	1.2	1.2
	2010 年	2,563,335	5.1	15.2	**22.2**	12.6	12.7	11.9	7.4	3.7	3.7	3.0	2.4
	2015 年	2,400,993	4.4	12.7	**19.0**	11.4	12.3	13.2	9.8	4.8	5.1	4.2	3.2
	2020 年	2,204,461	3.6	10.0	**15.2**	9.7	11.3	13.6	11.9	6.6	7.2	6.2	4.6
北海道	2005 年	1,072,222	0.1	0.1	0.4	0.6	1.8	6.4	14.7	14.1	22.8	**26.9**	12.1
	2010 年	1,068,251	0.1	0.1	0.3	0.5	1.3	4.5	12.7	13.4	22.9	**29.1**	15.2
	2015 年	1,050,451	0.0	0.1	0.3	0.4	1.0	3.6	11.0	12.7	22.2	**29.1**	19.6
	2020 年	1,028,421	0.0	0.1	0.2	0.3	0.8	2.9	8.9	11.4	21.6	**28.8**	25.0

〔注〕 太字は最大シェアの規模を示す．
資料：農業センサス

ていない．表**9･4**は，農業構造のまったく異なる都府県と北海道とを分けて，経営規模別に経営面積シェアの経年変化を示したものである．この表でわかるように，北海道では2020（令和2）年，50 ha以上の経営が耕地の過半を経営している．しかし，都府県では大きな経営が徐々に経営耕地シェアを拡大しているが，2020（令和2）年でも最大のシェアを占めているのは1.0～2.0 haのクラスである．

わが国農業の産業政策としての中心的課題は規模拡大，すなわち構造政策といってよいが，目標達成が困難な分野であり続けている．

ところで，規模拡大を推進するといっても，全国一律で規模拡大が進むことはなく，またそれが可能とは限らない．たとえば，平坦地では圃場の区画を大きく広げて整備し，農地流動化によって大きな経営を形成することは可能である．しかし，それが不可能な地域がわが国には多い．それは中山間地・山間地といわれる地域である．これらの地域では，まとまった面積の農地が確保できない．このため，大面積を集めて大きな経営を作り出すことに無理がある．実はヨーロッパでも事情は同じで，山の多い地域などでは**条件不利地域対策**が行われている．補助金支給やその他の優遇措置でもって，農業者にとって営農上の不利な条件を埋め合わせ，定住人口の確保，地域社会の存続を図っている．

わが国では，1993（平成5）年に**農業経営基盤強化促進法**を制定し，農地の流動化を促進するとともに，新たに**認定農業者制度**を始めた．この制度は経営計画を作成し，それが市町村長によって認定されると認定農業者に認められ，低利の長期融資や農地のあっせんが優先的に受けられるしくみである．すなわち，政策対象を大規模経営などに限定し，構造政策をさらに強力に進めることとした．

しかし，それだと規模拡大に乗れない地域が取り残される．このため，同じ1993（平成5）年に**特定農山村法**を制定し，中山間地域を対象とした，わが国で初めて体系化された条件不利地域対策が実施される．一方で，構造政策の強化を農業経営基盤強化促進法で図り，同時に条件不利地域対策を特定農山村法で導入したのである．条件不利地域対策を重視する流れは，2000（平成12）年度から実施された「中山間地域支払制度」に引き継がれ，事業の強化が図られている．

農業においては，産業政策として生産性向上と規模拡大を促進する政策が行われるとともに，その条件が満たされない地域への対策として，条件不利地域対策がセットで考えられる必要がある．

(3) 農業参入促進政策

農業はそれほど収益的な産業とはみなされていない．実際，統計で作物別・家畜別に農業の時給を試算すると，多くの場合，製造業の平均賃金に比べて大幅に低い．わが国農業の規模が零細であることがその最大の理由である．その結果，新規の農業従事者（農業後継者）が確保されないことになる．そしてそれがわが国農業高齢化の原因である．

その解決に向けて，**新規参入者**の確保対策が継続して取り組まれてきた．その中でも成果が上がったとみなせるのは，2012（平成24）年から始まった青年就農給付金事業〔2017（平成29）年から農業次世代人材投資事業に改称〕である．この事業では，就農希望者に対して最大7年間の給付金を支給する．しかしそれでも，わが国農業の担い手確保は十分なレベルにない．

そこで，農業の外部から，それも企業による農業参入が期待されたのである．制度的には2009（平成21）年の農地法改正が契機となった．この法改正で，借地による一般企業の**農業参入**の道が開かれ，新規分野として農業への期待が高まったこともあり，一般企業の農業参入は図**9･5**が示すように急拡大を示す．

法人形態では，2019（令和元）年末で株式会社が2,326社（63％）ともっとも多く，次にNPO法人が892団体（24％），有限会社451社（12％）となっている．参入前の本業は，当初は建設不況に苦しんでいた建設業からの参入が多かったが，現在では農業や食品関連産業からの参入が多い．その一方，教育・医療・福祉分野や非営利活動分野からの参入も次第に増えていて，NPO法人形態が多いことはその反映である．きわめて多様な分野から，またさまざまな目的や理由により参入が行われている．

図9･5　農業参入法人数（一般法人）の推移

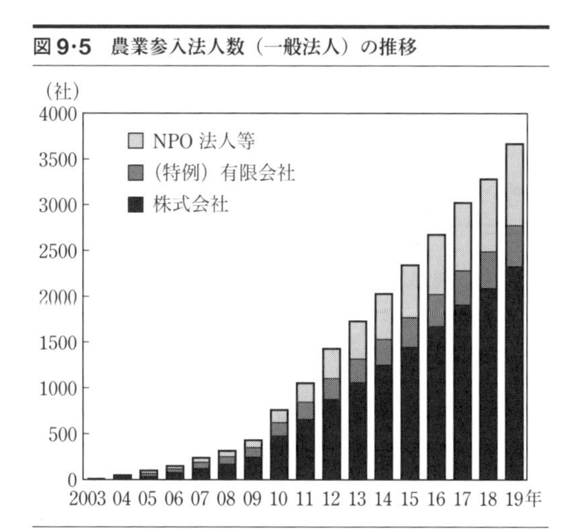

〔注〕各年12月末現在.
資料：農林水産省調べ.

営農分野としては，野菜がもっとも多く（42％），米麦（18％），果樹（14％）などが上位にある．野菜部門が多い理由としては，野菜の露地栽培は初期投資が比較的少なくてすむこと，従業員の年間就業体制が組みやすいことなどがその理由である．なお，1法人当たりの平均借地面積（経営面積に等しいと推定）は，2.9 ha となっている．

図**9･5**が表すように，2009（平成21）年の農地法改正後の参入数は順調に伸びているが，農業部門の収益性は必ずしも十分でないとみられている．経営面積は法人によって大きく異なるが，平均2.9 ha 程度の経営面積では，一部部門を除いてはとても雇用労賃をまかなえない．既存の家族経営でも，経営的に自立するにはその数倍以上の経営面積が必要である．しかし，20 ha 以上経営する法人は98で，全体の3%に過ぎない．農業部門の黒字化は参入法人にとっての最大の課題である．

なお，農業および食品産業からの参入の場合，農業部門単独での黒字化は必ずしも必要ではない．たとえば，酒造業からの参入では，確保が難しくなりつつある原料酒米の自家生産による安定調達が可能となるのであり，また水産練製品製造業からの参入でも，原料野菜の自家生産による調達を実現している．それらの事例では，自社生産はコスト面では優位性を持たないが，農地の耕作放棄化を防いで地域貢献ができること，自社製品の必要とする原料品質を確保できること，長期的な原料の安定調達ができること，本業での自社商品の**製品差異化**（product differentiation）が可能となるなど，複合的効果を目指している例が多い．

この点は，小売業からの参入についても同じで，売れ残り等の食品ロスからの堆肥製造によるリサイクル化，自社生産野菜のPRによる集客促進などの複合的効果がある．農業および食品関連産業からの参入は，こうした複合的効果があることから，たとえ農業単独で利益が確保できない場合でも事業の存続可能性がある．

5 食料自給の確保 ― 食料安全保障の確立に向けて ―

（1） 農産物貿易の自由化と自給率の低下

図**9･3**でみたように，わが国は，農産物の輸入数量制限品目数を次々に減らし，自由化してきた．ガット・ウルグアイラウンドで関税化を回避した米についても，1999（平成11）年4月から高関税を課すとはいえ，**関税化**（自由化）している．

そのような農産物の輸入自由化が，わが国農産物の自給率にどう影響しているか，牛肉と果実の例でみたものが図**9･6**である．牛肉からみていくと，1960（昭和35）年段階で96%あった自給率は，牛肉需要の増大などによる輸入割当量の増加の影響を受けてしだいに低下したものの，1985（昭和60）年までは，自給率70%を維持していた．ところが，前述のように，1988（昭和63）年，牛肉を含む10品目がガット違反であるとして自由化が勧告された．その結果，牛肉の輸入が急増し，自給率は，1986（昭和61）年以降，急激に低落し，2000（平成12）年には35%にまで落ちている．

その後，2001（平成13）年に，わが国でBSE（牛海綿状脳症）発生という食の安全・安心を揺るがす重大な事態が起きたものの，全頭検査などの対策による信頼回復が図られたこと，他方で2003（平成15）年にアメリカでBSEが発生して輸入牛肉への不安が高まったことなど，結果的に，国産牛肉を求める消費者ニーズの高まりを背景に自給率は持ち直し，2014（平成26）年には42%となっている．しかし，2015（平成27）年1月，日豪EPA発効によって主要輸入先国の一つであるオーストラリアからの牛肉関税が引き下げられ，次第に輸入が増大し，2019年には自給率が35%となった．

図9･6　牛肉・果実の自由化と自給率の推移

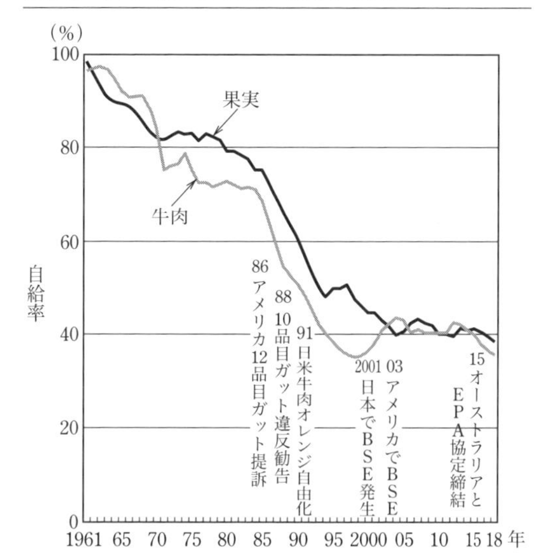

〔注〕 前後3か年移動平均．
資料：農林水産省「食料需給表」ほか．

果実の輸入自由化は，1963（昭和38）年にバナナ，1964（昭和39）年にレモン，1971（昭和46）年にグレープフルーツ，1991（平成3）年にオレンジと続くが，図でみるように，牛肉と同様，日米交渉を通じて門戸を開放したオレンジ自由化の影響が大きく，1985（昭和60）年前後の75%から，2019（令和元）年の38%へと，これまた大幅に低下している．

輸入量の増加は，貿易の自由化だけでなく，そのもとで課せられる関税率にも大きく影響を受ける．自由化直後の1991（平成3）年における牛肉の実行関税率は70%であったが，これまた経済のグローバル化にもとづく国際交渉の結果，次々と低下し，2000（平成12）年には38.5%まで低下した．前述の日豪EPAでは，2015（平成27）年1月発効と同時に冷凍品30.5%，冷蔵品32.5%に引き下げられ，その後も毎年下げることになっていて，冷凍品は2032年に19.5％，冷蔵品は2029年に23.5％となる．国境障壁が低くなることで，今後さらに牛肉輸入の増加が見通される．

わが国の関税率は国際的にみてどのような水準にあるのだろうか．時に，日本の農業は過保護で，貿易制限があり，関税率も高いという批判が行われてきた．確かに，一部の品目の関税率は高く設定されている．2009（平成21）年時点の協定税率で高水準の農産物は，こんにゃくいもの2,796円/kg，落花生の617円/kg，米の341円/kg，バターの29.8％＋985円/kg，小豆の354円/kgなどで，これらの関税は，国際価格に対して400％から1,000％をこえる高い水準に相当する．

表9･5　各国の関税率の比較
（2000年協定税率）

国名	農産物平均関税率（％）	全品目平均関税率（％）
オーストラリア	3	10
カナダ	5	5
アメリカ	6	4
日本	12	5
EU	20	7
アルゼンチン	33	31
タイ	35	29
スイス	51	9
韓国	62	18
ノルウェー	124	26
インド	124	67

資料：農林水産省国際調整課長「わが国の食料安全保障と農産物貿易政策」

しかしながら，農産物全体でみるとそれほど高関税ではない．表**9･5**はWTO協定で決まった関税率の国際比較である．この表が示すように，わが国の農産物の平均関税率は12％で，農産物輸出国のオーストラリア，カナダ，アメリカに比べると高いが，EUの20％，韓国の62％より低く，国際的にみて低関税率の国に位置づけられているのである．

なお，FTA，EPA，TPPが発効した場合，それら協定の関税率が新たに適用されることは前述のとおりである．多くの国と協定が締結された結果，わが国農産物の実質的な関税率はさらに低下している．

（2）　食料安全保障と食料自給率

世界に類をみない低い食料自給率

農産物の輸入自由化は，わが国の食料自給率を低下させてきた．その全体像は，epilogueでくわしく論じられることになるが，概要を述べると，金額ベースの総合食料自給率が，1960（昭和35）年の93％から2019（令和元）年の66％へ，穀物自給率では82％（1960年）から28％（2019年）へ，供給熱量自給率では79％（1960年）から38％（2019年）へと大幅に低下してきている．

このように低い食料自給率では，これまた**8**章や**10**章，**epilogue**などでくわしく述べるように，各種の国際緊張や異常気象による凶作の下で予想される農産物輸出の抑制など，**食料安全保障**の面から，少なからぬ懸念が生ずることになり，実際に，2007（平成19）年から2008（平成20）年前半の食料価格高騰期には，多くの国で食料輸出が制限された．食料の安定供給に責任をもつ国の食料政策としては，この食料安全保障に対して然るべき措置が講じられなければならない．

“食料・農業・農村基本法”の制定と食料安全保障

戦後の農政は，1961（昭和36）年に制定された“農業基本法”によって長く方向づけられてきた．そこでは，① 拡大しつつある農工間の所得格差の是正，② 経済成長の下に予測される食料需要構造の変化に対応する農業生産の選択的拡大，③ 農業の生産性向上と構造改革のための自立経営や協業の助長，などを政策課題とした．

それにもとづく農業基本法農政が展開されてから30数年を経た1997（平成9）年，状況の大きな変化を受けて，新たな農政の方向を検討するため，“食料・農業・農村基本問題調査会”が発足し，その答申をもとに，1999（平成11）年，農業基本法を廃止し“食料・農業・農村基本法”が制定された．それまでの農業基本法が，農業の発展と農業従事者の地位の向上を目指していたのに対して，新法は，① 農業の持続的な発展を通じて，② 食料の安定供給の確保，③ 農業・農村の多面的機能の十分な発揮，④ 農村の振興，をめざすものとなった．

とくに，そのなかの食料の安定供給の確保では，① 良質な食料の合理的な価格での安定供給，② 国内農業生産の増大，を図ることを基本とし，輸入と備蓄を適切に組み合わせ，③ 不測時の食料安全保障を実現する，ことが明示されている．

“食料・農業・農村基本計画”（2020年）における食料自給率の目標

食料・農業・農村基本法では，5年おきに，国は**食料・農業・農村基本計画**を策定し，そこで**食料自給率**の目標を設定することとしている．それにもとづいて，2000（平成12）年に策定された“食料・農業・農村基本計画”では，自給率の向上を図るために，食料自給率の目標を設定し，取組み課題を明確にした．そこではとくに，1997（平成9）年に41％であった**供給熱量総合自給率**を，2010（平成22）年には45％に引き上げるべく，品目別の目標自給率を設定した．その後，2005（平成17）年，2010（平成22）年，2015（平成27）年に，それぞれ10年後の2015（平成27）年，2020（令和2）年，2025（令和7）年を目標に，供給熱量総合自給率を45％，50％，45％に引き上げる目標を定めた．

しかし，前述のように，2019（令和元）年の供給熱量総合自給率は38％にとどまっている．この背景には，農業生産の担い手の高齢化や，作付面積の縮小が続いていることがあげられるが，国は2020（令和2）年に2030（令和12）年を目標年次とする第5次の新たな“食料・農業・農村基本計画”を策定し，表**9·6**に示すような食料自給率目標を掲げている．

表9·6 “食料・農業・農村基本計画”で設定された食料自給率目標（%）

種別			2000年策定の計画		2020年策定の計画	
			1997年実績	2010年目標	2018年実績	2030年目標
供給熱量総合食料自給率			41	45	37	45
品目別	米		99	96	97	98
	小麦		9	12	12	19
	バレイショ		83	84	67	72
	大豆		3	5	6	10
	野菜		86	87	77	91
	果実		53	51	38	44
	牛乳・乳製品		71	75	59	60
	肉類	牛肉	36	38	36	43
		豚肉	62	73	48	51
		鶏肉	68	73	64	65
	鶏卵		96	98	96	101
	砂糖類		29	34	34	38
	茶		89	96	100	125
	魚介類		59	77	55	75
	うち食用		60	66	59	86
	海藻類		66	72	66	75
	きのこ類		76	79	89	91

〔**注**〕 2020年計画の牛乳・乳製品は生乳の計画．畜産物は飼料自給率を考慮しない自給率．

資料：農林水産省「食料・農業・農村基本計画」2000年度および2020年度をもとに一部算出．

小麦，大豆，砂糖類，茶，きのこ類など1997（平成9）年から2018（平成30）年にかけて自給率の向上した品目がある一方，米，バレイショ，野菜，果実，牛乳・乳製品，豚肉，鶏肉，魚介類など自給率が低下した品目があり，現在の計画のようにすべての品目の自給率向上を目指し，供給熱量総合自給率を45%にすることは容易ではない．しかし，**8**章でみたように，世界の食料需給は今世紀に入って大きく転換したとみなせる．これまでの計画のように，未達で終わってもやむを得ない，という状況ではなくなりつつある．

食料自給率の向上のためには，担い手の育成，耕作放棄地の縮小など国内農業の効果的な振興，食品産業と農業の連携強化などが求められている．それと同時に，わが国における食生活の見直しも必要である．近年，注目されている“食育”の展開と結びつけて，風土に合った食生活の再構築も，食料自給率向上のための政策課題の一つになっている．

10

食品の安全政策と消費者対応

1　食料に求められる基本的な性格 ― 安定供給と安全性 ―

食料は，人間が生きていくために欠かすことができないものである．したがって，その基本的な性格として安全性と安定供給が求められる．しかし，現実には，それがより不安定になってきていることは，本書全般を貫く一つの共通認識である．その背景について，これまでの章でふれてきたことを要約すると，以下のようにいえるであろう．

まず社会・経済状況の変化によって，私たちは家庭内で営まれてきた食生活を，大きく外部に依存するようになってきた．かつてきわめて近い距離で行われていた食料生産と食料消費活動は，その距離が拡大し，それが進行するほどに，食の安全性に対するリスクが高まるという事態に直面している．その距離は，単に遠方から供給されるという地理的距離の拡大のみならず，コールドチェーン（cold chain）などに担保される時間的距離の拡大，外部化した食の分業化を担う多様な主体の介在による段階的距離の拡大として把握しうると同時に，4つめの距離の拡大として心理的距離（不安感）をもたらした．

その距離の拡大は，家庭の食の外部化としてだけではなく，国内の食料の6割以上を海外に依存するという点でも**“食”と“農”の距離**は拡大している．このことは，すでに**8**章で示されたように，世界の食料問題と私たちの食生活が直結していることを指す．今後予想される世界人口の増大と，途上国における食生活の動物性食品への移行によって，穀物需要が増大することは目に見えている．その一方で，環境問題も深刻化するなかで，燃料としての穀物需要増と，温暖化や異常気象などによる供給不安が同時進行し，食料に求められる基本的性格としての安定供給はこの点においても不安材料となっている．

また，安全性に関しては，2001（平成13）年9月に，国内で初めて確認された**BSE**（**牛海綿状脳症**，いわゆる**狂牛病**）の発生前後から，食の安全性をゆるがす事件が次々と発生し，2011年3月11日の東日本大震災による食料供給網の断絶，およびその翌日に発生した東京電力福島第一原子力発電所の爆発事故による放射能汚染に関連した食への不安は，大きな混乱をもたらした．これら事故のほか，食品メーカーや外食企業の**偽装表示**も発覚するなど，消費者が食への不安感を募らせる状況が続いている．

そこで，本章では，安全・安心な食料の安定的供給をめぐる諸問題について，環境問題との接点に留意しつつその発生要因を考察し，これら諸問題への政府の対応，企業の対応，そして消費者の役割についてみていくことにする．

2 なぜ食の安全・安心が保たれないか

（1） 食の安全性にかかわる“環境問題”

安定的な供給に対する不安定要因については**8**章で詳細に述べられているので，ここではとくに安全性についてみていくこととする．

安全な食料の確保を妨げている要因は，大きく2つ考えられる．その1つは環境問題であり，もう1つは**“食”と“農”の距離の拡大**という問題である．

“環境問題”は，食料の生産“量”に影響を与えるだけでなく，本来保たれるべき“質”の安全性にも影響を与える．そして，“食”と“農”の距離の拡大は，生命を維持するために自然力を利用して育まれた生命を“いただく”食生活から，食べ物（生命）が育まれる状況を知らないままに，工業製品のように“買って”“利用し（食べ)”，さらに，利用し尽くさないままに“捨てる”食生活へ，と変化し，結果として“食”にかかわる生産，加工，流通，さらには消費の各段階で，人間が生きていくための食料を扱っているという倫理感の欠如をもたらしている．

表**10･1**は，近年発生した食品をめぐる事件・事故の事例である．このなかから，環境問題と関係する具体的な例を取り上げていきたい．

1999（平成11）年2月，テレビ報道をきっかけとして一大騒動となった“所沢のダイオキシン”問題は，当時，焼却炉での塩化ビニルを含んだゴミの焼却がおもな原因とされ，“ダイオキシン類対策特別措置法”により，焼却炉に大きな規制が設けられることとなった．この報道をきっかけに，埼玉県の所沢産のほうれん草は汚染されているとして，畑で廃棄処分される様子も報道された．しかし現在では，大

表 10·1　近年の食品事故などのおもな事例

発生年月	場　所	事　故　内　容	被害規模など
1996年　5月	大阪府，岡山県など	・腸管出血性大腸菌O-157による集団食中毒の発生	患者数 約1万人
1999年　2月 9月	埼玉県 茨城県東海村	・ダイオキシン騒動．一部報道による風評被害で県産野菜販売に影響 ・核燃料施設臨界事故，地場農産物の販売に影響	
2000年　6月 10月	近畿地方	・"雪印乳業"の低脂肪乳などに混入した黄色ブドウ球菌毒素による食中毒事故 ・安全性未審査の遺伝子組換えトウモロコシ"スターリンク"が流通食品から検出	患者数 約1万3千人
2001年　9月	千葉県	・わが国で初のBSE発生	
2002年　1月 6月		・食肉不正表示事件が多発 ・残留農薬基準をこえた輸入冷凍ほうれん草回収	
2003年12月	アメリカ	・アメリカでBSE発生	
2004年　1月		・国内外で鳥インフルエンザ発生	
2007年　1月 6月	北海道苫小牧市	・"不二家"で期限切れ原料の使用，細菌数基準をこえた製品の出荷 ・"ミートホープ社"の牛肉ミンチ品質偽装事件	
2008年　2月 9月	千葉県，兵庫県 大阪府大阪市	・中国製冷凍ギョーザで中毒症状 ・米穀加工販売会社"三笠フーズ"による工業用"事故米"の不正転売事件	患者10名 内4名入院
2011年　3月 4月	福島県 富山県，福井県，神奈川県	・東日本大震災の翌日，福島第一原子力発電所の爆発により放射能汚染が拡散 ・焼肉店が加熱用食肉をトリミングせずにユッケとし，集団食中毒	 死者5人
2013年10月	大阪府，東京都ほか	・ホテル，レストランの一部でメニュー表示と異なる食材を提供	
2018年　9月 ～ 2021年　3月	岐阜県，愛知県，三重県など24都府県	・豚熱（CFS）が豚のほか飼養イノシシ，野生イノシシにも拡大	18.1万頭殺処分

資料：農林水産省「食料・農業・農村白書」2001，2004，2021年版より作成．

気中のダイオキシンよりも，1960年代から70年代にかけて大量に使用され，ダイオキシンを含んだ水田除草剤（PCP：ペンタクロロフェノール，CNP：クロロニトロフェン）が土壌に残存し，それが農産物に影響した結果であるとされている．

このダイオキシンは，ベトナム戦争の際にアメリカが散布した枯葉剤のなかに大量に含まれていて，人体に有害であると広く知られていたこともあって，その対応が急がれたが，ダイオキシンをはじめとする有害物質は，基本的には，大気・土壌・水に浸入し，それが食料を通じて人体に害を及ぼす．

これは，戦後最大の公害病といわれる“水俣病”にも共通することで，水俣病の場合も，“チッソ”の肥料工場から海に排出された有機水銀が魚介類を汚染し，食物連鎖を通じて大型魚類にそれが蓄積し，それを人間が食べたことが原因であった．このように，大気・土壌・水に負荷を与える汚染物質は，それら自然の力を利用して生産される食料に侵入し，食料の安全性を奪うこととなる．

食品事故にかかわる“風評”被害という不安

このダイオキシン問題は，“環境問題”が食料生産に与える安全性の問題をクローズアップさせただけでなく，所沢産野菜の買い控えという“風評”被害をも顕在化させた．また，ダイオキシンは塩化ビニルを含むゴミの焼却によって発生するため，“焼却炉は大型のもので高温処理すべき”とされ，小型焼却炉は廃止される一方で，大型化した焼却炉の継続的稼働のために，より広い地域からゴミを大量に集めなければならない事態を招いた．このダイオキシン騒動を契機に，大気からのダイオキシンの摂取よりも，土壌中のダイオキシンが農作物を通じて摂取される量のほうが多いことが現在明らかとなっている．

こうした科学的根拠にもとづく実証的データが，できる限り速やかに，確実に公表されることで，消費者の対応も“風評”に惑わされず冷静に対応できることとなるが，こうした食品事故・事件に対する政府の危機管理が改められていなかったことは，後述するように，BSE 問題や，東京電力福島第一原子力発電所の爆発にともなう放射能汚染の際も，より鮮明となった．

リスクコミュニケーション不足による不安

客観的データを，いつ，どのように消費者に伝えるか，**リスクコミュニケーション**（risk communication）の重要性が大きな課題となっているが，こうしたリスクコミュニケーションの不足に由来する問題に，**遺伝子組換え食品**がある．環境問題による食料生産への制約を乗り越えて，穀物需要の増加に応えるために，現在，遺伝子組換え作物の生産が増加している．

たとえば，日本の食卓に欠かせない大豆加工品（大豆油，しょうゆなど）の原料である大豆は，図 **10·1** に示すように，世界全体の栽培面積の 74%が組替え大豆になっている．遺伝子組換え作物は栄養不足人口の存在など，食料供給の不安を解消するには重要な技術といえるが，ヨーロッパや日本では，長期にわたる安全性の立証がないという理由で，消費者から敬遠されている．

日本の遺伝子組換え食品表示では，現状は 5%未満であれば表示の義務はなく

(2023年4月より，混入率に関係なく分別管理されているか否かの表示に改正)，科学的には安全な食品として流通しているが，新技術に対する消費者の不安感に対し，どの程度安全か，政府や科学者による説明やリスクコミュニケーションが尽くされずに，食品表示で消費者が選別できるようにすることで落着し，その後の議論は深まらない状態が続いていた（先述したように分別の有無表示に変更）．

図 10·1　世界の大豆作付面積

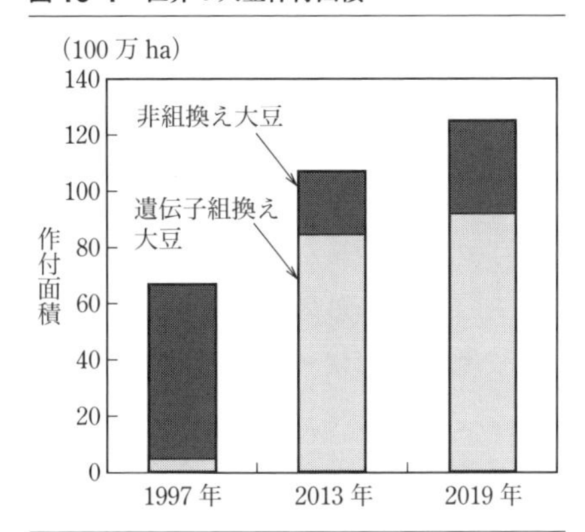

資料：国際アグリバイオ事業団ホームページより作成．

安全性についてのコミュニケーションが尽くされていない上に，遺伝子組換えでない農産物が優良商品であるかのような「遺伝子組換え原料不使用」といった表示がさかんに用いられている現在（改正後も使用可能），遺伝子組換え農産物に対する消費者の安心感は醸成されない．環境の制約を回避して，生産量を確保するために遺伝子組換え作物を導入するという食料と環境の問題の抱き合わせは，安全性への不安という複合的なストレスを抱え，不安感を増幅させているのである．

なお，表 **10·1** に記載しているが，2018年9月に日本で26年ぶりに発生した**豚熱**（ぶたねつ，CSF：classical swine fever，CSFウイルスの感染による豚とイノシシの病気）は，以降，清浄国ステータスから外れたまま各地で豚およびイノシシにおいて継続的に発生している．この豚熱以外にも，口蹄疫，高病原性鳥インフルエンザ，アフリカ豚熱など，越境性動物疾病が日本を含むアジア諸国に発生しているのが近年の食品事故の特徴となっていることには，留意しておく必要がある．防疫措置の強化と**リスクコミュニケーション**が強く政府に求められているといえる．

(2)“食”と“農”の距離の拡大がもたらす食の安全・安心問題

企業におけるコンプライアンスの欠如

2000（平成12）年6月に発生した大手乳業メーカーによる食中毒は，工場の衛生管理，賞味期限切れの牛乳や加工乳の再製品化など，安全性への配慮が欠落した結果，発生した事件であった．同様に，2008（平成20）年の米穀加工販売会社による汚染米の転売問題も，工業用にしか使用されないことを前提に農林水産省から購入した汚染米を食品用に転売した事件である．生産された商品が，問屋を経て小売店に並べられたり，外食産業を経て消費されたり，学校給食を通して消費されるという，消費者と直接つながらないことの距離感が，安全性への配慮や**コンプライアンス**（compliance）を欠落させている．

現在，食料の生産と消費の間には，食品メーカー，食品卸・小売業，外食産業など多くの食品企業が介在している．その結果，消費者は，誰がどのように食料を生産・加工しているのかをほとんど知らないまま消費し（その結果，罪悪感なく廃棄でき，価格や形状・品質を判断する際に，生産・流通段階での労働に対する想像力が入る余地もなく），また，生産者（企業）は，どこの誰という具体的な消費者をほとんど意識しないままに食料を生産している．

このように，消費者の顔を直接見ることがないなかで，"食"と"農"の距離が拡大した結果，企業倫理が欠落し，先にみた一連の不祥事を続発させているのである．

政府に対する不信感

こうした食品事故・事件のなかでも，2001（平成13）年9月に発生したBSE問題は，とりわけ大きな社会的問題となった．そして，この事件によって，国の安全性の管理責任が大きく問われ，食品安全基本法の制定（2003年）や食品安全委員会が設置（2003年）されるなど，政府の食に対する危機管理方針が大きく転換した．

BSEは，スクレイピー（中枢神経系が障害を受ける疾病）にかかっている羊からつくられた肉骨粉に含まれる異常プリオンが原因で，この肉骨粉をエサとして牛に与えたために発生したとされているが，問題は，このBSEがヨーロッパ各地で発生し，日本での危険性も十分に考えられたにもかかわらず，政府が事前の対応を怠り，発生後の初期対応も誤ったという事実である．

これをきっかけに，食の安全性は食品産業だけでなく，それを監督する政府も大きく問われることとなったが，この事件を契機として，輸入肉を国産肉にすり替えるという企業の**偽装表示**などの問題も出現した．このように，食品企業の倫理観，政府の安全管理の方法が大きく問われたことは，安全性の確保という問題だけでなく，食品やそれを扱う企業，またはそれを監督する政府への不信感となった．この後，政府は食品安全行政の大幅な改革を行うが，しかしそれすらも，じつは表面的に形を整えたものでしかなかったことが，2011年の東京電力福島第一原子力発電所の爆発事故による放射能汚染問題の発生で明らかとなる．

3 安全性確保のための政策対応

BSEの発生以降，食品安全行政の大幅な改革が実施され，**食品安全基本法**の制定（2003年）や“食品安全委員会”の設置（2003年），それにもとづくトレーサビリティ法（2005年）や**食育基本法**の制定（2005年），食品表示法の改正など，国は積極的に食品安全行政を展開した．ここではこれらの変化とその後の経過をたどりながら，環境問題との関連について言及することとする．

（1） リスク分析手法と食品安全行政

BSEの発生によって国の責任を問われた政府は，“BSE問題に関する調査検討委員会”の報告を受けて，食品安全行政を大きく転換した．それまで，国民の食べ物については，厚生労働省がおもに製品の安全性をチェックし，農林水産省は農業生産者に軸足をおいた政策を進めてきたが，生産段階での安全性もきびしく問われ，農林水産省も消費者に目を向けた施策が必要とされ，両省の連携が強化された．そして，前述のように2003（平成15）年5月には“食品安全基本法”が制定され，それにもとづき，同年7月には，内閣府に**食品安全委員会**が設置された．

従来は，リスクの評価と管理機能が明確に区分されていなかったが，客観的・科学的なリスク評価を必要とする食品安全委員会は，各省庁から独立したリスク評価機関として内閣府に設置され，そこで出された評価を各リスク管理機関に勧告し，その評価に即したリスク管理が行われているか監視する．ただし，各省庁から独立しているとはいえ行政機関内の委員会であり，行政から完全に独立した機関でないこと，消費者代表が本委員会の委員に含まれないこと，などの課題が残された．後

図10·2 消費者・食品安全行政

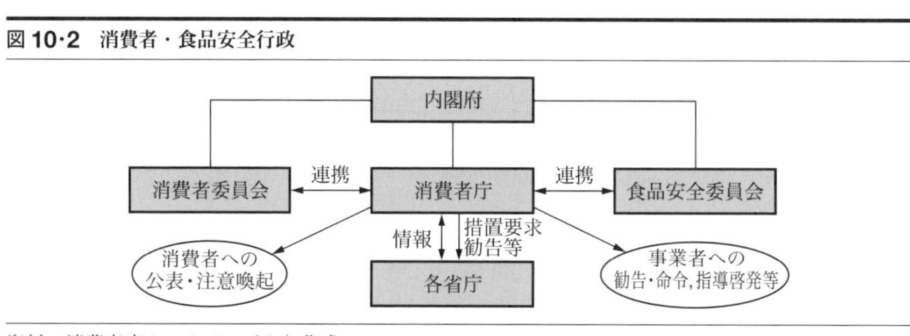

資料：消費者庁ホームページより作成．

者に関しては，2009年，消費者の意見を政策に反映させる窓口として**消費者庁**が設置され，食品安全委員会と連携を計るとともに，消費者庁のもとに**消費者委員会**が設置され，消費者も消費者行政をチェックできるような体制となった（図**10・2**）.

一方，食品安全基本法には，消費者の“食”への安心・信頼の確保のために，表示の適正化，**トレーサビリティ**（traceability：食品の生産・流通履歴の追跡）の導入・普及，食育の推進〔2005（平成17）年，食育基本法制定〕，地産地消の推進，動植物検疫などの検査・通関部門との情報の共有化や提供などに取り組むことが盛り込まれている．これら一連の改革の推進には，“消費者と生産者の‘顔の見える関係’の確立と相互理解に向けた取組みの重要性”（「食料・農業・農村白書」平成14年度）が強調されており，“食”と“農”の距離の乖離を埋めることが“食”の安全性確保につながる，という認識が具体化されている.

しかし，安全であることと，科学的に証明された安全性に対する安心感は別物である．東京電力福島第一発電所の爆発事故による放射能汚染について，政府が公表する放射性物質のデータに対する信頼感の喪失は，産地や小売業界への過剰な検査をもたらすこととなった.

（2） リスクコミュニケーションとしての食品表示

今日のように，消費者と生産者との距離の拡大により起こる事件・事故，不安感などを払拭するため，消費者が直接見ることができない食品の生産・加工・流通段階の情報を的確に提供して，食への安心・信頼を確保しようと，さまざまな取組みが行われている．産直取引や**スローフード運動**，地産地消，フードツーリズムなどは地場の食べ物を見直し，それを地場で消費するという，実質的な距離を埋めることもその一つの方法である．そのほか，トレーサビリティ，産地の明記や生産者の顔写真などは離れた距離を情報によって埋めようとする努力の一つであるが，なかでも消費者の利用頻度が高いものが食品表示である．日本の食品表示制度は，農林水産省所管“農林物資の規格化及び品質表示の適正化に関する法律”（**JAS法**），厚生労働省所管“食品衛生法”，公正取引委員会所管の**不当景品類及び不当表示防止法**（**景品表示法**）および“不正競争防止法”などによって規定された食品情報を，消費者に提供してきた（表**10・2**）.

1950（昭和25）年に制定されたJAS法は，農林物資の品質の改善や生産の合理化などを目的として規格を定め，加工食品などの農林畜水産物資についての品質と表示の基準を定めている．1970（昭和45）年にはさらに，表示の適正化を図るため，

表 10·2　食品表示制度の概要

法律等の名称	表示の趣旨	表示対象食品	表示すべき事項
食品衛生法（1947 年：厚生労働省）	飲食による衛生上の危害の防止	容器包装に入れられた加工食品（一部生鮮食品を含む），鶏卵	・名称，使用添加物，保存方法，消費期限または賞味期限，製造者氏名，製造所所在地など ・遺伝子組換え食品に関する事項
農林物資の規格化および品質表示の適正化に関する法律（**JAS 法**）（1950 年：農林水産省）	品質に関する適正の表示 消費者の商品選択に資するための情報表示	一般消費者向けに販売されるすべての生鮮食品，加工食品および玄米精米	・名称，現在料名，食品添加物，保存方法，内容量，原産地（輸入品の場合は原産国）名，消費期限または賞味期限，製造者または販売者（輸入品にあっては輸入業者）の氏名または名称および住所，その他必要な表示事項 ・遺伝子組換え食品，有機食品に関する事項 ・その他食品分類ごとに品質表示基準が定められている場合はその項目
不当景品類及び不当表示防止法（**景品表示法**）（1962 年：消費者庁・公正取引委会）	虚偽，誇大な表示の禁止	—	—
計量法（1951 年：経済産業省）	内容量の表示	—	内容量
健康増進法（旧栄養改善法）（2002 年：厚生労働省）	健康および体力の維持，向上に役立てる	販売されている加工食品などで，日本語により栄養表示する場合（いわゆる特殊卵）	栄養成分，熱量
		特別用途食品	商品名，原材料，認可を受けた理由，認可を受けた表示の内容，成分分析表および熱量，認可証表，採取方法など
	健康の保持維持の効果等，虚偽誇大広告等の禁止	食品として販売に供する物	—
薬事法（1960 年：厚生労働省）	食品に対する医薬品的な効能効果の表示を禁止	容器包装に入れられた加工食品およびその広告	—
食品表示法（2013 年：**消費者庁**）	食品衛生法，JAS 法，健康増進法を一元化	食品として販売するもの	食品衛生法全般，JAS 法全般および健康増進法の栄養表示部分

資料：厚労省，農水省，消費者庁 HP より作成．

品名，原材料名，内容量など必要な項目の表示を事業者に義務づけた．1999（平成11）年には，有機農産物および有機農産物加工食品にかかわる“有機JAS”制度が導入され，化学肥料および農薬を3年以上使用せずに，堆肥などによる土づくりを行ったほ（圃）場で生産された農産物について，第三者の認定機関によって認定されたものだけに“有機JASマーク”を付けることができることとなった．

続いて2000（平成12）年には，すべての生鮮食品について**原産地表示**が義務づけられ，国内の農産物については都道府県名を，輸入品については国名の表示が義務化された．同年には遺伝子組換え食品についても，食品中に組換えられたDNA，またはこれによって生じたタンパク質が存在するものについては，遺伝子組換え農産物を使用している旨の表示が義務化された．

そのほか食品表示で特記すべきものとして，厚生労働省所管の食品衛生法にもとづく**アレルギー表示**がある．これは，アレルギー発症例の多い，卵，乳，小麦について，また，症例は少ないが人によって症状が重篤な，そば，落花生などについて，それらを原材料に含む加工食品には，その旨を表示することが，2001（平成13）年から義務づけられた．この食品衛生法による表示には，飲食に起因する衛生上の危害防止の観点から，名称，添加物，消費または賞味期限，保存方法，製造業者など（食品ごとに異なる）の表示が義務づけられている．

また，**景品表示法**は公正な競争を確保し，一般消費者の利益を保護する観点から，① 商品の品質などについて著しく優良であると誤認される表示，② 商品の価格などについて著しく有利であると誤認される表示，③ 商品の取引に関する事項で誤認されるおそれがある表示や，不当に顧客を誘引し，公正な競争が阻害するおそれがあると認められる表示を禁止している．2013年にホテル，レストラン等のメニュー表示が，実際の使用原料と違うことが問題となった事件は（たとえば伊勢エビと表示されたメニューの原料がバナメイエビなど），この優良誤認が問題とされた．

このように，食品の表示は消費者にとって重要な情報源であるにも関わらず，複数の法律によって規定されていることから，それぞれの法律を所管している各府省庁間の十分な連携がないまま運用されて，表示用語の統一性に欠けるなど，消費者のみならず，事業者にとってもわかりにくいものとなっている．そこで2013年，消費者にとってわかりやすい表示に一元化することを目的とした**食品表示法**が制定された（施行は2015年4月だが，生鮮食品は1年6か月，加工食品は5年の経過措置期間があり，完全施行は2020年4月）．

表 **10·3** に示すような栄養成分表の記載（健康増進法）はこれまでは任意であったが，完全施行開始の2020年4月からは表示が義務づけられることになった（基本5項目：熱量，タンパク質，脂質，炭水化物，食塩相当量は，この順番で表示する）．

表 10·3　栄養成分表（事例：クッキー）

栄養成分表示（1枚当たり）	
熱　　量	25 kcal
タンパク質	1.3 g
脂　　質	1.1 g
炭水化物	3.5 g
食塩相当量	0.04 g

資料・消費者庁HPより作成．

（3）　食品表示のもう一つの役割

ところで，食品安全行政が推進した**食品表示**は，食品事故・事件への対応だけではなく，環境問題への対応としての意味合いも持つ．たとえば，表示の適正化の1つである有機JASマークは，化学肥料や農薬を3年以上使用せずに，堆肥の土づくりによって生産された農産物だけが付けられるマークである．化学肥料や農薬の過剰使用は，土壌や水質の汚染・疲弊を招く要因でもあり，この有機JASマークは，そのことに配慮した食品であることを示す情報の1つとなる．

また，表示法に定められてはいないが，農産物，労働力，環境などに配慮した農業生産方法に対する認証制度である**GAP**（Good Agriculture Practices：**農業生産工程管理**），環境マネジメントの認証制度である**ISO**（International Organization for Standardization：国際標準化機構）の14000s，安全管理手法である**HACCP**（hazard analysis and critical control point：**危害分析重要管理点**）など，それぞれに認証制度があり，その取得によりロゴマークを表示できるようになっている．こうした表示の製品を消費者が積極的に選択することによって，食料，農業をはじめとする持続可能な社会の構築に貢献することができるようになることも食品表示の特徴であるといえる．

4　環境問題から食料問題へ

食料が自然環境を利用・改変して栽培されることからもわかるように，食料問題と環境問題は隣り合わせの関係にある．狩猟，漁労による食料採取から，農耕文化の定着と技術の進歩によって，人間は環境を支配しつつ食料を生産してきたが，じつはその自然環境および地球には，産業化や人口増加によるリスクの許容量には限界があることが，1972年にローマクラブ（Club of Rome：スイスに本拠地を置く民間シンクタンク）の『成長の限界』が刊行されたころから理解され始めていた．

しかし1970年代の2度の石油ショックを挟み，本格的に人類の持続的な発展のための環境との向き合い方を議論し始めたのは20世紀末からといえよう．ここではわが国の環境行政の変遷と問題点を指摘しつつ，食料問題との接点を整理しよう．

（1） わが国の環境行政

環境問題が世界的に意識され始めたのは，1970年代に入ってからであるが，これは，1960年代に，先進国を中心に工業化の進展が公害問題を多発させていたことの反省から生まれたものであり，高度経済成長期にあった日本でも“公害列島”といわれるほど公害が多発していた．当時の公害対策は“エンド オブ パイプ”（end of pipe）と呼ばれ，排出される汚染物質を出口で規制しようとするものであったが，国民の健康に留意しつつ，それを予防的な対応にまで引き上げようとする段階で，第一次オイルショック〔1973（昭和48）年〕が発生し，その動きは一時頓挫した．

その後，増大する人口に対応した食料生産や，資源・エネルギーの枯渇，オゾンホールの存在など，地球レベルで環境問題が意識され始めたのが1980年代に入ってからである．1970年代に省エネ技術と公害対策に成果を出した日本の提唱によって，国連に1984年に設置されたブルントラント委員会*1による“持続可能な発展”が報告された．

この持続可能な発展（Sustainable Development）という考え方は，その後の国際社会における環境問題をはじめとする社会問題へのアプローチの重要な概念として位置付けられ，現在ではSDGsに集約されている．ブルントラント委員会の報告後の1992（平成4）年に，国連主催の**地球サミット（環境と開発に関する国連会議**）が開催され，現在，各国では，この“地球サミット”で採択された“リオ宣言”（目的），“アジェンダ21”（行動計画）や，気候変動枠組条約（地球温暖化条約）や生物多様性条約などの国際条約をもとに環境政策が推進されている．

日本でも，当時の環境庁（現環境省）は，サミット翌年の1993（平成5）年に制定された**環境基本法**の下，世界レベルでの環境問題への取組みと，国内での廃棄物の削減を重要課題と位置付けた．国内における廃棄物の削減は循環型社会（リサイクル社会）の形成によることとし，2000（平成12）年に制定された**循環型社会形成推**

---

*1 「環境と開発に関する世界委員会」（WCED：World Commission on Environment and Development）を，当時の委員長の名前をとってブルントラント委員会という．

進基本法には，削減方法の優先順位を ① 廃棄物の発生抑制（reduce），② 可能な限りの再使用（reuse），③ 再資源化（recycle），④ 熱回収，⑤ 最終廃棄物の適正処理（reasonable treatment）としている．

出さないことが何より優先としつつ，しかし，内容はリサイクルによる循環型社会の形成によって，結果として廃棄物を減らすこととし，その具体的な施策として，容器包装リサイクル法〔1995（平成 7）年〕，家電リサイクル法（1998 年），グリーン購入法（2000 年），食品リサイクル法（同），建設リサイクル法（同），小型家電リサイクル法（2013 年）などが制定された（図 **10･3**）．

図 10･3　リサイクル法関連図

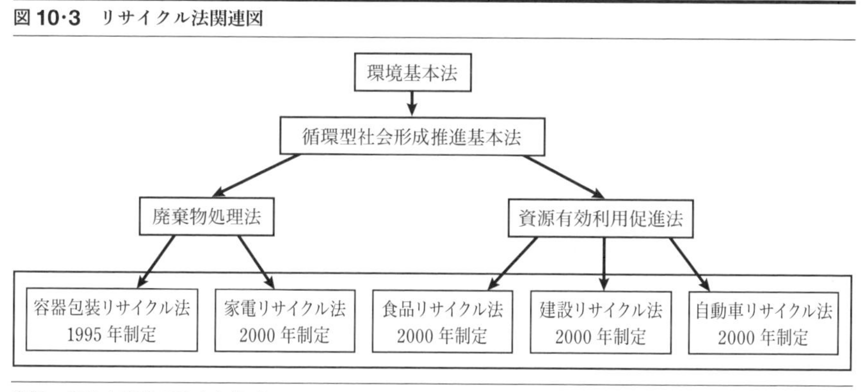

資料：農林水産省 HP より作成．

ここでは，食品と関係が深い**容器包装リサイクル法**と**食品リサイクル法**についてふれておきたい．

（2） 環境問題に対する諸規制

容器包装リサイクル法

私たちは，食品の購入時にはその食品の容器・包装資材も同時に購入している．魚・肉類の購入の際は，トレーに並んだ切り身にラップが施され，レジ（または自身で）でビニル袋に入れる．また，1 つの個包が袋や箱に入り，それを贈答用に利用しようとすればさらに包装紙，箱，手提げ袋などが加わり，私たちの実生活では，容器・包装関連で廃棄物の減量化を意識するのは 2020 年 7 月から全面的有料化が施行されたレジ袋くらいで，現実には減らすというより，リサイクルシステムの存在に安心感を得ているというのが実態ではないだろうか．

図 10·4　リサイクル率の推移

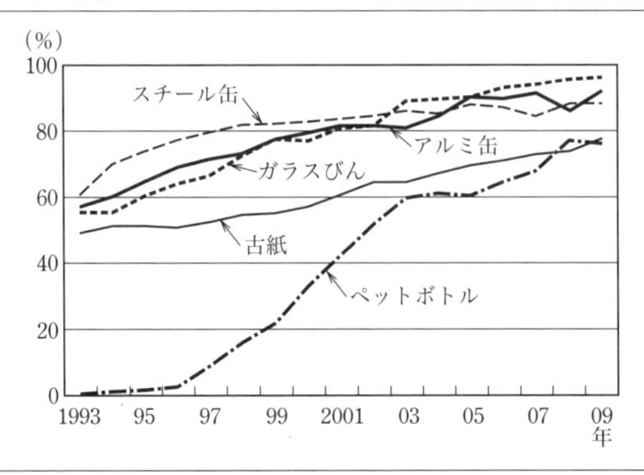

〔注〕古紙回収率＝古紙回収実績 / 差引消費量
アルミ缶再資源化率＝アルミ缶再生重量 / アルミ缶消費重量 × 100
スチール缶再資源化率＝スチール缶屑使用重量 / スチール缶生産重量 × 100
ガラスびんのカレット利用率＝カレット使用量 / ガラスびん生産量 × 100
ペットボトルの回収率＝収集量 / 生産量 × 100
資料：スチール缶リサイクル協会資料，古紙再生促進センター資料，ガラスびんリサイクル促進協議会資料，アルミ缶リサイクル協会，PET ボトルリサイクル促進協議会資料より作成.

そこで，図 **10·4** で法制定前後の容器のリサイクル率をみると，スチール缶，アルミ缶，ガラスびんなどは以前からかなり高く，**容器包装リサイクル法**制定の 1995（平成 7）年以降も上昇していることがわかる．とくにペットボトルについては，制定後の上昇率が顕著である．再生品の開発を企業が積極的に行っている成果でもある．

しかし，ここには重要な注意点がある．**循環型社会形成推進基本法**の下での減量化の第 1 順位に“reduce”すなわち“発生抑制”がうたわれているにもかかわらず，リサイクルというシステムが前面に出て，“リサイクルシステムさえ確立していれば，どんなに廃棄しても，排出物の増加にはならない”という認識がもたれやすく，そのことがまた，排出物を増加させ，悪循環を生む可能性が高いということである．その顕著な例がペットボトルである．

表 **10·4** でみるように，ペットボトルの生産量は，容器包装リサイクル法制定前の 1993（平成 5）年から 2000（平成 12）年の間に約 3 倍と大きく増えており，それに対応して回収率が上昇しているとはいえ，廃棄量も 2000 年まで増え続け，確実に減量化するのは 2010 年以降となっている．

表 10·4　ペットボトル使用量の推移（千トン）

	1993 年	1995 年	2000 年	2005 年	2010 年	2013 年
生　産　量	123,798	142,110	361,944	529,847	594,689	578,706
回　収　量	528	2,594	124,873	326,714	428,745	529,031
回収率（%）	0.4	1.8	34.5	61.7	72.1	91.4
廃　棄　量	123,270	139,516	237,071	203,133	165,944	49,675

〔注〕 生産量は，2005 年以降は販売量.
資料：(財) 食品産業センター「食品産業の主要指標」2005 年および「PET ボトルリサイクル推進協議会資料」.

食品リサイクル法

一方，食品廃棄物についても**食品リサイクル法**が制定されているが，表 **10·5** にみるように，食品廃棄物の再生利用率には大きなばらつきがある. 食品メーカーから排出される産業廃棄物の再生利用率は 95%と，リサイクル化（肥料化・飼料化）がかなり実現されているが，外食産業は 32%，家庭からの廃棄物はわずか 7.2%にしかすぎない. メーカー段階では，使用する原料の種類が限られているため，肥料化・飼料化する際にその成分が明確であることや，1 か所からの回収量が多いこと，また，農家（または産地）と原料の契約取引が行われている場合もあり，再生した肥料・飼料はこれら契約農家が受入れ先になりやすいなどの条件がある. しかし，外食産業や家庭からの一般廃棄物の場合は，塩分，油分など調味料が混入しているため再生化に高いコストが必要とされ，再生化が進展しにくい状況にあり，外食産業や家庭からの減量化に向けた対策が重要なポイントとなる.

ただし，ここで注意しておきたいのは，リサイクル法の対象はそのほとんどが工業製品であるのに対し，食品リサイクル法だけは有機物であるということである. 単に廃棄されるだけでなく，可食部分も含めて廃棄される，いわゆる「食品ロス」を含むにも関わらず，工業製品同様の「リサイクル」対策でよいのかが問われることとなる.

表 10·5　業種別食品リサイクル率（2017 年）（千トン）

業　種	廃棄量	再生利用値	最終処分量
食品製造業	14,106	95　%	427
食品卸売業	268	67　%	80
食品小売業	1,203	51　%	748
外食産業	2,062	32　%	1,617
一般家庭	783	7.2%	726

資料：農林水産省「食品循環資源の再生利用等実態調査報告」，環境省「一般廃棄物の排出及び処理状況，産業廃棄物の排出及び処理状況等」

（3） 食品ロス

このように日本の環境政策は，リサイクルによる廃棄物の減量化に重点がある．しかし，食品に関しては，8章でも示されたように，栄養不足に陥る人がいる一方，過剰摂取による肥満等の問題を抱え，なおかつ輸送や廃棄された食品の処理が問題となるなど，食品の偏在化が健康や環境に大きな影響を与えている．こうした中で，食品廃棄物に対し**食品ロス**という存在を強調したのが，FAOの「世界の食料ロスと食料廃棄」報告，そして国連の開発目標である**SDGs**である．

FAOの「世界の食料ロスと食料廃棄」（2011年）は，世界中で失われたり，無駄に捨てられている食料の存在を捉え，それが貧困や飢餓，さらに環境に与える影響についての調査結果を報告している．そこでは，世界で生産されている食料のうち，生産，加工，流通，消費等各段階で排出している量（図**10·5**，日本のみ単独で他は地域別）が示されている．

とりわけ先進国では消費段階における過剰摂取が肥満等の要因として指摘されるが，消費段階での廃棄量も多い．一方，途上国では輸送，保管システムが未成熟で，末端まで食料が行き届かず，生産，流通段階での廃棄量が多く，消費段階での廃棄量は極めて少ない．こうした結果がSDGsにも反映され，その目標12は「つくる責任，つかう責任」と表現され，具体的には「持続可能な生産消費形態を確保する」こととし，アジェンダ3では「2030年までに小売・消費レベルにおける世界全体の1人当たりの食料の廃棄を半減させ，収穫後損失などの生産，サプライチェーンにおける食料の損失を減少させる」ことを掲げている．

先進国まで運ばれる食料のために使われるエネルギーと排出されるCO_2，食べきれずに大量に廃棄され，その処分に大量に使用されるエネルギーと排出されるCO_2，それらが環境に与える影響と，その環境が及ぼす食料生産への影響，さらに過食による健康への影響を考えると，不安定要因は生産量の増加だけでなく，食料消費のあり方にも起因しているといえる．

図 10·5　世界各地域別1人当たり食料廃棄量

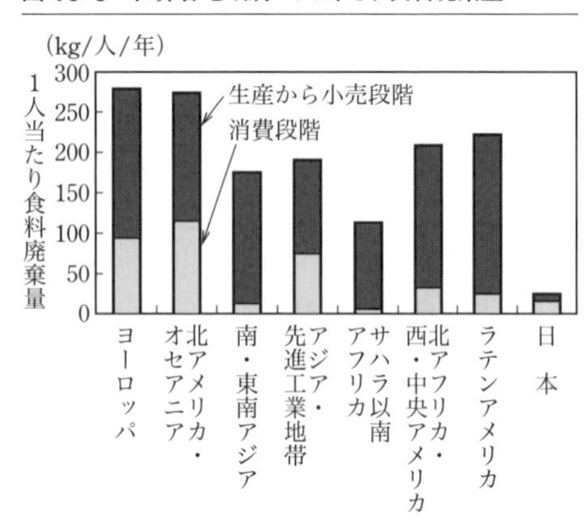

資料：FAO「世界の食料ロスと食料廃棄」2011年

日本に関していえば，表**10･6**の食品ロスの合計量に示したように，2018年には年間およそ600万トンの食品ロスが発生しており，農林水産省によると，これは1人当たり毎日ほぼ茶碗1杯分に換算され，さらに年間では米の約47 kgのロス量であり，現在の1人当たりの年間米消費量の約54 kgの9割近くになる．

表10･6　食品廃棄，食品ロス量の推計値と割合
（単位：万トン，カッコ内は割合）

年次	食品廃棄物等			食品ロス		
	事業系	家庭系	計	事業系	家庭系	計
2014	1,953 (70.4)	822 (29.6)	2,775	339 (54.6)	282 (45.4)	621
2016	1,970 (71.4)	789 (28.6)	2,759	352 (54.7)	292 (45.4)	643
2018	1,765 (69.7)	766 (30.3)	2,531	324 (54.0)	276 (46.0)	600

資料：環境省「環境白書」各年

表10･7　食品ロス量の内訳（単位:万トン，カッコ内は割合）

業態／年次	製造業	卸売業	小売業	外食産業	一般家庭	合計
2015	140 (21.8)	18 (2.8)	67 (10.4)	133 (20.7)	289 (45.0)	642 (100)
2018	126 (21.0)	16 (2.7)	66 (11.0)	116 (19.3)	284 (47.3)	600 (100)

資料：農林水産省HPより作成．

もう一度，表**10･6**で食品廃棄物と食品ロスとについて，それぞれ事業系と家庭系の比率を確認する．これによると食品廃棄物に占める家庭系の割合はおよそ3割程度なのに対し，食品ロスでは家庭系の割合は5割近くになっていることがわかる．

さきほど，食品廃棄量の減量化のためには，今後，川下である外食産業や家庭系の廃棄物の減量が重要であることに言及したが，じつは家庭系に関しては，コストをかけて廃棄量を減少させるより，可食部分である食品ロスを削減することが，廃棄量の削減に貢献できることがわかる．

また，食品廃棄物のリサイクルは，製造業において高率であったが，表**10･7**にみるように，食品ロスでは事業系の中でもっともロス量が多いのが製造業，ついで外食産業となっている．この製造業でロスが多い理由として，訳あり商品と呼ばれる容器の変形，印字のミス，そして業界における3分1ルールといった商習慣がある．**3分の1ルール**とは，図**10･6**に示すように，賞味期限が6か月の場合，その3分の1まではメーカーから小売店に出荷できるが，それを過ぎると出荷できず滞留し，また小売の店頭ではさらに3分の1の期間は陳列できるが，それを過ぎると廃棄，返品，値引き販売の対象となる．メーカーでの滞留や返品が，製造業でのロスの原因となっているのである．このルールはなかなか改善されないが，近年では

図 10·6 食品業界における「3分の1ルール」の概念図

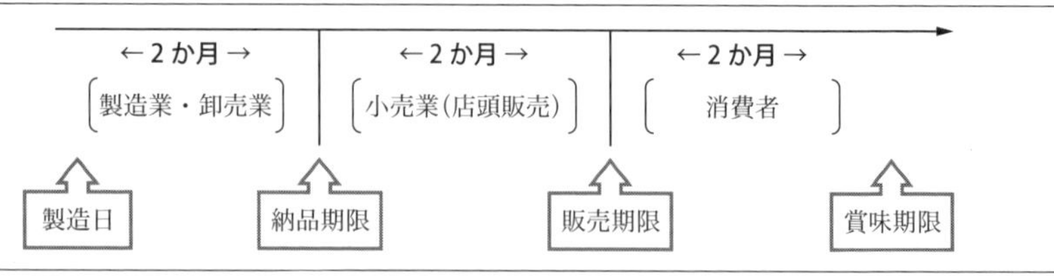

資料：農林水産省「平成 26 年版 食料・農業・農村白書」をもとに木島作成.

むしろ賞味期限表示を年月日ではなく年月表示（例：2020 年 3 月 15 日→ 2020 年 3 月と表示）にすることで，ロスの削減に対応する企業が増えている.

こうした実態から，廃棄物として排出された食品を一括してリサイクルするのではなく，可食部分を最後まで食べ物として消費することをめざしたのが 2019 年に制定された**食品ロスの削減の推進に関する法律（食品ロス削減推進法）**である．そこで注目されるのは，食品リサイクル法が食品事業者のみであったのに対し，食品ロス削減推進法ではターゲットに消費者も含まれたこと，具体的な方法としてロス削減に取り組む食品事業の支援や表彰，さらにフードバンクの活動支援も明記している点である．2021 年に入ってからはこのフードバンクを通じて，または直接「子ども食堂」（こども宅配を含む）への政府備蓄米の無償提供も行い始めている．この法律によって，食品廃棄物に対する日本の政策は，従来の環境政策の一端としての廃棄物削減のための食品リサイクルと，食料を廃棄せずに食べ切る食料の問題，さらに福祉政策にも対応した政策統合へと舵を切ったことになる．これにより，行政の縦割りの弊害が改善される効果も期待される.

5 安全な食料供給と安心な食生活のためのフードシステムの構築

日本で食品廃棄物政策が転換した背景として，次の 2 つが指摘できる．1 つは FAO による 2011 年の「世界の食料ロスと食料廃棄」の報告書であり，もう 1 つが **SDGs** の存在である.

この SDGs は **3** 章でもふれているとおり，17 のゴール（表 **10·8**）が設定されているが，それらは SDGs の前身の MDGs の反省が反映され，必ずしも途上国が直面している課題だけでなく，先進国をはじめ各国・地域でもありうる社会課題が掲げられている．表に示したように，人間が生きていくために必要な食料の問題を扱っ

表 10·8　SDGs の 17 の目標と本書各章との関係

目標	内容	章
目標 1：貧困	あらゆる場所のあらゆる形態の貧困を終わらせる．	1，2，7，8，9，10 章
目標 2：飢餓	飢餓を終わらせ，食料安全保障及び栄養改善を実現し，持続可能な農業を促進する．	1，7，8，9，10 章
目標 3：保健	あらゆる年齢のすべての人々の健康的な生活を確保し，福祉を促進する．	1，10 章
目標 4：教育	すべての人に包摂的かつ公正な質の高い教育を確保し，生涯学習の機会を促進する．	10 章
目標 5：ジェンダー	ジェンダー平等を達成し，すべての女性及び女児のエンパワーメントを行う．	1，6 章
目標 6：水・衛生	すべての人々の水と衛生の利用可能性と持続可能な管理を確保する．	3 章
目標 7：エネルギー	すべての人々の，安価かつ信頼できる持続可能な近代的エネルギーへのアクセスを確保する．	7，8 章
目標 8：経済成長と雇用	包括的かつ持続可能な経済成長及びすべての人々の完全かつ生産的な雇用と働きがいのある人間らしい雇用（ディーセント・ワーク）を促進する．	4 章
目標 9：インフラ，産業化，イノベーション	強靭（レジリエント）なインフラ構築，包括的かつ持続可能な産業化の促進及びイノベーションの推進を図る．	3，4，5，6，7 章
目標 10：不平等	各国内及び各国間の不平等を是正する．	7，8 章
目標 11：持続可能な都市	包摂的で安全かつ強靭（レジリエント）で持続可能な都市及び人間居住を実現する．	5 章
目標 12：持続可能な生産と消費	持続可能な生産消費形態を確保する．	全章
目標 13：気候変動	気候変動及びその影響を軽減するための緊急対策を講じる．	8，10 章
目標 14：海洋資源	持続可能な開発のために海洋・海洋資源を保全し，持続可能な形で利用する．	3 章
目標 15：陸上資源	陸域生態系の保護，回復，持続可能な利用の推進，持続可能な森林の経営，砂漠化への対処ならびに土地の劣化の阻止・回復及び生物多様性の損失を阻止する．	3，10 章
目標 16：平和	持続可能な開発のための平和で包摂的な社会の促進し，すべての人々に司法へのアクセスを提供し，あらゆるレベルにおいて効果的で説明責任のある包摂的な制度を構築する．	全章
目標 17：実施手段	持続可能な開発のための実施手段を強化し，グローバル・パートナーシップを活性化する．	7，8，9 章

資料：外務省「JAPAN SDGs Action Platform」

た本書は，具体的に言及した章のみならず，各章が多くの目標と関連している．

しかし，この目標で何よりも注目されるのが，ブルントラント委員会（国連に設置）による報告以来の課題である「環境問題」と「経済成長」が，持続可能な社会構築のために必要な課題として掲げられている点である．持続可能な発展をめざすには資本が必要であるが，そのための経済成長を保証するのは持続可能な環境であり，そのためには統合的な政策が不可欠であるということである．この政策統合に関していえば，食品ロス削減推進法制定の背景に，政府は世界の飢餓人口の存在を語り，食料問題と環境問題，そして福祉政策という統合化政策を打ち出している．安全な食料が安定的に供給されるという食の基本的な性格が，食にとっての基本的性格というだけでなく，人間が生きて再生産していくために必要欠くべからざるものであり，本章の冒頭で述べたように，「食料問題」と「環境問題」は相互に切り離し難く関係しているとすれば，食料の生産，加工，流通，消費という線的システムだけではなく，日本フードシステム学会[*2]が当初から求めていたように，それに関わる技術，制度，政策，風土，文化等を含めた面的システムとしてフードシステムを捉え，それを基盤とした政策統合がより強く求められているといえよう．

（1） 安全性の確保のための企業の責任

環境問題が社会的な課題となって以降，個々の企業はISO 14001の認証取得をはじめとしたさまざまな取組み（環境マネジメント，その他環境会計の導入，ゼロエミッションの達成，リサイクル素材であることの表示など）を行うとともに，それを“レポート”として作成・発信するほか，すでにふれたように，容器包装リサイクル法，食品リサイクル法への対応なども求められてきた．しかし現在の社会的課題は環境問題だけでなく，SDGsに包括的に示されたように多様な問題への貢献が求められている．そこで行政や企業では，その政策や経営目標がSDGsとどのように関係していて，どのような貢献ができるかを示し，また株主や顧客もそれを企業の評価基準にしつつある．農水産物を利用する食品産業は，多様な栄養素を含む食品を安定供給することでSDGsがめざす社会に貢献できるとし，各社の中心的目標を検索するだけでも17の目標が全て網羅されていることがわかる．

とくに2019年12月に「SDGs実施指針」の改定が行われ，目標達成に役割を果たす存在として次世代の若者を新たに位置付け，啓発や教育を強化するとともに，環境や社会問題にどれだけ積極的に取り組んでいるかを企業の投資指針とする

[*2] 農漁業生産と，食品の製造，卸，小売，外食などの食品産業全般ならびに食料消費にかかわるフードシステム関連領域に関する理論・応用について研究し，社会科学を中核に食品工学，食品学，栄養学，食文化論との学際的研究を目指す産・官・学研究者集団。

ESG 投資（環境・社会・企業統治に配慮している企業を重視，選別して行う投資のこと）の拡大が盛り込まれ，表**10･9**に示すように，着実にその投資額を伸ばしている．日本では近年ようやく本格化したばかりのため，2020年で比較すると，アメリカ1,880兆円，欧州1,320兆円で，日本の320兆円はGDP世界3位の国としてはまだまだその投資額は少ないが，伸び率をみると2016年からの4年間で5倍以上の伸びを示している．投資先の企業判断にも環境問題への貢献やSDGsへの貢献といった指標が用いられているのである．

表10･9 日本におけるESG投資残高の推移（単位：兆円）（カッコ内は伸び率）

年次	2016	2018	2020
投資額	56（100）	232（414）	320（571）

資料：世界持続可能投資連合（GSIA）のデータをもとに作成．

また，農林水産省は2020年3月に「農林水産省環境政策の基本指針」を提示しているが，そこではSDGsのすべての目標が，食料，農業，農村と関連しているとされている．それは，かつて，環境保全のために経済成長を停滞させてはならないとされた**経済調和条項**的発想を廃し，今や健全な環境基盤の構築がなければ持続可能な経済成長も社会の発展もありえないということを示しているといっても過言ではない．そこでの環境と，そして「食」との親和性を，企業，政府のみならず，消費者も再考すべきときに来ている．

（2） 安全な食料の安定的確保に対する消費者の役割

現在の経済システムのなかで，生産・流通を担う企業と，それを監督する行政に対して，消費者が好ましいと考えるフードシステムづくりに消費者自身が果たせる役割は，じつはきわめて日常的な行為のなかにある．それは，なぜ安全で安定的な食料が供給されないかという問題を常に意識して，市場に供給される多数の食品，またはその供給元の企業のなかから，どの企業の（または誰が作った）食品を購入して食べることが，地球やわれわれの生活の持続的な発展に一票を投じることになるのか（消費者基本法でいうところの消費者の選択権の行使）を考えながら，消費行動をすることである．

そして，そのために必要な情報は何なのか（食品表示と食育の重要性），その情報を得るため，企業に対しどのような表示を望むのか（企業・行政への要請），生産・流通する食品が消費者に的確に提供されるためには，私たちの日常の消費生活そのものに，大きな選択権とそれにともなう責務が委ねられている．

epilogue

日本の食料問題を考える

── 真の豊かさを求めて ──

1 他国に例をみない食料自給率の低さ

（1） 農業問題と食料問題

いままで**フードシステム**の流れをさかのぼりながら，食料経済にまつわるさまざまな問題を考えてきた．**prologue** で問題として掲げた**“食”と“農”の距離**の拡大によって形成されたブラックボックスは，多少なりとも埋めることができたであろうか．これまた“はしがき”で述べたことであるが，本書は，事象そのものを理解することよりも，食料経済にかかわる，ある事象と他の事象との関係を考えてもらうことに主眼をおいているので，各章の記述は，それぞれ解答を出すというよりも，各章の筆者たちが問題を提起し，読者一人ひとりが，日常的な食生活のなかで日本や世界の“食料経済”を考え，自ら判断してもらえるように筆を進めてきたつもりである．そのため，読者のなかには，提起された問題の山並みに圧倒されて戸惑っている人も少なくないかもしれない．そこで，この **epilogue** では，多少，問題をしぼって，わが国の食料問題について，いっしょに考えてみることにしたい．

アメリカの著名な農業経済学者 T．W．シュルツは，農業にまつわる経済問題は，大きく分けて 2 つあると述べている．1 つめは**農業問題**（farm prob1em）で，農産物が生産過剰で農産物価格も低迷している状況の下で，農家や農業生産者は低所得にあえぎ，農村地域の貧困問題が深刻な社会問題となる場合である．現在，過剰農産物を抱える先進諸国の農業でもみられるが，この農業問題は，農村での過剰人口の下，長く疲弊していた戦前のわが国の農業・農村の基本問題であったし，地球的規模でみれば，今日なお，農村地域で貧困問題を多く抱える開発途上国で一般的にみられる問題である．

農業にまつわる 2 つめの経済問題は**食料問題**（food prob1em）で，これは逆に，食料の供給不足によって食料危機に見舞われるときの問題である．人類は，いままでにも，何回となく飢饉（ききん）や深刻な食料不足に遭遇してきた．過去においてはわが国でも，1918（大正7）年の米騒動，第二次世界大戦後の食料難時代など，読者の祖父母や曽祖父母がそれを経験している．食料が，人間にとって生命維持のための基本的な生活資料であることから，この食料問題は，深刻な社会問題となり，ときにはパニックを起こすことにもなる．現在でも，地球上には8億人を超える飢餓人口がいるといわれるように，アフリカやアジアの一部地域，中東などの紛争地域で，深刻な食料問題が常時起きていることを，私たちは忘れてはならない．

いうまでもなくその食料問題は，食料に対する需給関係が逼迫することで起きる．すなわち，世界の食料需要がどうであり，それに対する食料生産がどうなるかによって決まる．食料の需要については，**2**章で述べたように，人口，所得水準，嗜好の変化によって規定され，食料生産については，**3**章や**8**章で述べたように，耕地面積，単収，水を含んだ環境問題などに規定される．

食料需要を規定するもっとも重要な人口要因については，国連統計によると，2019（令和元）年に世界人口は77億1,000万人を超えたと報告した．その数は，30億人だった60年前〔1960（昭和35）年〕の2.6倍，115年前〔1900（明治33）年〕の20億人の3.9倍という増加ぶりである．この世界人口の増加ペースは衰えず，アメリカ国勢調査局と国連データからの試算によると，世界人口は1分間に133人，1日20万人あまり，1年間に7,507万人あまり増え続けているという．このままでいくと，2050年には97億人あまり（中位推計値，**8**章の図**8･2**），そして21世紀末には，今日の2倍近い110億人にも達することが予測されている．

これに対して食料生産は，1980年代から地球上の穀物作付面積は減少に転じ，近年，単収も頭打ちとなり（表**8･5**），1人当たり穀物生産は着実に減少してきている（図**8･7**）．その結果，現在，10億人にまで達しているという世界の飢餓人口（国連世界食糧計画）は，さらに増加する可能性は多分にある．

このような状況を考えれば，これから先，この地球上では，恒常的に深刻な食料問題を抱えることになり，21世紀におもな活躍の舞台をもつ読者としては，常にそのことを念頭において，“食料経済”を考えなければならないことになる．

（2） 食料自給率の国際比較

3章**1**節（**4**）で述べたように，食料自給率には総合自給率，穀物自給率，総合供給熱量（kcal）自給率という3つの尺度があるが，わが国では，そのいずれにおいても，急速に低下してきている．2017（平成29）年の国内生産額と国内消費額との対応で算出した総合自給率（生産額ベース）では64%，飼料穀物を含めた穀物自給率では28%，食料として供給されるものを熱量ベースで算出した総合熱量自給率では38%という水準であって，その不足分をすべて輸入に依存していることになる．したがって，先のシュルツの2つの問題分類に照らしていえば，わが国は，潜在的に深刻な食料問題を抱えていることになる．

この**食料自給率**をほかの先進諸国と比較したものが，図**11･1**，図**11･2**である．まず，図**11･1**の供給熱量自給率についてみると，1970（昭和45）年には，日本は60%で，イギリスの46%よりも高く，ドイツの68%に近い水準にあったものが，年々低下し，1989（平成元）年には50%を割り，2017（平成29）年には38%まで落ちている．その間に，イギリス，ドイツがそれぞれ68%，95%へと増加させているのとは正反対に，日本だけがひとり，国民が必要とする熱量の6割以上を外国に依存するというところまで，低下させてきているのである．

そのことは，図**11･2**の穀物自給率からも端的に読み取ることができる．この時点で近似値の国で比較すると，わが国で高度経済成長が始まった1961（昭和36）年

図 11･1　主要国の供給熱量自給率の推移

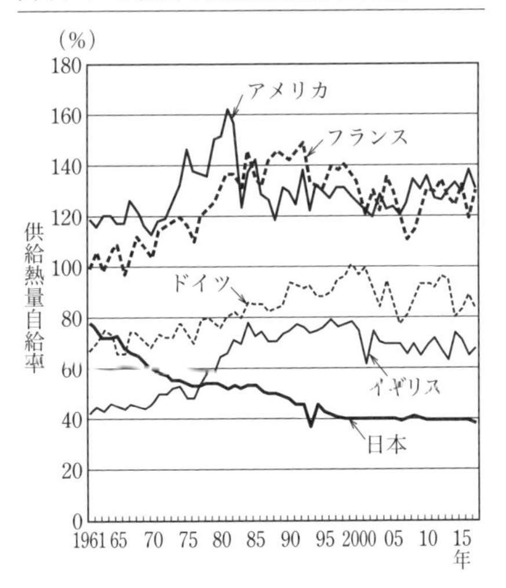

〔注〕供給熱量自給率＝(国産食料による供給熱量 / 総供給熱量)×100 … 熱量ベース
資料：農林水産省「食料需給表」より作成．

図 11･2　主要国の穀物自給率の推移

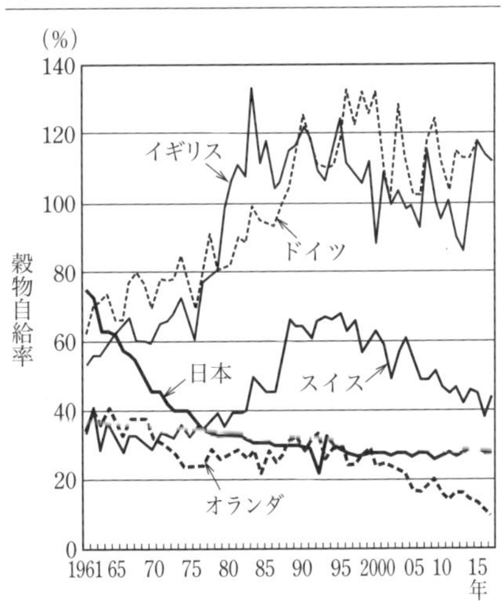

〔注〕穀物自給率＝(穀物の国内消費量 / 飼料穀物を含んだ穀物の国内総仕向け量)×100 … 重量ベース
資料：図**11･1**に同じ．

の自給率は75%で，ドイツの63%，イギリスの53%よりも多く，オランダの35%，スイスの34%をはるかに超えるものであった．しかし，これまた，日本だけが急速に低下させ，28%にまで落としてしまっているのに対し，イギリスやドイツ，さらにスイスが，この間に，着実に自給率を向上させてきていることと対照的である．

なお，この図では，オランダもこの穀物自給率が，日本と同じように低い水準にあるが，しかし，オランダの場合には，一方で酪農品等の輸出が多く，カロリー自給率は70%(2017年）であり，日本よりもはるかに高い水準にある．

表 11･1　人口1億人以上の国の穀物自給率

国名	人口（千人）	穀物自給率(%)
中国	1,441,860	98
インド	1,366,418	108
アメリカ	329,065	119
インドネシア	270,626	93
パキスタン	216,565	121
ブラジル	211,050	112
ナイジェリア	200,964	82
バングラデシュ	163,046	91
ロシア	145,872	148
メキシコ	127,576	70
日本	126,860	28
エチオピア	112,079	93
フィリピン	108,117	82
エジプト	100,388	57

〔注〕人口は2019年，穀物自給率は2017年データ．
資料：WHO「World Health Statistics」，FAO「Food Balance Sheets」，農林水産省「食料需給表」．

ちなみに，世界の人口1億人以上の人口大国14か国における穀物自給率をみると，表**11･1**のように，148%のロシアを筆頭に，パキスタン，アメリカ，ブラジル，インドで100%超，中国がほぼ100%，インドネシア，エチオピア，バングラデシュが90%前後であるのに対して，日本は，例外的に低く28%となっている．

（3）食料自給率の向上のために

このように，ほかの先進諸国が軒並み自給率を向上させているにもかかわらず，何ゆえに日本だけがそれを急速に引き下げてきたのか．しかも，何ゆえにWTO交渉やTPPなどでいっそうの輸入拡大が迫られているのであろうか．それらのことについては**7**章，**9**章などで述べてきているので，くわしくはそれにゆずるが，筆者の意見を交えながら，主要な論点について，いま一度整理しておきたい．

自給率低下への第1の対応は，生産性が低く，国際競争力が弱いわが国農業に対して，農業の構造改革を遂行することである．農業センサスなどで趨勢的にみてみると，たしかに日本農業は衰退の一途をたどっているようにみえるが，立ち入ってみると，数が少ないといえ，企業的農業経営が各地に簇出（そうしゅつ）し，しかも，それらの企業経営の販売額シエアが着実に伸びている．農業の構造改革はそれなりに進行しており，筆者はそれら企業的農業経営の展開に期待を寄せている．

現在のように低い日本の**食料自給率**をもたらした原因は，歴代の政権が外圧に負けて農産物の輸入自由化を進めてきたことによることも少なくないかもしれないが，今日の日本のゆたかな生活は，その国際自由貿易の賜物であることを否定することはできない．したがって第2の対応は，そのような自由貿易体制のもとでの自給率の向上である．そのためにはオランダがそうであるように，穀物等の大量輸入は容認しつつも，付加価値の高い農産物やその加工品を輸出することである．日本の農産物やその加工品は，世界的にみて美味で安全性に富んだ高級食材である．これらを経済成長を遂げている世界の国々の富裕層に積極的に輸出することである．

第3の対応は，前述のように，わが国が国際自由貿易の推進者であると認めたとしても，それが無防備なものであってはならならないということである．それは，**9**章**3**節(**3**)で述べた食料の安全保障問題とも関連することであるが，たとえば，わが国にとって，輸出入の主力商品である工業製品と農産物とを比較して，もし万一，その輸出入がストップした場合，耐久消費財である工業製品は，修理しながら反復利用が可能であるために問題はないが，貯蔵性に乏しく反復利用のできない農産物の場合は，たちまちその供給不足が国民の生命維持に影響を及ぼすことになり，糧道を絶たれた国は，パニックに陥ることになる．

そこまでいかなくとも，そのような可能性がある国にとっては，国際紛争にまつわる経済封鎖の影響をもろに受けるという懸念から，思い切った外交交渉に臨めないことになる．このように食料は，今日の国際社会において，強力な戦略物資になっているのである，消費者を含めたフードシステムの各構成主体は，このことを理解しながら対処しなければならないのである．

第4の対応は，1970年代から80年代にかけての高度経済成長期に推奨された“食の洋風化”が，本来あるべき“風土に見合った食生活”という基本的な考え方を忘れさせ，“食の無国籍化”を進めてきたことの是正である．いうまでもないことであるが，食生活というものは，それぞれの国や地域の長い歴史や風土のなかで育まれ，食文化としてつくり上げ，磨き上げられてきたものである．その意味から，食生活は，本来，それぞれの国や地域の風土に根ざしたものでなればならない．そのことについては，節を改めてややくわしく考えていきたい．

2 基本は“風土に見合った食生活”

私たち本書の筆者は，医者でもなく栄養学者でもないので，この節ではそれらの専門家の意見を引用しながら，考えを進めていきたい．指摘したいことは，日本という**風土**のなかで育まれた私たち日本人は，その体質そのものが，その風土に見合ったものになっているという点についてである．

少々古い文献であるが，杉靖三郎（すぎ やすさぶろう：1906～2002，生理学者）によれば，日本人の胃袋の大きさは約1.5リットルで，身体の大きい欧米人の約1リットルに比べて5割ほども大きく，腸の長さも，日本人は7.6メートルと，これまた，西欧人の5.0メートルよりも5割ほど長いというのである．関連して，日本人の糞便の量は，西洋人に比べて2～3倍も多いという（食生活研究会『これからの食生活』農林統計協会，1976）．

このことは，杉自身が指摘しているように，日本人と欧米人との食生活の違いに起因する．すなわち，日本人は穀菜食民族であるのに対して，欧米人は肉食民族である．同じ穀物をとってみても，日本は粒食であるのに対して，欧米は粉食である．いずれの場合も，欧米人は，長い間，消化しやすいものを食べてきたのに対し，日本人は，消化しにくい雑多な穀菜食を長く食してきたので，そのような大きな胃袋と長い腸をもった体質に育ってきたというのである．

杉はさらに，日本人は，欧米人に比べて胃内のラブ酵素が少ないため，胆汁組成が脂肪のけん（鹸）化力に乏しく，また，腸内のラクダーゼ欠乏症が日本人には85%（欧米人は5%）と多いために，乳糖の消化能力のない人が多いと指摘している．長い伝統的な食生活を通じて日本では，脂肪とくに動物脂肪の摂取が少なかったこと，また，乳製品の利用がなかったことから，今日なお，牛乳を飲むと下痢を起こす人が日本には多いこととも関連している．

このように，それぞれの国や地域の風土に合った食生活が，長い間に，私たちの体質そのものをつくり上げてきているおり，したがって，われわれは，体質に見合った食生活，いいかえれば風土に見合った食生活を，その基本としなければならないのである．さらに，必須アミノ酸のうち人体で合成できない8種のアミノ酸は，どうしても，外部から食事として摂取しなければならない．篠田統（しのだ おさむ：1899～1978，食物史学者）によれば，動物タンパク質にはそれが多く含まれることは当然であるが，日本人にとって主食である米にも，その必須アミノ酸が少なからず含まれているという．同量のタンパク質に含まれる必須アミノ酸の含有量を比較すると，魚，鳥，獣肉，ミルクを100としたとき，米には95もあり，パンの35と比べると圧倒的に多い．

したがって，人間が1日に必要とするその必須アミノ酸を摂取するのに，米だけから摂取するとしても1日5合（750 g），おにぎりにして10個程度で充足できるのに対して，パンの場合だと，1日3 kg，食パン1斤400 gとして8斤も食べなければならず，どうしても，肉類と併食することが不可欠となるのである．味の素の『アミノ酸大百科』（webサイト）によると，小麦にはリジン，メチオニン，スレオニンが少ないので，肉や乳製品で補わなくてはならないが，米にやや不足気味であるリジンは，豆類に多く含まれているので，ご飯とみそや豆腐などの大豆製品により，必須アミノ酸の確保ができるとしている．

そのことから，米を主食としてきたわが国の食生活では，畜産物を不可欠な食品とする必要がなかった．明治期まで，わが国では肉食が一般化しなかったのは仏教の影響で肉食が禁じられてきたためと理解されているが，しかし，もし主食が米でなくパンであったとしたら，その殺生禁断の令は，民衆の生理的飢餓から当然，破られることとなったであろうという（石毛直道編『世界の食文化』ドメス出版，1973）．

アジアモンスーンという風土に見合った水田農業，それは連作が可能で環境保全的な農業であるばかりでなく，そこから産出される米は栄養的にもすぐれた食品であることがここで再確認できる．しかし，この米の消費量が年々減少し，“米離れ”が進行していることは，憂慮すべきことである．いま一度，**日本型食生活**についての認識を改める必要がある．

日本人の体質について，いま一つ興味ある研究を紹介しよう．日本人には，酒を飲んですぐ赤くなる人が多い．原田勝二（はらだ しょうじ：アルコールの薬理遺伝学的研究者）の研究によると，それはI型のアルデヒド脱水素酵素の欠損によって，その症状があらわれるという．しかも，その欠損症は，日本人などモンゴロイドでは44～69％と高いが，ドイツ人，エジプト人，ケニア人などモンゴロイド以外ではほとんど0％と，極端な差がある．それは長い人類の進化の過程の食生活の影響によるもので，夏に収穫したものを，貯蔵してアルコール発酵させて冬に食べてきた白人や，熱帯で食料が発酵しやすいところで育ってきた人たちに比べて，温帯など比較的気候に恵まれ，“新鮮な食料が豊富だった地域では，その欠損症でも生き残ることができた”のではないかという（1987年10月2日付，日本農業新聞）．

要するに，アルコール分を含んだ食料を長く食べざるを得なかったために，その欠損症の人が（流産等によって）淘汰されていったヨーロッパやアフリカの人たちとは違い，四季にわたって自然の恵みを多く享受し，常に新鮮な食料を食べることができた私たちの祖先は，欠損症の人でも生き残ることができたというのである．

繰り返すことになるが，私たちの体質そのものが，その人の住む地域がつくる食物環境によって，長い歴史のなかでつくり上げられてきたのであって，それだけ奥深いものなのである．それゆえ，多少，所得が上がったからといって“食の洋風化”を無原則に進め，食スタイルをたやすく欧米化させることは体のためにも自省すべきことである．グルメを求めて，私たちもたまにキャビアだとかフォアグラを食べるかもしれないが，食生活の基本はやはり**風土**に見合った，そこの風土のなかで育まれてきた食料を基礎にしたものでなければならないのである．**和食**が世界遺産に登録されたことの根底にある意義も，筆者はそこにあると理解している．

3 真の豊かさを求めて，21 世紀の食生活を展望する

（1） 近代化・工業化の反省から真の豊かさを求めて

私たちは，いま，きわめて恵まれた食生活を満喫している，全世界の珍味も含めて，好きなものを好きなときに好きなだけ食べることができ，食べることについては，何不自由のない生活を送っている，しかも，そのことが，ごく当然のように，また，永遠に続くかのように思っている人も多い．

このような豊かな生活は，私たちの先輩が，20 世紀の 100 年をかけて築き上げてくれたものであるといっても過言でない．20 世紀の初年である 1901（明治 34）年は，日清・日露両戦争の戦間期にあり，わが国の資本主義も，ようやく，その基礎を固めた時期であった．それから始まった 20 世紀は，悲惨な結果をもたらした第二次世界大戦などがあったとはいえ，わが国にとって，一貫してその資本主義の下，近代化・工業化を進めてきた世紀であったといえる．幸運にも，戦後の経済復興，それに続く高度経済成長は，わが国を世界有数の経済大国にまで高めることができた．そのおかげで，今日の豊かな生活を享受できている．

1983（昭和 58）年に放映されたあの有名なテレビドラマ“おしん”にみられたような，貧しさのなかから立ち上がり，今日の豊かさを生み出した 20 世紀の後に続く 21 世紀とは，どのような 100 年になるであろうか．その 21 世紀を生きる読者とともに，そのことを最後に考えてみたい．もちろん，21 世紀も，その 20 世紀の成果をある面で引き継いでいくことになろう．それゆえ，この豊かな暮らしもそのま

ま21世紀に継続し，生活はさらに豊かになるという考え方もあるだろうが，しかし，はたしてそうであろうか，論議すべき課題がいくつかある．

20世紀につくり上げた豊かさは，おもに物的豊かさであって，前述のように，それは，一貫して推進された近代化・工業化によって実現させてきたものである．しかし，その20世紀に推進してきた近代化・工業化にまったく問題がなかったといえるだろうか，指摘したい第1の点は，資源問題，地球環境問題から提起されているその近代化・工業化の限界についてである．

端的にいって，その近代化・工業化は，有限の資源を大量に消費し，有害物質(公害や環境破壊）を蓄積することで達成されたものである．とすれば，この20世紀のシステムは，長い人類の歴史にとってみると，“非永続的なシステム”とみなければならないのではないか．そして，この“非永続的なシステム”を，これからの21世紀100年の間，そのまま踏襲させることはできず，持続可能な発展を支える“永続的なシステム”に切り替える必要があるのではないかということである．

提起したい第2の課題は，その21世紀システムの基本となる“永続的なシステム”とはいかなるものであるか，英知を結集して，それを創出し，早急にシステム転換を図ることが必要である．

20世紀の近代化・工業化時代の“非永続的なシステム”は，確かに豊かな生活を私たちに与えてくれた．しかし，考えてみると，そのシステムが人類を育んだ期間は，たかだか150年程度にすぎない．それに対して，それ以前の，農業を主産業としていた旧システムは，物質的にはけっして豊かとはいえないかもしれないが，数千年にわたって人類を養い続けてきてくれたものである．

工業は豊かな物的生活を保証してくれた．しかし，それは残念ながら“非永続的なシステム”であるため，これをさらに100年引き延ばすことばできない．しかし，だからといって，工業化以前の生活にもどることもできないといったジレンマに，当分は悩まされることになろうが，ここでは，昔の“永続的なシステム”である農業の本来の原理（生態系にもとづいた循環システム）を再認識しながら，何としてでも新たな21世紀システムを構築することが課題となるのである．

第3の課題は，そのことに関連して，私たちの日々の生活において，真の豊かさとは何かを常に問うことである．私たちは，より豊かな生活を求めて邁進（まいしん）してきた．各企業も，広告宣伝などを通じて私たちの欲求を刺激し，より豊かで高度な物的生活を促してきた．

しかし，そのこと自体が大量の資源を浪費し，地球環境を破壊してきたとすれば，私たち一人ひとりがそのような生活を反省し，“真の豊かさ”とは何かを考え，それを追求する消費者にならなければならないということである．その求めるべき真の豊かさとは，少なくとも資源節約的で，環境破壊のない，別の言葉でいえばサスティナブルなものでなければならないし，国連が提唱する **SDGs** は 21 世紀システムとして求められる**永続的システム**であると同時に，そのシステムのなかで味わえる豊かさの新しいパラダイムを作り上げようという提唱にほかならない．

（2） 21 世紀の食生活を展望する

いままで，一般論として，21 世紀のあり方を述べてきた．その考え方は，農業や食生活のあり方を見直すときも，同じように適用できる．20 世紀の農業の歴史もまた，まさにその近代化・工業化の歴史であった．そこでは，農薬，化学肥料の多投などによって土壌生態系を破壊し，本来“永続的なシステム”である農業までも，資源浪費・環境破壊型の“非永続的なシステム”に転換してしまった．その結果が，農産物の本来の味を捨てさせ，農薬汚染が懸念される食品を日々，口にせざるをえなくなっている，といった近代農業批判も多く聞かれるようになった．

しかし，そのなかにあって，農産物を他の工業製品と同じ経済財と考え，コストダウンや規模拡大競争に走らされている状況を反省して，“顔が見える消費者”に向けて農産物を生産し，また“生産者の顔が見える”農産物を消費しようという産消提携運動も，徐々にではあるが増えてきていることは注目されてよい．

さらに，イタリアの小さな町からスタートした，① 消えゆく伝統的な食を守り，② 良質な食素材を提供する小生産者を守り，③ 子供たちを含め**食育**をすすめようという**スローフード運動**が，日本でも展開していることも評価される．また，ドイツやイギリスにおいて**緑の消費者運動**というものが，根強く着実に広がっている．そして，その運動のなかで**ビーガン**や**ベジタリアン**が増えてきているという．肉食はカロリーベースでみて 4 ～ 10 倍もの穀物を必要とする資源浪費的な食品であることから，肉を断って豆腐ステーキなどに切り替えようということである．

そのことの一端を，図 **11･3** が物語ってくれている．同図は，横軸に 1 人当たりの **GDP**（**国内総生産**）を，縦軸に 1 人当たりの穀物消費量をとって，主要 71 か国のそれをドットしてある．その場合，穀物消費量は，それぞれの国・地域で，直接食用に供された食用穀物消費量（図中◎印）と，それに間接的に消費する飼料用穀物などを加えた総穀物消費量（図中●印）とを別々にドットし，1 人当たり GDP の増加にともなってそれぞれがどう変化してきたか傾向線で示してある．

これをみると，点線------で示した食用穀物消費量はやや右下がりの傾向，すなわち1人当たりのGDPの増加にともなって減少しているが，逆に点線▪▪▪▪▪▪で示した穀物消費量は急増し，両者の間に大きなギャップをつくっている．いうまでもなく，このギャップは，1人当たりGDPの増加による畜産物消費の肥大による飼料穀物の増加である．**8**章でも示したように，経済成長にともなって，当然，食生活は高度化する21世紀には，人口の急増とともに，このような飼料穀物の爆発的な需要増が世界的規模で展開することは十分に予測される．であるとすれば，その穀物需要は計り知れないものとなる．

図11·3　1人当たり国内総生産と穀物消費量（2010年）

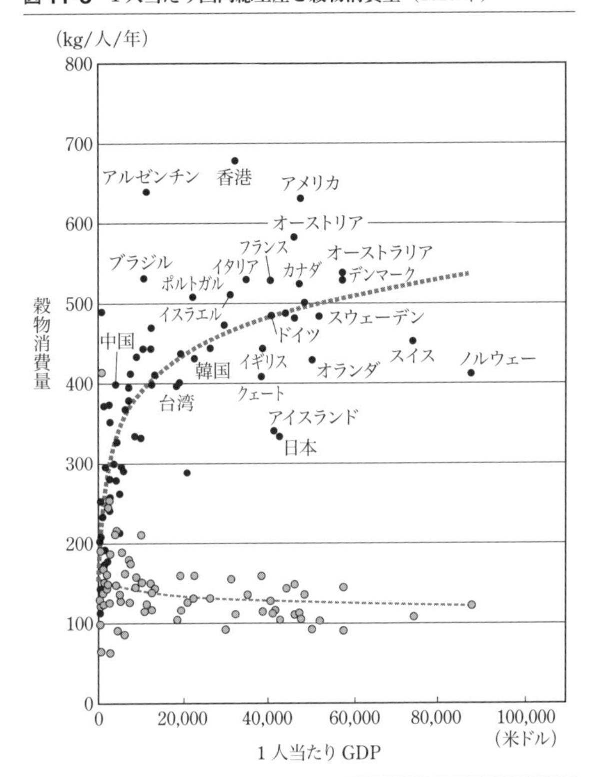

〔注〕●印：1人当たり総穀物消費量で食用に供されるもののほかに，畜産物を生産するための飼料穀物を合算したもの．
◎印：食用に供された穀物．
資料：FAO「Food Balance Sheet」，総務省「世界の統計」より作成．

ヨーロッパ諸国の“緑の消費者運動”でビーガンやベジタリアンが増えてきていることも，このあたりの問題を意識し，自ら行動に移したものであるといえよう．

21世紀の食生活で“真の豊かさ”を求めるということは，必ずしも世界の珍味を食べ歩くことではないし，食の高級化を際限なく究めることでもない．要は，グローバル化が進むなかにあっても，それぞれの国の風土に根ざした食文化を高め，そこでの食料生産と消費のしくみを未来永劫に続けさせる“永続的システム”としてのフードシステムを創出し，それを定着させることにあるといえよう．

参考文献

prologue　食料経済で何を学ぶか

髙橋正郎・斎藤修（編）：フードシステム学の理論と体系，農林統計協会（2002 年）
髙橋正郎：フードシステムと食品流通，農林統計協会（2002 年）
時子山ひろみ・荏開津典生：フードシステムの経済学，医歯薬出版（2008 年）
唯是康彦・三浦洋子：Excel で学ぶ食料システムの経済分析，農林統計協会（2003 年）
時子山ひろみ：フードシステムの経済分析，日本評論社（1999 年）
髙橋正郎（編）：フードシステム学の世界，農林統計協会（1997 年）
木南莉莉：国際フードシステム論，農林統計出版（2009 年）
日暮賢司：食料経済入門 ― 経済学から見た現代食料問題，東京書籍（2002 年）
B. トレイル（編）／鈴木福松他（訳）：EC のフードシステムと食品産業，農林統計協会（1995 年）
L. シェルツ 他（編）／小西孝蔵他（訳）：アメリカのフードシステム，日本経済評論社（1996 年）

1 章　食生活の変遷と特徴

豊川裕之・安村碩之（編）：食生活の変化とフードシステム，農林統計協会（2001 年）
黒柳俊雄（編）：消費者と食料経済，中央経済社（2000 年）
岸康彦：食と農の戦後史，日本経済新聞社（1996 年）
吉田忠 他：食生活の表層と底流，農山漁村文化協会（1997 年）
岩村陽子：変わる家族 変わる食卓，勁草書房（2003 年）
遠藤金次 他：食生活論 ―「人と食」のかかわりから，南江堂（2003 年）
米川五郎・馬路泰蔵：食生活論，有斐閣（2004 年）
福田靖子 他：食生活論，朝倉書店（2007 年）
岡崎光子：新食生活論，光生館（2006 年）
味の素食の文化センター（編）：食文化に関する文献目録，同センター（1996 年）
健康・栄養情報研究会（編）：国民健康・栄養の現状，第一出版（各年次）
今村奈良臣・吉田忠：飢餓と飽食の構造，食糧・農業問題全集 3，農山漁村文化協会（1990 年）
秋谷重男・吉田忠：食生活変貌のベクトル，農山漁村文化協会（1998 年）
石毛直道・鄭大聲（編）：食文化入門，講談社（2002 年）

2 章　成熟期にきた食の需給

西村和雄：ミクロ経済学，岩波書店（1996 年）
高橋伊一郎：農産物市場論，明文書房（1985 年）
時子山ひろみ・荏開津典生・中嶋康博：フードシステムの経済学，医歯薬出版（2019 年）
中島正道・岩渕道生（編）：食品産業における企業行動とフードシステム，農林統計協会（2004 年）
石田正昭・波多野豪：循環型社会における「食」と「農」，三重大学出版会（2003 年）
日本家政学会家庭経済学部会（編）：多様化するライフスタイルと家計，建帛社（2002 年）

F. コトラー，G. アームストロング／青井倫一（訳）：マーケティング原理，ダイヤモンド社（1995 年）
小川孔輔（編）：POS とマーケティング戦略，有斐閣（1993 年）
ブルース・マリオン（編）／有松晃（訳）：アメリカの食品流通，農山漁村文化協会（1986 年）

3章 農畜水産物の生産

荏開津典生・鈴木宣弘：農業経済学（第 5 版），岩波書店（2020 年）
服部信司：米政策の転換，農林統計協会（2010 年）
速水佑次郎・神門善久：農業経済論新版，岩波書店（2002 年）
本間正義：現代日本農業の政策過程，慶應義塾大学出版社（2010 年）
農林水産省（編）：食料・農業・農村白書（各年版）
田代洋一：農業・食料問題入門，大月書店（2012 年）
生源寺眞一：農業と人間，岩波書店（2013 年）

4章 食品企業の役割と食品製造業の展開

P. F. ドラッカー／上田惇生（訳）：マネジメント ― 課題，責任，実践 ―（上・中・下），ダイヤモンド社（2008 年）
J. A. シュムペーター／塩野谷祐一・中山伊知郎・東畑精一（訳）：経済発展の理論（改訳），岩波書店（1980 年）
J. M. コナー／小倉武一（監訳）：アメリカの食品製造業 ― 構造・戦略・業績・政策 ―，農山漁村文化協会（1986 年）
M. E. ポーター：競争優位の戦略，ダイヤモンド社（1985 年）
荏開津典生・樋口貞三（編）：アグリビジネスの産業組織，東京大学出版会（1995 年）
斎藤修：フードシステムの革新とバリューチェーン，農林統計出版（2017 年）
亀川雅人・鈴木秀一：入門経営学（第 3 版），新世社（2011 年）
岸康彦：食と農の戦後史，日本経済新聞社（1996 年）
中島正道：食品産業の経済分析，日本経済評論社（1997 年）
中島正道・岩渕道生（編）：食品産業における企業行動とフードシステム（フードシステム学全集第 4 巻），農林統計協会（2004 年）
中嶋康博・新山陽子（編）：食の安全・信頼の構築と経済システム（フードシステム学叢書第 2 巻），農林統計出版（2016 年）
上路利雄・梶川千賀子：食品産業の産業組織論的研究，農林統計協会（2004 年）
木島実：食品企業の発展と企業者活動，筑波書房（1999 年）
大矢祐治：食品産業における中小企業近代化促進政策の展開と意義，筑波書房（1997 年）
髙橋正郎（編）：フードシステム学の世界，農林統計協会（1996 年）
農林水産省食品産業局企画課食品企業行動室：食品業界の信頼性向上について，農林水産省（2014 年）

5章 食品流通とマーケティング

髙橋正郎：フードシステムと食品流通，農林統計協会（2002 年）
滝澤昭義（編）：食料・農産物の流通と市場，筑波書房（2003 年）
小山周三・梅沢昌太郎（編）：食品流通の構造変動とフードシステム，農林統計協会（2004 年）
大阪市立大学商学部（編）：ビジネス・エッセンシャルズ ⑤ 流通，有斐閣（2007 年）
山本博信：食品産業新展開の条件，農林統計出版（2009 年）
岩崎邦彦：スモールビジネス・マーケティング，中央経済社（2009 年）
寺嶋正尚：ケースでわかる流通業の知識，産業能率大学出版社（2014 年）
藤島廣二 他：フード・マーケティング論，筑波書房（2016 年）
和田充夫・恩藏直人・三浦俊彦：マーケティング戦略（第 5 版），有斐閣（2016 年）
西川英彦・澁谷覚（編）：1 からのデジタル・マーケティング，中央経済社（2019 年）

現代マーケティング研究会（編）：マーケティング論の基礎，同文舘出版（2019 年）
(公) フードスペシャリスト協会（編）：四訂 食品の消費と流通，建帛社（2021 年）
日経ＭＪ（流通新聞）（編）：日経ＭＪトレンド情報源，日本経済新聞出版社（各年次）

6章　外食・中食産業の展開

岩渕道生：外食産業論 — 外食産業の競争と成長，農林統計協会（1996 年）
小田勝己：外食産業の経営展開と食材調達，農林統計協会（2004 年）
茂木信太郎：外食産業の時代，農林統計協会（2005 年）
国友隆一：よくわかる外食産業，日本実業出版（2008 年）
日本惣菜協会：中食 2030，ダイヤモンド社（2021 年）
日経 MJ（流通新聞）（編）：日経 MJ トレンド情報源，日本経済新聞出版社（各年次）
(外食企業上位 150 社のランキングが記載されている)

7章　貿易自由化の進展と食料・食品の輸出入

堀口健治 他：食料輸入大国への警鐘，農山漁村文化協会（1993 年）
斉藤高宏：開発輸入とフードビジネス，農林統計協会（1997 年）
島田克己・下渡敏治・小田勝己・清水みゆき：食と商社，日本経済評論社（2006 年）
下渡敏治：東アジアフードシステムの新局面，山田三郎（監修）：食料需給と経済発展の諸相，筑波書房所収（2008 年）
斉藤修・下渡敏治・中嶋康博（編）：東アジアフードシステム圏の成立条件，農林統計出版（2012 年）
下渡敏治・宮部和幸・上原秀樹（訳）：グローバリゼーションとフードエコノミー，農林統計出版（2012 年）
谷口信和（編）：世界の農政と日本 — グローバリゼーションの動揺と穀物の世界価格高騰を受けて —，農林統計協会（2013 年）
下渡敏治・小林弘明（編）：グローバル化と食品企業行動，農林統計出版（2014 年）
下渡敏治：グローバル化・地域統合と日本のフードシステム，フードシステム研究第 22 巻 2 号（通巻 64 号），日本フードシステム学会（2015 年）
下渡敏治：海外直接投資と輸出入，日本農業経済学会編集，農業経済学事典　第 7 章フードシステムと農業・食品産業 7－20，丸善（2019 年）
農林水産省食料産業局市場開拓課，輸出先国規制対策課　海外市場開拓・食文化課：農林水産物・食品の輸出促進について（各年度版，2020 年度版）
下渡敏治：日本の産地と輸出促進 — 日本産農産物・食品のグローバル市場への挑戦 —，筑波書房（2018 年）
下渡敏治：食品企業のグローバル化と国際分業の新展開，フードシステム研究第 19 巻 2 号（2012 年）
宮崎義一：現代資本主義と多国籍企業，岩波書店（1982 年）
下渡敏治：国産加工食品の輸出拡大の課題と新たな輸出戦略，（一般社団法人）食品需給研究センター：加工食品の輸出需要動向Ⅲ（農林水産省補助事業・加工食品の輸出需要拡大対策事業報告書）所収（2021 年）
下渡敏治（編著）：農林水産物・食品の輸出戦略とマーケティング — マーケットインの輸出戦略 —，筑波書房（2022 年）

8章　世界の食料問題

レスター R. ブラウン／小島慶三（訳）：飢餓の世紀，ダイヤモンド社（1995 年）
レスター R. ブラウン／今村奈良臣（訳）：食糧破局，ダイヤモンド社（1996 年）
アマルティア・セン／黒瀬卓他（訳）：貧困と飢饉，岩波書店（2000 年）
E. ミルストン，T. ラング／大賀圭治（監訳）：食料の世界地図，丸善（2005 年）
柴田明夫：食糧争奪，日本経済新聞社（2007 年）

国際連合食糧農業機関（編）：世界の農産物市場の現状 2004，国際食糧農業協会（2005 年）
国際連合食糧農業機関（編）：世界の飢餓根絶のために，国際農林業協力・交流協会（2007 年）
国際連合食糧農業機関（編）：世界の飢餓人口を半減するために，国際食糧農業協会（2006 年）
国際農林業協働協会（編）：増加する飢餓人口，国際農林業協働協会（2008 年）
是永東彦（編）：国際食料需給と食料安全保障（農林水産文献解題），農林統計協会（2001 年）
国連世界食料保障委員会専門家ハイレベル・パネル／家族農業研究会 他（訳）：家族農業が世界の未来を拓く，農文協（2014 年）
薄井寛：2 つの「油」が世界を変える，農文協（2010 年）
平賀緑：食べものから学ぶ世界史，岩波書店（2021 年）
斎藤幸平：人新世の資本論，集英社（2020 年）
荏開津典生・鈴木宣弘：農業経済学（第 5 版），岩波書店（2020 年）

9 章　日本の食料政策

白石正彦・生源寺真一（編）：フードシステムの展開と政策の役割，農林統計協会（2003 年）
服部信司：価格高騰・WTO とアメリカ 2008 年農業法，農林統計出版（2009 年）
生源寺真一：農業再建，岩波書店（2008 年）
進藤榮一・豊田隆・鈴木宣弘（編）：農が拓く東アジア共同体，日本経済評論社（2007 年）
梶井功（編集代表）：農業構造改革の現段階，農林統計協会（2007 年）
生源寺真一：現代日本の農政改革，東京大学出版会（2006 年）
大塚茂・松原豊彦（編）：現代の食とアグリビジネス，有斐閣（2004 年）
北出俊昭：日本農政の 50 年 — 食料政策の検証，日本経済評論社（2001 年）
鈴木宣弘：現代の食料・農業問題，創林社（2008 年）
佐藤洋一郎：米の日本史，中公新書（2020 年）
小田切徳美：農村政策の変貌，農山漁村文化協会（2021 年）

10 章　食品の安全政策と消費者対応

中嶋康博：食品安全問題の経済分析，日本経済評論社（2005 年）
中嶋康博：食品の安全と安心の経済学，コープ出版（2004 年）
新山陽子（編）：食品安全システムの実践理論，昭和堂（2004 年）
嘉田良平：食品の安全性を考える，放送大学教育振興会（2008 年）
大賀圭治：食料と環境，岩波書店（2004 年）
柴田明夫：食糧争奪，日本経済新聞社（2007 年）
天笠啓祐：世界食料戦争，緑風出版（2008 年）
渡辺正・林俊郎：ダイオキシン，日本評論社（2003 年）
嘉田良平・西尾道徳（編）：農業と環境問題（農林水産文献解題），農林統計協会（1999 年）
環境省総合環境政策局環境計画課（編）：環境白書，日経印刷（各年次）
国際連合食糧農業機関（FAO）（編）：世界食料農業白書，国際農業食糧協会（各年次）
OECD 環境局（監修）：OECD 世界環境白書，中央経済社（2002 年）
国際連合食糧農業機関（編）：世界の食料ロスと食料廃棄，国際食糧農業協会（2011 年）
小林富雄：食品ロスの経済学，農林統計出版（2015 年）
石橋春男：環境と消費者，慶應義塾大学出版会（2010 年）
吉積巳貴・島田幸治・天野耕二・吉川直樹：SDGs 時代の食・環境問題入門，昭和堂（2021 年）

epilogue　日本の食料問題を考える

T.W. シュルツ／逸見謙三（訳）：農業近代化の理論（UP 選書），東京大学出版会（1969 年）
食生活研究会：これからの食生活，農林統計協会（1976 年）
吉積巳貴・島田幸治・天野耕二・吉川直樹：SDGs 時代の食・環境問題入門，昭和堂（2021 年）

索引

〔か行〕

〔さ行〕

〔監修者略歴〕

高橋 正郎（たかはし まさお）

1957 年　東京大学農学部農業経済学科卒業，
　　　　　東京大学農学部助手，
　　　　　農林水産省農業試験場・研究所各研究室長，
　　　　　日本大学生物資源科学部教授を歴任．
専　攻　食品経済学，農業経済学
著　書　日本農業の組織論的研究（東大出版会）
　　　　　地域農業の組織革新（農文協）
　　　　　フードシステム学全集〔全 8 巻〕（農林統計協会，監修）
　　　　　野菜のフードシステム（同，編著）
　　　　　フードシステムと食品流通（同）
　　　　　日本農業における企業者活動（農林統計出版）

〔編著者略歴〕

清水 みゆき（しみず みゆき）

1992 年　千葉大学大学院自然科学研究科修了，
　　　　　一橋大学経済研究所助手，
　　　　　文部省（当時）統計数理研究所調査実験解析系講師，
　　　　　日本大学生物資源科学部教授．
専　攻　農業史，公害史，食料・農業経済学
著　書　近代日本の反公害運動史論（日本経済評論社）
　　　　　野菜のフードシステム（共著，農林統計協会）
　　　　　フードシステムの構造変化と農漁業（共著，農林統計協会）
　　　　　食と商社（共著，日本経済評論社）
　　　　　人を幸せにする食品ビジネス学入門（共著，オーム社）

• 本書籍は、理工学社から発行されていた『食料経済 — フードシステムからみた食料問題』を改訂し、オーム社から版数を継承して発行するものです。

食料経済（第６版）— フードシステムからみた食料問題

1991年 4 月30日　第1版第1刷発行
1997年 9 月15日　第2版第1刷発行
2005年 2 月10日　第3版第1刷発行
2010年 3 月31日　第4版第1刷発行
2016年 7 月25日　第5版第1刷発行
2022年 3 月20日　第6版第1刷発行
2023年10月10日　第6版第3刷発行

監 修 者　髙 橋 正 郎
編 著 者　清水みゆき
発 行 者　村 上 和 夫
発 行 所　株式会社 **オーム**社
郵便番号　101-8460
東京都千代田区神田錦町 3-1
電話　03(3233)0641(代表)
URL　https://www.ohmsha.co.jp/

印刷・製本　平河工業社
ISBN978-4-274-22822-3　Printed in Japan